U0066827

兵家智謀

黃金輝◎著

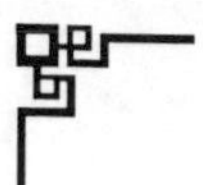

「中國智謀叢書」總序

人類文明的發軔，意味著人類智謀的萌生。智謀象徵著文明，也在不斷地推動著文明的進步和發展。在這漸進的過程中，人類智謀有形或無形地生成，也在自覺或不自覺地被運作。

歲月之逝如流，歷史悄然無聲地浸潤著現實，未來無窮的時空還沒有得到探究，人們的身後已經是悠悠的歷史長河。滄海桑田，世事變遷，智謀興廢，都是社會文明前行時造就的永恆現象。古往今來，在中國的土地上，由不同時代的人們代代相續上演的故事，在某種程度上可以說是智謀的生成史、運作史。

英雄創造時勢和時勢創造英雄不可分離，不爭的事實是「江山如此多嬌，引無數英雄競折腰」。而在英雄之前或者英雄之後，智者總爲生活而騰躍，無論他們是否爲社會所重。

並非智者無敵，常有人的良計不被用，上策不能行。這或者是因爲自己無能力付諸實施，又不爲他人所識，不以其計爲良計，不以其策爲上策；或者是不占天時，不處地利，又沒有人和。這樣說不是要否定智謀，而是要說智謀的有用與無用不完全取決於智謀自身。應

該看到，人無智謀則無能力，古人所尚的立德、立功、立言的「三不朽」便成虛話，社會也將停滯或者倒退。

一個人難以做到「三不朽」，人們往往只說是其才力所致，其實還應看其有無智謀，何況智謀有深有淺，有大有小，有遠有近。

人的進取和社會的前行是不可逆轉的，主張逆轉的人未嘗不是懷著一種治理社會的智謀，但他們通常背離了社會的運行規律，不合於時而不能用於世；而有智謀的人，誰不想有用於世，用自己的智謀創造一種新的生活呢？不同的是，有人用智謀爲己，有人用智謀爲人。

生活的多彩和不同時代、不同社會環境對人性情的塑造以及人們所面臨的不同機遇，使天下人的智謀各不相同。不過，人的共性和社會的共性導致人們的智謀也有共性。正因爲如此，人們常說「前事不忘，後事之師」，總要化前人、他人的智謀爲自己的智謀，取人之所長，補己之所短。

智謀一旦爲人所用，其能量是巨大的。

南朝梁代的劉勰曾經說戰國時期的策謀之士，縱橫參謀，析長論短，「一人之辯，重於九鼎之寶；三寸之舌，強於百萬之師」。而策謀之士的個人價值往往也賴此得到實現，故有「朝爲布衣，夕爲卿相」之說。

戰國時代是產生策謀的時代，西漢劉向在編訂《戰國策》時，認定《戰國策》是一部「策謀」書。其實，戰國不過是承續了春秋，共同形成一個智謀的時代。這個時代被人們視為思想的時代，這個時代所出現的思想巨人深深地影響了中華民族的文化和人的品性。這些思想巨人的思想不斷地為後人闡釋解說，但很少有人能夠超越。這些思想巨人的思想在當時是以智謀的面目出現的。東漢班固通觀這一時代的各種思想流派時，把馳騁於世、彼此不相服的思想流派區分為十家，即儒、墨、道、法、陰陽、名、縱橫、農、雜、小說家。在他看來，小說家之外的九家興起於王道衰微、諸侯力征之時，他們「各引一端，崇其所善，以此馳說，取合諸侯，其言雖殊，辟猶水火，相滅亦相生也」。他不以兵家入諸子，實際上兵家不可輕忽。同時，各國諸侯雖在名義上不入哪一家，但他們喜好智謀比哪一家都顯得更為迫切，道理很簡單，因為諸子從理論入手，欲以理論指導實踐，而諸侯國君則是把理論與實踐融合在一起，既以自我的實踐總結出理論，又引他人的理論指導自我的實踐，以圖富國強兵，雄霸天下。

這不是偶然的現象。

春秋戰國時代，天子式微，諸侯爭強，軍事衝突頻仍。在這很特殊的社會形勢之下，官學下移，「士」作為一個階層興起。雖說士階層社會極其複雜，俠士刺客都入士之林，但在這個階層中，更多的是智謀之士。兵家、縱橫家不待言說，當時的四大顯學儒、墨、道、

法，哪一家不是苦心竭慮於智謀，只不過是所操之術相異罷了。儒家的仁義道德、墨家的兼愛非攻、道家的清靜自然、法家的嚴刑峻法，固然是「其言雖殊，辟猶水火」，但哪一家不是在爲社會的一統與安寧祥和出謀劃策？這個時代，人們思想空前活躍，所謂的「百家爭鳴」正賴各家彼此不能相服而垂名史冊。這使得春秋戰國時期的智謀繽紛多彩，在中國歷史上極具有代表性和深遠的魅力。

並非是爲說智謀就把那一時期的思想家們都歸於智謀之士。客觀地說，被後世奉爲儒學祖師的孔子、孟子，道學祖師的老子、莊子等等，有誰當時就被視爲思想大家？孔孟汲汲游說諸侯，宣傳的是自我的思想主張，不是在做空頭的思想家而是想做切實的政治家；老莊不屑於游說諸侯，在僻處自說，其理論的玄虛高遠究其實質，少有不是政治論的。所以他們首先要做的是實在的政治家，無奈沒有做成才沉靜下來做思想家，難怪孔子五十六歲時還離開魯國，坐牛車奔波於坎坷之途，在諸侯之間游說了十四年才返回故里；難怪孟子有蒼天不欲平治天下的牢騷，說他是發牢騷，是因爲他下一句話是：蒼天如果要平治天下，當今之世，除了我孟子還有誰有平治天下的能耐呢？

在這個智謀時代，每個人都想以自己的才識出謀劃策而能爲人所用，這是可以理解的。由於思想的差異，這個時代的智謀可以被分爲不同的層面：切於實用的智謀和不切實用的智謀，如法家、兵家、縱橫家屬於前者，儒家、墨家、道家屬於後者。「切實用」是一個尺

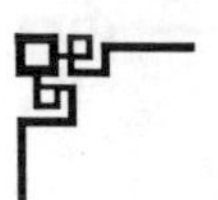

規，關鍵在於合不合時宜，西漢的司馬遷曾經爲孟子立傳，他自己本是個儒家思想很重的人，也禁不住批評孟子「迂遠而闊於事情」。但不能用於當時的智謀不一定不能用於後世，孔孟的儒術後來都成爲重要的治國方略就是明證。漢高祖劉邦本不好儒術，說是在馬上打的天下，要《詩》、《書》幹什麼？儒生陸賈便對他說，如果秦始皇平定天下以後，行仁義，法先聖，哪有您的天下呢？說得劉邦怦然心動，面有慚色。唐太宗李世民奉佛、奉道，始終不忘奉儒，認爲民爲水，君爲舟，水可載舟亦可覆舟，以仁義安民必不可少。道家的智謀也成爲後世清客隱士的修身養性之術。自然也有不用於當世也不用於後世的，智謀會新生也會消亡，不足爲奇。

智謀是人所爲，對社會的奉獻最終歸宿還是人自身。所以思想大家、智謀之士往往從人自身出發謀劃社會生活的各個層面，其中很重要的一部分是對人處世之道的謀劃。他們把自我對人生的深刻體驗總結出來，教人應該怎樣做，不應該怎樣做。即使是老莊，看似要超塵脫俗，其實骨子裏依然保持著世俗精神。有意思的是，做人之道被思想大家、智謀之士們不約而同地上升爲政治之道，齊景公向孔子請教怎樣治理國家，孔子說「君君，臣臣，父父，子子」，齊景公心領神會。爲政治的智謀自然也就是爲人的智謀。這樣說不是把治國的智謀等同於處世的智謀，二者或異途，或同趨，或交融，表現形式也是因時因事而異的。

世事不同，智謀必異，用於古者不一定能用於今，也不必求它一定用於今。作爲文化遺

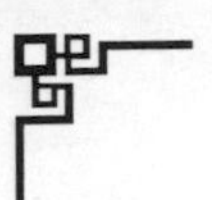

產，棄其糟粕、取其精華仍然是必要的。同時，用於古而不能用於今的智謀也有可能啓發人的靈感慧心，觸動人對現實生活的思考，激發新智謀的產生。舉一可以反三，善讀且善悟，入乎其內而出乎其外，便可化腐朽爲神奇，使今人的智謀勃發，利國利民。

這裏，還應該說的是：

本叢書選擇春秋戰國這個歷史橫斷面上的諸多智謀爲對象展現中國智謀，不意味著把這一時期的智謀等同於整個中國智謀，而是因爲這一時期智謀的多樣性及其對中華民族的影響具有典型意義，後世的許多智謀是這一時期智謀的引申和發展。應該看到的是，春秋戰國時期思想流派林立，這裏既有所遵從又不拘泥於闡釋所有流派，我們只是對儒、墨、道、法、兵、縱橫、諸侯等七家進行疏理和論述，各自成書，力求盡可能全面、客觀地展現他們的智謀或智謀精神，揭示諸家智謀的文化意蘊及其現實意義，使它們易於爲讀者所接受。

現在這套「中國智謀叢書」終於完成了，工作雖然是艱苦的，但在完成之際，回首以往，艱苦的歲月已經淡化，心中只有工作結束之後的陣陣愉悅。

願這些愉悅能夠透過「中國智謀叢書」的語言形式傳達給讀者，讓讀者在閱讀過程中與我們分享。

阮忠

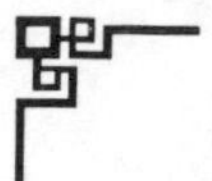

目錄

◎「中國智謀叢書」總序 i

◎走近兵家 1

兵家說略……先秦兵家的歷史地位……融會百家，謀劃大事

百家論兵，各有千秋……當兵的和不當兵的都愛讀兵書

【兵書篇】

一、走馬觀花覽兵書 21

全世界的暢銷書《孫子兵法》……《孫子兵法》爲何魅力無窮？

「武經七書」及《吳子兵法》……《司馬兵法》……孫臏與《孫臏兵法》

《尉繚子兵法》……《六韜》是一部什麼樣的書？……《風後握奇經》

二、談天說地話兵家 43

孫武演兵斬美姬……助吳伐楚顯奇能……吳起殺妻求爲將……入楚變法伏王屍

田穰苴立木為信……孫臏助田忌賽馬……圍魏救趙施巧計……姜子牙渭水垂釣

【戰爭篇】

一、戰爭與政治　65

仁德之軍……正義之師……備戰之要……愛民之舉……廟算之策……人和之義

會稽之敗……姑蘇之勝

二、戰爭與經濟　86

經濟制約戰爭……富國才能強兵……聰明將帥吃敵人的飯……陣勢權變，兵器文化

農具也是兵器……統萬城之戰

三、戰爭與後勤　103

兵馬未動，糧草先行……先秦的軍事構築……金鼓鈴旗發號令……陰符陰書傳秘密

攻守之具，兵之大威

【戰略篇】

一、謀略制勝　121

務求全勝……運籌帷幄，武戲文唱……知己知彼，百戰不殆……不戰而屈人之兵

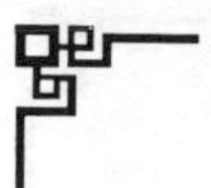

城濮之戰

二、**出奇制勝**　138

出其不意，攻其無備……正與奇的變化無窮……詭道十二法

營造戰勢，相機而動……製造假象，迷惑敵人……官渡之戰

三、**勝敗之間**　158

勝可知而不可爲……「常勝將軍」勝在哪裏？……分析原因，防止失敗

諸葛亮也有閃失……邯鄲之戰

四、**把握戰機**　173

以迂爲直，以患爲利……避其銳氣，擊其惰歸……窮寇勿追與窮寇必追

兵不厭詐……圍師必闕與圍師不闕……用兵之害，猶豫最大……漢中爭奪戰

【戰術篇】

一、**行軍布陣戰術**　193

四軍之利……十陣與十擊……用陣三分

二、**偵察間諜戰術**　202

軍事生物學的妙用……減灶之計……渭曲之戰……間諜、耳目、游士

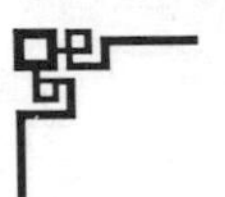

鄉間與內間……死間：借刀殺人或丟卒保車……生間：大智若愚或深信不疑

反間與離間

三、守衛突圍戰術　226

守不失險……堅守馳援……絕處求生的突圍戰

四、火攻戰術　234

火攻破敵之法……五種火攻……破敵火攻之法……赤壁縱火……彝陵戰火

「火牛陣」

五、利用地形戰術　252

六類地形及對策……勝也地形，敗也地形……巧用地形滅南燕

到什麼山上唱什麼歌……置之死地而後生……秦晉崤函之戰

六、其他戰術　269

遭遇戰、伏擊戰……對抗戰、偷襲戰……山地戰、水澤戰、叢林戰

車戰、騎戰、步兵戰……關鍵在於出奇兵

◎餘論：兵家無窮盡　285

哲理的思辨……管理的嚴明……人才的選用……兵家的文采

◎後記　319

◎走近兵家

兵家說略

「兵」這個漢字，是兩人持斧（斤）較勁、拚鬥的形象描摹，它的本義是兵器、軍械。秦始皇統一中國後，曾經把天下所有的兵器收繳起來集中到都城咸陽，投入熔爐中鑄造成十二個碩大的銅人，企圖從此以銷毀武器的方式來消除戰爭，永保江山。但是在階級社會中，各階級爲了自身的利益，總要爭奪權利，總會產生階級矛盾，這就不可避免地會發生局部的或者全局的戰爭。每一場戰爭的主體總是人，是參與戰爭的戰士、部隊，這也就衍生出「兵」字的第二項意義：兵士，以及衆多兵士組成的軍隊。我們現在常說的「帶兵」、「進兵」，就是用「兵」字的第二項意義。有了兵器，有了掌握兵器的士兵與軍隊，進而產生出「兵」字的第三項意義：軍事。爭鬥雙方的軍隊操持武器所進行的鬥爭就是戰鬥、戰役、戰爭，有關

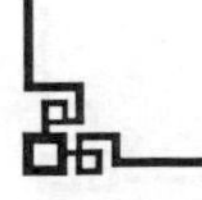

戰鬥、戰役、戰爭的事物統稱爲「軍事」。而專門研究戰爭規律、指揮戰爭致勝的軍事家，就被稱爲「兵家」。我們現在常說的一句成語「勝敗乃兵家常事」，這個「兵家」只是泛指；而這本書中所要研究和評介的「兵家」，是特指我國古代先秦——秦王朝建立之前——那段時期的軍事家和他們的代表作。

在先秦後期即春秋戰國時期，「兵家」是「百家爭鳴」中重要的一家。它與儒家、法家、道家、農家、墨家、縱橫家、陰陽家等諸子百家並稱，從不同的立場觀點和學術派別來研究自然、社會、人類思維及其相互關係，探尋安邦治國的規律和方法。大家知道，春秋戰國時期，特別是到了戰國時代，周王朝已面臨窮途末路，名存實亡，各路諸侯爭霸，政治、經濟和軍事勢力此消彼長，爭霸各方爲了鞏固發展自己的實力，削弱敵方的力量，當政治的、經濟的、外交的手段不能夠解決問題時，往往就會爆發戰爭，用軍事的手段來最終解決問題。因此，各諸侯國的首領都十分重視軍事，想方設法延請軍事人才，也就是「兵家」來爲己所用。這就促進了軍事人才的成長，使「兵家」這個學術派別陣容壯大，傑出代表人物層出不窮。

先秦兵家重要的代表人物和著作有：春秋末期齊國人孫武及其所著的《孫子兵法》；《孫子兵法》是我國現存最早也是最著名的兵書，被譽爲「兵家聖典」。戰國初期衛國人吳起和他的《吳子兵法》；《吳子兵法》在軍事學術史上也占有特別重要的地位，與《孫子兵法》

並稱為「孫吳兵法」。

此外，先秦兵家重要的代表人物和著作還有：司馬遷《史記》之說認為是戰國初期齊國大夫追述商周的古司馬兵法，附加上春秋末期司馬穰苴的著述而成的《司馬法》；戰國中後期齊國人、孫武的後世子孫孫臏和他所著的《孫臏兵法》；與梁惠王同時代的尉繚子與他著的兵書《尉繚子兵法》；據傳是西周立國軍師姜尚及其後人根據他的言論記錄整理的《六韜》；據說是黃帝軒轅氏的臣子風後遺留下來的兵書《風後握奇經》等等。這些卓有建樹的軍事家和他們的軍事著述，前後相承相續，互為借鑑補充，形成一種巨大的集束力量，延至春秋戰國，使得「兵家」在「百家爭鳴」中顯示出「兵強馬壯」的學術實力，可謂蔚為大觀！

先秦兵家的歷史地位

上節，我們是從先秦時期的橫斷面來考察兵家在諸子百家中的重要地位。下面，我們不妨從中國古代軍事思想發展史的縱剖面來看一看，先秦兵家在這條歷史長河中掀起過怎樣波瀾壯闊的浪潮。

任何事物都有它發生、發展、成長、成熟的過程，中國古代軍事思想發展的歷史軌跡也離不開這條規律。自從我國古代從原始社會進入奴隸社會，也就是從無階級社會進入階級社會之後，由於生產力的發展，人們賴以生存的物資出現剩餘，企圖把這些剩餘物資據爲己有的私有觀念也就隨之產生。部落首領演變成了私有財產最多的奴隸主，爲著保衛和占有更多的私有財產，奴隸主便會驅使奴隸們去與入侵者戰鬥或者侵入別的城邦掠奪更多的財產，戰爭就這樣引爆了導火線！反映戰爭現象的認識與研究成果的軍事思想，也就隨之誕生了。根據歷史資料記載，在五千多年前，我們的祖先黃帝就與蚩尤在涿鹿這個地方打了一場惡仗。黃帝曾採用佯裝後退以引誘蚩尤深入腹地的戰略戰術，擒殺蚩尤而取得決定性勝利。《孫子兵法》的行軍篇中就講到黃帝憑藉山、水、沼澤、平地等四種地形條件，靈活機動地行軍布陣，指揮作戰，從而戰勝了其他四帝。《漢書》裏也曾錄有〈黃帝〉十六篇和〈神農兵法〉一篇。神農即是炎帝神農氏，與北方黃河流域的黃帝同時代，他是南方長江流域的首領，炎黃並稱，同是我們中華民族的祖先。由此可見，當時南北兩方的首領，都是重要的軍事家，都有軍事思想遺留於世。但這些軍事思想多是零散的、不成體系的。這一時期，可以視爲我國古代軍事思想的萌芽期。

隨著煉銅、煉鐵業的發展，銅鐵兵器用於戰爭，殺傷力增強，戰爭的規模擴大了，指導戰爭的軍事思想也就相應地升級。西元前一七七六年夏商鳴條之戰，成湯採用了伊尹的建議，預設埋伏，誘敵進入伏擊圈內一舉殲滅，打敗了夏桀。西元前一一二二年，商周牧野之戰，周武王運用正面佯攻、側面包抄的戰術，大敗商紂王。這一時期，不僅有了一些能克敵制勝的戰略戰術，也出現了論述軍事思想的專門兵書《軍志》、《軍政》之類，可視為古代軍事思想的成長期。

到了春秋戰國時期，由於出現了上節所述眾多的兵家代表人物和代表作，我國古代軍事思想便進入成熟期。這一時期的階級矛盾處於白熱化，戰爭發生的頻率增高，戰爭規模更加擴大，軍隊組織和軍事技術迅猛發展，戰略戰術不斷進步，研究戰爭規律、指導戰爭致勝的兵家、兵書日益增多。兵家們不僅論述到戰爭的性質、特徵，戰爭與政治、經濟、後勤的關係，還具體地研究如何克敵致勝的戰略戰術，並有了比較系統的軍事哲學、軍事地理學、軍事人才學、軍隊管理學等學術思想。他們不僅僅「紙上談兵」，往往還是所在諸侯國至關重要的謀略家、軍事家，其中孫武、吳起、孫臏等人還擔任過軍師、將帥，身先士卒地指揮過重要戰爭。他們在軍事實踐中不斷總結經驗，深入研究，昇華為理論，著述為兵書，傳之後世，影響深遠，為此後的軍事思想「發展期」奠定了理論基礎，直至影響到現代中國軍事思想。「出口」到海外，對國外軍事思想乃至現代商戰、企業管理、人才學說都有不同程度的借鑑意義和指導作用。

融會百家，謀劃大事

春秋戰國時期的諸子百家，從各自不同的立場、觀點、學術思想的角度，來論述治國平天下的要略。兵家是從軍事這個領域來研究如何戰勝敵國、發展與壯大本國的重要的一家。因爲當時解決諸侯國之間矛盾的極端辦法就是打仗，就是透過戰爭決定勝負。這一點幾乎成爲各諸侯國君臣的共識，無論他是法家還是儒家，都不可否認這個現實。儘管幾乎所有各家都不願打仗，都討厭戰爭，希望和平，但階級鬥爭的殘酷，權勢之爭的無情，是不以人們的主觀意志爲轉移的。戰爭總是在諸侯國之間、本國兩派政治勢力之間，甚至君主的兄弟之間頻頻發生。各家都不得不正視戰爭，重視軍事。因此，兵家與其他各家似乎沒有出現水火不相容的局勢，沒有勢不兩立的尖銳學術派別之爭。我們也不要認爲兵家就一定喜歡打仗、迷戀戰爭，恰恰相反，兵家自己也渴望和平，也不願總是你打我殺，搞得屍橫遍野、民不聊生。只是當時社會的種種矛盾衝突白熱化到不可調和的程度，戰爭不可避免，才逼使他們研究戰爭，探討戰爭規律，尋求克敵制勝的辦法。兵家們在進行這種研究探討時就會自覺不自覺地汲取其他各家學術思想中適合於自己的成分——他山之石可以攻玉——融會貫通自成一

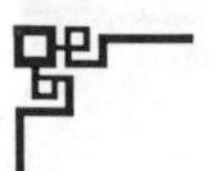

家。

首先，兵家各個重要代表人物都有「愼戰」思想，主張不要輕易地發動戰爭，能夠透過政治、外交等手段解決諸侯國之間的矛盾衝突，就儘量避免交戰。他們認為，一旦戰爭開打，必定會出現死人、亡國的後果，亡國不能復存，死人不可復生，造成這樣慘重的損失，是大家所不願看到的，因此對戰爭必須愼之又愼。這與各家治國平天下的思想都有共通之處。

其次，《司馬法》中的以仁為本、以義治國、施愛於民的思想，就直接借鑑於儒家的「仁者愛人」之說；吳起也說過，治理國家、軍隊，必須首先教化百姓，親近民衆，要用「禮」來教導，用「義」來激勵，使老百姓和兵士都懂得禮、義、廉、恥。這與儒家思想是一脈相通的。

第三，法家的以法治國思想，對於兵家也具有深刻影響。兵家在論述軍隊管理時，就講究法制嚴明、依法治軍；同理，以兵家思想治國，也必須講究法制。《尉繚子兵法》中還有專章闡述「重刑令」，強調治國治軍都要「明制度於前，重威刑於後」，並進而說明刑法從重能使內部產生畏懼，明白懲戒，嚴格紀律，對外就會形成堅不可摧的有力的整體力量。

第四，兵家在論述戰爭規律、戰略戰術中，幾乎所有的代表人物和代表作都融會貫通了道家老莊哲學的樸素辯證法，由《老子》著名的「禍兮福所倚，福兮禍所伏」所引申的矛盾

對立雙方在一定條件下互相轉化的思想，在《孫子兵法》及其他兵書中屢見不鮮。兵家講戰略戰術的重要範疇「奇正」觀，就是特殊與一般的矛盾對立和轉換。

第五，兵家關於富國強兵的思想，關於經濟與後勤保障對戰爭的重要作用的論說，都與農家思想密切相關。《六韜》中甚至把農具比喻爲各種相應的兵器，說明發展農業生產對於軍事後勤的重要保障作用。

此外，墨家的重視器具器械，對於兵家的兵器、軍械學說有相通之處；縱橫家的游說諸侯，促使兵家更加重視外交，注重軍事資訊、戰場偵察；陰陽家的學說，被兵家潛移默化地運用於軍事地理學之中。

總而言之，兵家思想似乎是一個比較開放的體系，就像長江、黃河一樣，廣納百川，爲我所用，而又體系完備，自成一家。它所謀劃的就是在諸侯割據的政治局勢中，各爲其主，安邦定國的大事。正如《孫子兵法》首篇第一句就開宗明義地說：「兵者，國之大事，死生之地，存亡之道，不可不察也。」這句話用現代漢語來講，就是說：戰爭是國家大事，它關係到人們的生死、國家的存亡，不能不引起高度的重視和深入的研究、認眞的考察。

百家論兵，各有千秋

正因爲戰爭是關係到國家存亡、人民安危的大事，所以有志於治國平天下的諸子百家，幾乎都在各家著述中談到戰爭和軍事。先秦諸子論著中涉及到軍事的就有十二部之多：《管子》、《老子》、《墨子》、《商君書》、《孟子》、《荀子》、《韓非子》、《經法》、《十大經》、《稱》、《鶡冠子》和《呂氏春秋》。

道家鼻祖老子在其《道德經》的五千文字八十一章中，就有八章談到軍事與戰爭，篇幅占到十分之一，其思想核心便是「儉武」、「偃武」，即不能好戰，不能耀武揚威，不能以戰爭威脅和侵害別國。這對於兵家的「愼戰」思想及「好戰必亡，亡戰必危」的辯證戰爭觀產生了一定影響。老子說，用「道」，即用道家思想來輔佐君主的人，不能把戰爭強加於天下。因爲軍隊駐紮的地方不能從事農業生產，田園荒蕪，荊棘叢生；戰爭造成兵荒馬亂，必定是凶年。眞正善於用兵的人，果敢而不驕矜，不以強勢侵凌他人。老子認爲戰爭與兵器都是不祥之物；如果要用來防範他人，那是不得已而爲之；喜歡挑起戰爭，以殺人爲樂的，不可能得志於天下。他還強調要「以正治國，以奇用兵，以無事治天下」。這裏的「正」和「奇」是

矛盾的兩個方面，就是用正常的規律治理國家，用奇詐的兵法指揮軍隊；這矛盾雙方又辯證地統一於「無事」，也就是不給黎民百姓造成損害，使之得到休養生息，從而達到「無爲而治」的社會效果。老子提出「慈故能勇」、「慈以戰則勝」，就是要求統治者愛民如子、愛兵如子，用慈愛來贏得民心，鼓舞士氣，使他們勇往直前，戰無不勝。老子關於柔弱勝剛強、將欲取之必先予之等矛盾對立面互相轉化的樸素辯證觀，開化了一代兵家的思維，使他們在各種兵書中無不閃現辯證法的思想光輝。

墨子對待戰爭的態度，主要是「非攻」思想，即反對用武力去攻占別國、屠殺他人。他在《墨子》一書中作了一段十分形象的由淺入深的類比：進果園去偷桃李，到別家去搶家禽家畜，是不仁之舉，人們都會加以譴責；殺一人有一重不義，殺十人有十重不義，殺百人有百重不義；而進攻別國，殺害了千萬生靈，人們卻不去譴責，反而去讚譽他。墨子說，這簡直是顛倒黑白，不辨甘苦！爲此，他認爲，頻繁地發動戰爭，大肆攻伐，實在是天下大害！墨子「非攻」思想的另一面是「守備」。當別人侵凌自己的時候，不能不加強防守。在《墨子》一書中，就有〈備城門〉、〈備高臨〉、〈備梯〉、〈備水〉、〈備突〉、〈備穴〉、〈備蛾傅〉（即防備敵方掘地道近城牆攀附而上）等專門篇章，詳細介紹了各種防備戰術。另有〈號令〉、〈雜守〉等篇，講述軍隊指揮、管理諸方面要領。

儒家經典著作中論及軍事與戰爭的主要有《孟子》與《荀子》。孟子談到，有人發動戰

爭，包圍了別國的城郭，這可以說占有「天時」；但圍攻許久卻攻不下來，是因爲別人占有「地利」，由此看來是天時不如地利；如果城牆也高，護城河也深，武器也好，糧草也多，卻最終棄城而去，那就是地利不如人和了。他認爲，決定戰爭勝負的關鍵在於人，在於團結對敵，在於戰爭的正義與否。正義的戰爭能贏得民心，即所謂得道。得道多助，失道寡助。非正義的戰爭，沒有人來支援他、扶助他，如果還一意孤行，走向極端，就會衆叛親離；正義的戰爭，許多人來支援他、扶助他，最後達到天下歸順；用正義的戰爭來對抗非正義的戰爭，就能戰無不勝。

《荀子．議兵篇》記敘臨武君和孫卿子在趙孝成王面前議論軍事，兩人的觀點各有千秋。作者不僅僅是客觀記載這番爭議，他比較偏向於孫卿子的觀點，認爲善於贏得民心的人才會善於用兵。荀子認爲戰爭以仁義爲本，不在於爭奪。仁，就是愛護人民，愛護人民就必然要反對侵害；義，就是遵循道義，遵循道義就必定要反對暴亂。而正義的戰爭就是禁止暴亂，祛除侵害，所以它能贏得民心。

與上述道、墨、儒三家對待戰爭的態度「偃武」、「非攻」、「仁義爲本」截然不同的是，法家「主戰」的立場十分鮮明而堅定。從先秦法家涉及軍事的代表作品《商君書》、《韓非子》、《管子》等書來看，作者都肯定戰爭是當時社會生活中的必然現象，積極擁護和支援當時的兼併戰爭。法家是一個可操作性強的政治學派，法家主張強化君主專制，用嚴刑峻法

來治理國家、管理民衆，厲行賞罰，獎勵耕戰，以農致富，以戰求強。在風雲變幻的春秋戰國年代，既然透過戰爭可能達到使君主成就霸業、政權得到鞏固的目的，那麼，積極「主戰」就成了法家軍事思想的主要特徵。

《管子》認爲，運用謀略贏得戰爭勝利者可以稱霸。戰爭雖然不是最爲高尚和完備的道德，但它可以輔佐君主成就霸業，其地位與作用也就非同小可。《商君書》認爲，國家之所以興旺發達，是因爲發展農業、贏得戰爭，而不是依靠巧言虛道；如果依靠巧言虛道，必定勞民傷財，削弱國力。《韓非子》也談到，要使勢力弱小的韓國得以生存，必須加強守備，抵禦強敵，廣有積蓄，修築城池。也就是說要鞏固和加強軍事、經濟實力。他們進一步論述到戰爭起源於人類的私欲，是爭名奪利的自然結果，是不可避免的社會現象。正因爲如此，作爲治國平天下的方略，法家站在純粹實用的立場，對其他學派主張的「義戰」、「非攻」、「偃武」等帶有理想色彩的軍事思想不屑一顧，斥之爲「巧言虛道」。他們認爲，戰爭就是赤裸裸的暴力爭鬥，沒有必要給它蒙上一層溫情脈脈的面紗。從時代與國勢的實際出發，必須要正視戰爭，重視軍備。要贏得戰爭勝利，只能腳踏實地地採用行之有效的戰略戰術去拚鬥、去爭奪。因此，他們同兵家一樣，注重掌握戰略戰術要領，講究具體可行的戰爭操作方法——這就是法家著作中爲什麼大量談兵、具體探究戰略戰術的深層次原因。

先秦雜家的代表作《呂氏春秋》的一大特色就是「雜」，即廣取百家觀點爲己所用。雜家

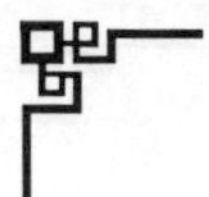

的軍事思想、戰爭觀念同樣體現出這種特色。《呂氏春秋．蕩兵》開宗明義地說，古代聖賢帝王主張「義兵」（正義的戰爭、正義的軍隊），而不主張「偃兵」（消弭戰爭、取消軍備）。其中的「義兵」之說與儒家「仁義爲本」的軍事思想有一致之處；反對「偃兵」又與道家、墨家的「偃武」、「非攻」大相逕庭；主張積極做好軍備，則與法家、兵家軍事思想頗爲接近。《呂氏春秋》還用遞進類比法論證了戰爭的必然性和軍備的必要性：一個家庭如果沒有嚴厲的家法，不肖子孫就會犯過錯；一個諸侯國如果沒有刑罰，百姓就會互相侵害；而天下如果沒有對不義者的討伐征戰，諸侯國之間就會互相施暴、以強凌弱。書中還進一步指出：如果因爲有人噎死而禁止天下人進食，因爲有人乘船溺死而禁絕天下的舟船，那是十分荒謬的；同理，如果因爲有人用兵而導致亡國，就企圖取消天下所有的軍隊，那更是大謬不然。

與法家著作一樣，雜家的《呂氏春秋》不僅宏觀地論述了自己的戰爭觀念，還具體地研究了可供實用的戰略戰術、將帥權威、人才選拔任用等等軍事要略。這些要略，一定程度上與兵家所論有類似之處，我們將會在本書有關章節中看到雜家取自兵家的觀點，這裏就從略了。

當兵的和不當兵的都愛讀兵書

我們先講一個歷史故事。說的是秦朝末年，被秦始皇消滅的六國之一韓國，有一位相門之後，名叫張良，他把亡國之恨集中發洩到秦始皇身上，決意報仇。當時年輕的張良血氣方剛，憑著一己之勇，不惜傾其所有，花費重金收買敢死之士，在博浪沙這個地方行刺秦始皇，因計畫不周而事敗，遭到通緝追捕，只好隱姓埋名，流亡在外。一天，他在一座橋上碰到一位白鬍子老人，老人故意把鞋子失落橋下，讓張良去撿。張良只得忍氣吞聲撿來鞋子給老人穿上。老人約他第二天清早再來橋頭見面。誰知年輕人貪睡，張良接連兩次遲到；第三日凌晨，張良很早就等候在橋頭，終於比老人早到。老人這才寬慰一笑，說：「孺子可教也！」實際上這位老人是要殺一殺張良的火氣，磨練磨練他的耐心。這也是一種用兵之法，叫做「以柔克剛」。張良經受住了這種考驗，老人隨即送給他一本兵書，叮囑道：「熟讀此書，靈活運用，你就可以做帝王的老師了。」這本書就是《太公兵法》，經過這位老人黃石公的推演，又稱《黃石公三略》。張良日後活用此書，兵法嫻熟，果然就成了漢代開國皇帝劉邦的軍師。輔佐劉邦亡秦滅楚，成就大業之後，張良又依兵書之說，功成身退，跟從赤松子雲

遊四海，免除了劉邦稱帝後屠殺功臣之禍。

古代尊崇儒家的人常說：「半部《論語》治天下」；我們也可以根據這個故事來說：「一部兵書可爲王者師，還可全身免禍。」

古往今來，凡是當兵的，爲將的，爲帥的，在軍事上有所作爲的，無不得益於兵書。我們讀《三國演義》，看那些稱雄一方的諸侯、將帥、謀士，哪個不是熟讀兵書靈活運用才得以成就大業？一代梟雄曹操，不僅自己善於活用兵書，還花費許多精力給《孫子兵法》等兵書作注，加以解釋，以供廣泛運用，傳留後世。他在序言中讚歎道：「吾觀兵書戰策多矣，孫武所著深矣。」《三國志．魏書》稱他「禦軍三十餘年，手不捨書，晝則講武則，夜則思經傳。」

諸葛亮未出茅廬而能預知天下三分之勢，初見劉備就能滔滔不絕地作「隆中對話」，難道他眞是天生的軍事奇才嗎？非也。論他當時的年齡，比劉備要小；論他當時的經歷，也沒有上過戰場；爲什麼他能妙算如神呢？除了小說描寫的誇張之外，仔細考究一下他的智謀由來，同樣是得益於研讀兵書。諸葛亮十四歲時，就與其弟一起進過荊州劉表開設的學堂攻讀兵書；隱居隆中以後，更是手不釋卷地博覽兵書，與徐庶等四人結爲知交，常在一起研究分析政治軍事形勢，探討安邦治國的法則。他聽說襄陽龐德公學問高深，便「每至其家，獨拜床下」，誠懇求學。水鏡先生司馬徽，也就是後來向劉備推薦諸葛亮的賢人，早就向諸葛亮推

薦過諳熟兵法的汝南名士酆公玖。諸葛亮到汝南求教，酆公玖不肯以兵法輕易示人，他就住在酆家，小心翼翼地伺候酆公達一年之久，終於得到酆公信任，得其傳授《兵法陣圖》等兵書。

再說東吳方面，常人認爲，東吳將領呂蒙只是一介武夫，有勇無謀。可是，有一次，吳主孫權巡視呂蒙營帳，卻見這位武將正在研讀兵書。孫權於是讚歎：「士別三日，當刮目相看。將軍已非昔日『吳下阿蒙』了！」後來，孫權果斷地起用呂蒙爲都督，代替死去的周瑜。呂蒙不負厚望，運用「出其不意，攻其無備」的兵法，乘著月夜，白衣渡江，偷襲荊州，直到把蜀國留守荊州的關羽大軍追至麥城斬盡殺絕，終於完成了周瑜未竟的收復荊州大業，爲東吳立下了曠古大功。

我們再看歷次農民起義，從史書記載到小說演義：黃巾起義、黃巢起義、隋唐演義中的瓦崗寨、水泊梁山的一百零八將、明末李自成起義、清末的太平天國……所有起義軍首領和他們的軍師，哪個不是從兵書中汲取軍事的、政治的、哲學的、戰略戰術的豐富營養，用以指導戰爭！只有這樣，他們才能從無到有、從小到大、從弱到強，從一個勝利走向另一個勝利！

由此，我們可以毫不誇張地說：兵書，是指導戰爭奪取勝利的理論武器；兵書，是培養將帥的文化乳汁；兵書，是管理軍隊、治理國家的教科書。

那麼，不當兵、不打仗的人，尤其是當今世界趨於相對緩和，和平與發展成爲世界的主題，生活在這樣一個時代的人們，還要不要讀兵書，還愛不愛讀兵書呢？答案仍然是肯定的。

有人說，中國先秦時期三位思想家孔子、老子、孫子，各自只用了五千文字，著成三部薄薄的大書《論語》（其實，《論語》的作者是孔子的弟子及再傳弟子）、《老子》、《孫子》，這看似簡要的五千字，卻從不同的角度詮釋了五千年歷史，足可令中國人學習運用五千年！中國古代以《孫子》爲代表的兵書，不僅僅是戰略戰術的具體運用方法的說明書，它們還是富含哲理的使人聰明的哲學著作。人們看待世界的萬事萬物，都可以從中國古代兵書中找到開啓思想竅門的鑰匙；人們的爲人處世之道，也可以從兵書中悟出可供借鑑參考的奧妙。如果是一位關心政治，或者踏上仕途的有志之士，還可以從兵書中讀出政治，讀出人生，讀出管理方法和領導科學。

當今世界之爭，主要是綜合國力之爭，核心問題在於經濟實力之爭。商場如戰場，商戰如兵戰——這已成爲市場經濟國際趨勢中人們的共識。與我們一衣帶水的鄰國日本，和我們同屬東方文化範圍，他們中的經商貿易成功者，從跨國公司的總裁到小廠小店的老闆，以及白領的職員、藍領的工人，都或多或少地接受過中國兵書的教育與薰陶。在中國之外所有的國家之中，日本是引進中國古代兵書最早、版本最多、研究最深的。戰爭年代，日本人用它

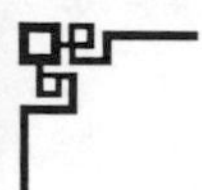

們指導作戰；和平年代，日本人則用它們指導經商與發展經濟；當然，日本人的爲人處世之道，也從兵書中獲益匪淺。外國人尙且如此，何況我們炎黃子孫！無數成功的商界人士，甚至小攤販，都從兵書中學習領悟經營之道、管理之法。因爲一個企業、一項經營，大的就像一支軍旅，小的也如一個連、一個排、一個班，即使小到極點，也算得上一個尖兵吧，你要把它經營管理好，就像指揮軍隊打勝仗一樣，其中有許許多多的軍事學問可以靈活運用，可以融會到你的內部管理、外部商戰之中。如果你嫌古代兵書文字深奧，難以讀懂，那麼，你讀了我們這部講習與研究先秦兵家、兵書的小書之後，若能舉一反三，觸類旁通，則對你的經營管理和爲人處世，肯定會有所裨益。

【兵書篇】

走馬觀花覽兵書
談天說地話兵家

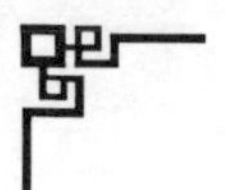

一、走馬觀花覽兵書

全世界的暢銷書《孫子兵法》

《孫子兵法》不僅是我國現存最古老、最完整的軍事著作，也是最先被翻譯、介紹、傳播到國外的中國軍事教科書。日本史料記載：「《孫子兵法》自奈良時代（西元七一〇—七八四）傳到日本以來，給日本歷史、日本人的精神方面以較大的影響。」由此看來，《孫子兵法》流傳到海外已有一千二百八十多年了。外國人稱它是「東方兵學的鼻祖，武經的冠冕」。日本一位軍校教官稱：「東方各種兵法，說皆出自孫子，實是不錯……至其文章蒼古雄勁，與內容之美滿相映，大有優於六經之概……又如其格言規箴，最爲膾炙人口，可以當爲處世的教訓，而貢獻給一般人士者不少。故孫子不獨在兵法上具有最高權威，且在思想上亦蔚爲巨觀。」不僅日本人有這種認識，歐美各國也相繼翻譯、引進《孫子兵法》，許多西方軍事院校

至今仍將這本書作爲師生必讀的教材。

在清朝末年，還有過這樣一個頗具諷刺意味的故事：當時的清政府腐敗無能，中國受到外國列強侵略，許多重要城市和港口被帝國主義者瓜分爲他們的所謂「勢力範圍」。清政府認爲國人不如洋人，便派遣一批留學生到西洋去學軍事。派到德國去的留學生們在德軍首領召見時被問及：「你們想來學些什麼呀？」留學生答：「學習貴國的戰略戰術。」德國人聽了，哈哈大笑，說：「我們國家軍事院校的主要教材，就是你們古代的《孫子兵法》。包括我這樣的將軍在內，都是受過《孫子兵法》教育的。你們又何必捨近求遠呢？」

即使到了二十世紀，西方軍事理論中還產生出一種「孫子的核戰略」之說，可見《孫子兵法》在國際上的無窮魅力。

二十世紀六〇年代初期，英國戰略家李德．哈特就在一九六三年倫敦版的《孫子兵法》英譯本序言中說過：「在導致人類自相殘殺、滅絕人性的核武器研製成功後，就更需要重新而且更加完整地翻譯《孫子》這本書了。」美國戰略研究中心的一流戰略家福斯特最先提出，並與日本京都大學教授三好修合作研究，運用中國的《孫子兵法》制定了針對當時西方的主要敵國蘇聯的新的核戰略。因爲在此之前，美國對蘇聯的核戰略是採取「確保摧毀」的思路，也就是把打擊對方主要城市放在首位。根據《孫子兵法》的學說，這種戰略思路只是下策。孫子說：「上兵伐謀，其次伐交，其次伐兵，其下攻城。」意思是講，最高明的戰略

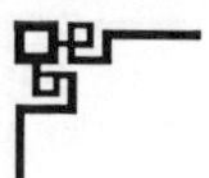

是智謀取勝，其次是透過外交途徑取勝，再其次是攻擊對方軍事力量取勝，攻城掠地是萬不得已的下策。他還主張「不戰而屈人之兵」、「必以全爭於天下」。福斯特與三好修領會到孫子學說的奧妙，認爲這些學說觸及到了當代核戰略的實質，具有現實的指導意義。因爲核戰爭一旦打起來，會給人類帶來毀滅性災難，無論是從人類生存還是從美國的實際利益出發，都應當儘量避免核戰爭爆發；而當時美蘇兩個超級大國的核軍備競賽相持不下，都想打擊對方主要城市，核力量的準備又不得不增強。按照「上兵伐謀」、「不戰而勝」的孫子學說，美國的核戰略應當改過去那一套「確保摧毀」爲「確保生存與安全」的思路。基於此，美國對蘇聯核打擊的首要目標不應當是城市，而應當是威脅到美國生存與安全的蘇方軍事力量，也就是把「攻城」的下策修改爲較好的「伐兵」戰略。因爲美國的核彈對準了蘇聯的軍事目標，蘇方也就不能輕舉妄動，誰也不敢首先發動核戰爭，就這樣虎視眈眈地對峙著，核威脅仍然存在，但核戰爭爆發的可能性相對減小，總比以前只盯著對方主要城市要好得多。這種新的戰略思路，引導了美國的上層決策。根據《紐約時報》一九八〇年八月八日的消息報導，當時的美國總統卡特簽署了「總統第五十九號行政命令」，決定把打擊蘇聯境內軍事目標放在首位。這就是所謂「孫子的核戰略」對頭號超級大國的巨大影響。

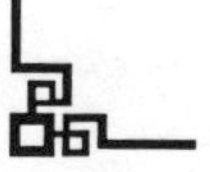

《孫子兵法》為何魅力無窮？

《孫子兵法》究竟是一部什麼樣的書，它爲什麼會有這樣強大而深遠的影響力呢？要回答這些問題，我們首先得了解它成書年代的政治、軍事背景，了解其博大精深的內容精髓。

《孫子兵法》是戰國初期北方黃河流域的齊國人孫武所著。孫武把它獻給南方長江流域的吳國君主闔閭，並運用書中學說幫助吳王打了許多勝仗。

春秋戰國正是我國歷史從奴隸社會向封建社會轉化的時期。周王室東遷之後，由於它所分封的諸侯國勢力日益強盛，形成難以控制的局面，周王朝漸漸名存實亡。在東周前期即春秋時代，齊桓公、晉文公、秦穆公、楚莊王、宋襄公等「春秋五霸」，先後以召集諸侯會盟的形式爭當「盟主」，挾天子以令諸侯。在那時，諸侯或有不服周王朝、不服會盟霸主者，或有諸侯之間互相爭奪者，便頻頻發動戰爭。據宋代胡安國《春秋提要》的統計，這期間共發生過規模大小不等、出兵名義不同的戰爭四百餘次。其中，「伐」（以正當名義討伐）爲二百一十三次，「侵」（非正當地侵入別國）爲六十次，「戰」（兩軍交戰）爲二十三次，「圍」（包圍城邑）爲四十四次，「入」（攻入國都）爲二十七次，「滅」（毀滅宗廟社稷）爲三十次，

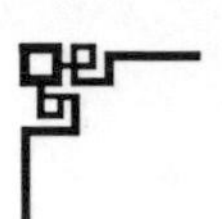

「敗師」（運用詭計取勝）爲十六次，「取師」（全部俘虜敵方）爲三次，「襲」（輕裝掩襲）爲一次，「追」（追擊）爲兩次。到了東周後期即戰國時代，齊、楚、燕、趙、韓、魏、秦等「戰國七雄」之爭，更是烽火連年，戰事不斷，直至秦王朝掃滅其他六國，統一天下，才暫息干戈。

孫武正是處在春秋與戰國之交的年代，戰事頻繁的時代背景、軍人後裔的家族出身、建功立業的奮鬥目標等等因素，促使孫武年輕時就注重研究政治、軍事，運用前人的智慧和自己的思考，發憤著書，寫成兵法十三篇。初始是沒有書名的（這也是當時人們著書的慣例），《孫子》或《孫子兵法》的書名是後人給冠上的。此書十三篇的篇名依次爲：

卷上五篇：計篇（或稱始計篇）、作戰篇、謀攻篇、形篇（或稱軍形篇）、勢篇（或稱兵勢篇）。

卷中四篇：虛實篇、軍爭篇、九變篇、行軍篇。

卷下四篇：地形篇、九地篇、火攻篇、用間篇。

卷上五篇大體上爲戰爭總論，論述戰爭與政治、經濟、後勤等的關係；卷中四篇大體上爲戰略論，從宏觀角度論述戰略方針；卷下四篇則大體上爲戰術論，從微觀角度論述戰術方法。

《孫子兵法》的體例，與《論語》、《老子》（或稱《道德經》）不同。《論語》是孔子後

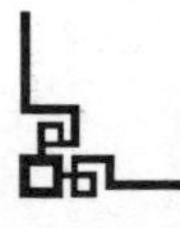

學記錄整理孔子言論的「語錄體」，並非孔子親手寫成，因而全書缺乏一個總體邏輯構思，各篇原無篇名，後人取其篇首語權作篇名。《老子》全書八十一章，可能是取我國傳統文化中陽數（奇數爲陽，偶數爲陰）之極「九」與「九」相乘的積，概括其內涵之博大精深。但它各章都很簡短，也似語錄體，除前面幾章內容能總領全書大意之外，後面各章之間也似缺乏內在邏輯構思。《孫子兵法》因其成書年代晚於前兩者，可能汲取了前人寫書的經驗教訓，加之軍事科學是一種不同於哲學的具體學科，需要能指導實用，便於翻閱，所以，孫武在著書時有了總體的邏輯構思，且各篇寫來專注一事，篇名也能夠統領該篇內容，使人一目了然，方便閱讀。作者的軍事哲學觀、政治經濟觀、軍事地理與軍隊管理學說，又貫穿全書，達到了內容與形式較爲完美的統一。

「武經七書」及《吳子兵法》

在此，我們有必要用一定篇幅來介紹一下「武經七書」，因爲先秦時期的兵書多納入其中。《孫子兵法》是其首部，也就是所謂「武經冠冕」。以下六部依次是《吳子兵法》、《六韜》、《司馬兵法》、《三略》、《尉繚子兵法》、《李衛公問對》。

「經」是什麼？它的本義指紡織品的縱線，與橫線「緯」相互交織，以織成布帛。因爲「經」在整個紡織品中具有維繫或綱領的重要作用，後人便引申其義爲神聖的眞理。古代各種學派，都把各自創始人的最重要著作尊之爲永遠不可改變的「經」（現代漢語仍有「經典著作」的說法）。例如：儒家將《詩》、《書》、《禮》、《樂》、《易》、《春秋》稱爲「六經」；道家把《老子》稱爲《道德經》；佛教有其《佛經》（唐僧就曾被派往「西天」即南亞的印度去取「經」）；就連漢語翻譯基督教的教義之書，也取名爲《聖經》。

「武經」正式冠名於兵書總輯，相對較晚；但古人語言中用「經」來稱重要學術著作，最早卻是針對兵書而言的。《國語．吳語》中就有出征時「挾經秉枹」的描述。意思是帶著兵書，拿著鼓槌（古代指揮作戰時，擊鼓則進軍，鳴金則收兵）。正式把兵書作爲經典著作，名爲「兵經」，見於典籍的，較早出現在南北朝時期。南朝梁國沈約的《宋書．周朗傳》中有載：「授以兵經戰略、軍部舟騎之容。」梁國的著名文藝理論家劉勰在其著作《文心雕龍．程器》中寫著：「孫武兵經，辭如珠玉。」唐代詩人杜牧曾注釋《孫子》，他在一首詩中寫道：「周禮傳文教，蕭曹授武經。」在這裏，出現了「武經」的新名號，還把兵家的「武經」與儒家的「文教」相提並論，足見其重要性了。宋仁宗爲使將領們便於學習兵家經典著作，令曾公亮等人花了五年時間編成一部當時的軍事百科全書《武經總要》，並且親自爲之作序。這是以朝廷名義、用「武經」命名的首部兵書總輯。到了宋神宗時代，又從《武經總要》中

選出七部，號爲「武經七書」，正式定爲官書，朝廷考試選拔武士，必用「武經七書」作教材和「標準答案」。

其中的《李衛公問對》是唐代名將李靖與唐太宗以答問形式寫成的兵書，不屬於先秦兵書之列。其餘的六部兵書，《六韜》與《三略》據傳說是周朝開國元勳太公姜尙談兵論戰之書，由後人加以收錄整理而成；但《三略》又經漢代黃石公增益，傳授給張良，似乎也不便歸於先秦，我們這本書裏就不專門研究它了。這樣一來，本書涉及的「武經七書」就只有其中五部。

《吳子兵法》，相傳是衛國人吳起所著。吳起在軍事學術史上的地位與孫武並稱，漢代史學家司馬遷的《史記》中就有《孫武吳起列傳》，還有學者合稱二人的兵法爲「孫吳兵法」；吳起在古代政治史上的地位，又與商鞅並稱，吳起助楚悼王變法，商鞅助秦孝公變法，二人在政治上皆有所建樹，史稱「吳起商鞅變法」。

《吳子兵法》現存六篇：卷上三篇爲圖國、料敵、治兵；卷下三篇爲論將、應變、勵士。縱觀《吳子兵法》上下六篇，概括其中主要的軍事思想，大體上有這麼三個要點：一是「內修文德、外治武備」，即修明政治與加強軍備有機結合的戰略思想；二是「以治爲勝、教戰爲先」，即嚴格要求訓練軍隊的治軍思想；三是「審敵虛實、因形用權」，即針對敵軍情勢靈活運用各種戰術的作戰原則。

《司馬兵法》

要讀懂這部兵書，先得弄清楚「司馬」一詞的由來。司馬，本是古代專門掌管馬匹的官員。因戰爭頻繁，馬匹在戰鬥中的作用十分重要，四匹馬配一輛戰車爲一「乘」，一個諸侯國擁有多少車馬組成的「乘」，便成了衡量國家實力的標誌，如「千乘之國」、「萬乘之尊」，就是以軍備實力來說的。人以馬貴，司馬成爲舉足輕重的官職，後來就演變成了掌管軍政大權的官職的代稱。司馬穰苴本人姓田，是春秋時代齊國人，擔任過齊景公時掌管軍政的大司馬，因而被後人稱爲司馬穰苴。

司馬穰苴是一個文韜武略俱全的軍事家，他與晏嬰一同輔佐齊景公而得賢名。據說，有一次，齊景公與姬妾夜飲，意猶未盡，忽然想起晏嬰來，令人駕車，攜帶酒具佳餚前往晏府，並派人預先報信。晏子急忙迎候在門口，沒等景公下車，就驚問道：「大王夜臨寒舍，是不是鄰國有變，或朝廷有事？」景公笑道：「沒有，沒有，只是帶了些酒菜來，想與相國共用。」晏子道：「如果有安國家、定諸侯這樣的事，我可以參與；如果是吃喝之類的陪同，大王左右自有人在，我就不便參加了吧。」景公命隨從調轉車頭，又來到司馬穰苴家。

穰苴拱手站立在大門外接駕，急忙問道：「是不是有諸侯發動了戰爭？是不是有大臣策動了叛亂？」景公哈哈大笑道：「沒有，沒有。寡人今夜有陳年佳釀，悅耳音樂，欲與司馬共用。」穰苴退而言道：「倘若有抗禦敵寇、平定叛亂這樣的事，臣立刻請求參加；倘若是品嘗佳餚、觀舞賞樂這樣的事，大王左右不乏其人，就用不著臣這樣的武夫了。」從這則故事，我們可以看出，司馬穰苴為了軍政要務，可以夙興夜寐；但對於逢迎君主、巴結討好、吃喝玩樂之類「旁門左道」（如今所謂「關係學」），他是「一竅不通」、退避三舍的。

《司馬兵法》是否是司馬穰苴一人所作？考察到的根據不如《孫子兵法》那樣可信。學界對此頗有爭議。一般認為，可依司馬遷《史記》之說，即《司馬兵法》是齊國大夫追記商周的古司馬法，同時也把司馬穰苴的兵法附在其中而成書。由於年代久遠，《司馬兵法》的佚失情況較為嚴重。據《漢書．藝文志》記載，本書原有一百五十五篇，而《隋書．經籍志》和《唐書．經籍志》都說只有三卷。現在流傳的版本中只有五篇：仁本、天子之義、定爵、嚴位、用衆。每篇只是摘取其第一句話來用作篇名，並非專門的命題。《司馬兵法》的核心思想，就是治國、治軍「以仁為本」。這種「仁本」思想的主要內容有「仁、義、禮、智、信、勇、文、德」。基於此，書中主張「以戰止戰」、「殺人安人」，也就是說，要用正義的戰爭來消除和制止非正義戰爭；「仁者愛人」本是從孔夫子那裏借來的思想，但是，一旦敵國發動了「仁者」認為是非正義的戰爭，迫使「仁者」也必須拿起武器「殺人」的話，只要能夠使本國人民得到和平安定（「安人」），「仁者」出戰也在所難免。這一點，對後世影響十分深遠，特別是堅持儒家學說的人更加推崇。唐代大詩人杜甫就在《兵車行》詩中寫道：「苟能制侵凌，豈在多殺傷？」意思是說，只要能夠制止敵國的侵犯，就不必耀武揚威，殺人如麻。杜甫在這首詩中描寫了年輕男子被強征入伍、骨肉離散的傷心場景：「爺娘妻子走相送，埃塵不見咸陽橋。牽衣頓足攔道哭，哭聲直上干雲霄。」詩中還借古諷今，譴責了唐王朝擴展北方邊疆不知滿足（「開邊意未已」），給老百姓帶來痛苦的軍事擴張主義。這與孔子的「仁者愛人」、《司馬兵法》的「以仁爲本」是遙相呼應、一脈相承的。

《司馬兵法》提出了「好戰必亡」、「忘戰必危」這樣一組相輔相成的辯證觀點。「好戰必亡」基於上述「以戰止戰」觀，其內涵是說，如果不是出於消除和制止敵方非正義戰爭的目的，而是一味地嗜好戰爭，以強占別國領土爲戰爭目的，那就只能是自取滅亡；從另一方面看，如果沒有戰備觀念，忘記了還有敵國在虎視眈眈，一旦被敵人入侵，那必然是危在旦夕。這種辯證的戰爭觀，直至今日，仍對當代軍事理論產生著重大影響。

在《司馬兵法》中，作者還提出了五項軍事原則——順天、阜財、懌衆、利地、右兵。這對於後來歷代軍事家都是難能可貴的警言。它啓發指揮官們，每逢帶兵打仗，必須懂得並且要運用好天時（順天）、地利（利地）、人和（懌衆），同時要準備好充足的軍用財物（阜財）、武器裝備（右兵）。

這部兵書還注重強調集中優勢兵力打殲滅戰，速戰速決，提出了不拖延時日，不損耗兵力、國力等戰爭要訣。書中說：「以輕行重則敗，以重行輕則戰。」主張殺雞也要用牛刀（以重行輕）。本書不僅從理論上闡述了「以仁爲本」的軍事思想，還從實際出發，總結概括了不少實戰經驗，諸如觀察敵情、整肅部隊、凝聚人心、避實就虛、各個擊破等等。這些關於戰略戰術的經驗，歷來被軍事家們所重視，各自從中得到頗多助益。

孫臏與《孫臏兵法》

孫臏是戰國時齊國人，孫武的後代子孫。傳說孫臏年少時，家道貧弱，但齊地素有尙武之風，他立志學武，尋往深山，拜鬼谷子爲師，與魏國人龐涓同爲師兄弟。龐涓爲人狡詐，孫臏爲人誠實，鬼谷子對兩人瞭如指掌。他先放龐涓下山，然後取出秘藏的《孫子兵法》，對孫臏說，這是孫臏先祖所著，曾獻與吳王闔閭，後來越國滅吳，險些毀於兵火。鬼谷子說他自己所得《孫子兵法》爲孤本，傳授給孫臏，希望孫臏能繼承孫氏武經。

龐涓下山後回到魏國，深得魏惠王信任，被拜爲軍師。不久，孫臏也辭別師父，來到魏國，被龐涓引薦給魏惠王。惠王大喜，命他師兄弟二人各擺一陣，以試其才。龐涓先擺一

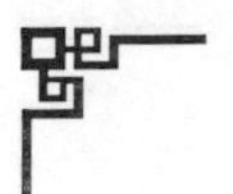

陣，惠王問孫臏可破否，孫臏乃忠厚之人，照實說來，說此陣可破。等到孫臏擺出陣來，龐涓卻是丈二和尚——摸不著頭腦。龐涓私下裏問道：「師兄所擺何陣，如何破法？請不吝賜教。」孫臏出於兄弟情誼，坦然如實相告：「此乃『顚倒八卦陣』，可用『長蛇陣』破之。」龐涓又問：「兄何以學得弟所不能之陣法？」孫臏又把師父傳授祖上兵書之事，一五一十地告訴了他。龐涓向惠王稟告了破陣之法，惠王並未看出孫臏有什麼超過龐涓之處，只是礙於龐涓引薦的面子，留下了孫臏，尚未委以重任。龐涓卻由此忌恨孫臏之才，一心想奪得《孫子兵法》。一次，孫臏故鄉堂兄弟托人送來家書，約他回鄉掃墓。龐涓得知，心生詭計，對魏王說：「齊國與魏，夙有仇隙，今我師兄本是齊人，又得齊使送來的密信，意欲歸齊，此一去，只恐是放虎歸山，於我們魏國大爲不利。」魏王聽信了他的饞言，對孫臏存有戒心。孫臏上朝之時，向魏王告假。魏王臉色一變，問道：「可有齊國來信？」孫臏回答說：「有家書一封。」魏王怒喝：「什麼家書，分明是裏通外國！按律當斬，與我拿下，推出去斬了！」孫臏始料不及，束手就擒。龐涓這時急忙出來做好人，替孫臏告饒。魏王令人對孫臏施以刖足、黥面之刑。孫臏被剜去膝蓋骨，雙足癱軟，不能行走，只能盤坐；臉上被刺了黑字，受痛受辱。龐涓又假惺惺地來探望，說：「師兄難道不知魏王素來與齊有仇，怎麼偏偏提出要回齊國呢？若非弟進一言，吾兄一命休矣！今後務必愼之又愼。可將兄祖上遺留兵書，抄錄出來，以便你我共同閱覽。」

孫臏此時已經看出這位「師弟」的險惡用心，苦於不得脫身，只好佯作癲狂，閉門不出，一心一意研究兵法。後來，齊王聞知此事，派人用「金蟬脫殼」之計，把孫臏請回齊國，發揮了巨大作用，並終報龐涓陷害之仇——這是後話。

在本書的相關篇章中，我們還將講述孫臏的故事——孫臏在《孫子兵法》十三篇的基礎之上，運用自己從師學習的心得，結合當時戰爭的特性，闡發親自帶兵作戰的經驗，寫成了另一本兵書，這就是《孫臏兵法》。

《孫臏兵法》於漢代以後便失傳了，甚至有研究者認為它與《孫子兵法》就是同一本書，作者究竟是孫武還是孫臏，也曾頗有爭議。直到一九七二年，當代考古工作者從山東臨沂銀雀山漢墓中發現《孫臏兵法》的殘簡，事實眞相才大白於天下。

根據殘簡整理出來的《孫臏兵法》，共收錄在三百六十四枚竹筒上，分為上下兩編，每編十五篇，共三十篇，尚存一萬一千多字。這部兵書最為突出的特點是強調必攻不守、以寡敵衆，以「道」制勝、靈活造勢的戰略戰術。

孫臏強調的「必攻不守」、「以寡敵衆」戰略思想，就是要抓住敵人的薄弱環節（不守），採取積極的攻勢，以消滅敵人的力量為主；孫臏所謂「道」，是指戰爭的客觀規律。他說，「先知勝不勝之謂知道」。也就是說，預先明瞭能否取勝，才算是掌握了戰爭規律。他要求指揮官必須掌握自然規律、地形規律（「上知天之道，下知地之道」），認為具體的用兵規律

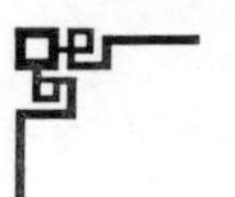

有四個要點：陣、勢、權、變。總而言之，要靈活造勢，根據敵我雙方的不同情勢，以及天時、地利等不同的環境，採用靈活應變的戰術，形成主動出擊的有利態勢，以求克敵制勝。

《尉繚子兵法》

《尉繚子兵法》，相傳爲戰國時人尉繚所撰，「子」是古代對有德行、有學問的賢者的尊稱，相當於後來的「先生」一詞。因現存的文史資料中缺乏有關尉繚的記載，故其生卒年代與生平事跡不詳。據書中所載，他與梁惠王爲同時代人，生活在西元前三四〇年前後戰國時代。在一九七二年考古發現《孫臏兵法》的銀雀山西漢古墓群中，同樣發現了一部分《尉繚子兵法》的殘簡，由此可以推測，此書至少在西漢之前就已經流傳於世，其成書年代大體與《孫臏兵法》的年代相近。

《漢書．藝文志》記載有《尉繚子兵法》三十一篇，《隋書．經籍志》和《唐書．經籍志》都記載它有六卷。而現存的《尉繚子兵法》只有五卷二十四篇；可能散佚一卷七篇。現存五卷的篇名如下：

卷一：天官、兵談、制談、戰威。

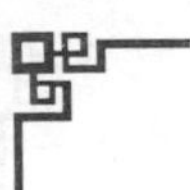

卷二：攻權、守權、十二陵、武議、將理。

卷三：原官、治本、戰權、重刑令、伍制令、分塞令。

卷四：束伍令、經卒令、勒卒令、將令、踵軍令。

卷五：兵教上、兵教下、兵令上、兵令下。

它的篇名不像《論語》、《孟子》以及《司馬兵法》那樣只是摘取篇中首句來作題目，而是像《孫子兵法》那樣，專擬了篇名，且每篇論述的內容緊密圍繞篇名主旨。《尉繚子兵法》全書的篇章結構還有一個突出特點，那就是每卷內的各篇都大體圍繞該卷的內在主旨展開論述，卷一至卷五又大體是從宏觀到微觀逐漸展開論述：卷一共四篇，大體上論述軍事與政治、經濟的關係；卷二共五篇，大體上從攻守戰略上展開論述；卷三至卷五共十五篇，總體上論述治軍之道，也大體遵循著從宏觀到微觀、從治官到治兵逐漸展開的原則。全書呈現出一個「倒金字塔」結構，有著較爲嚴密的內涵與外延的邏輯聯繫，足見作者編纂軍事專著的豐富經驗與良苦用心，這也是對前人成就的繼承與發展。儘管作者的生平事跡無從查考，但這部軍事學專著在古代兵書、兵學發展史上卻占有重要地位，被納入了「武經七書」之中，且被研究者認爲是繼《孫子兵法》、《吳子兵法》之後又一部軍事經典著作，有的學者甚至認爲它不在《孫子兵法》之下。

在軍事哲學思想方面，它體現出樸素唯物主義的認識論思想，提出了「天人相分」的觀

點，認爲天時不如地利、地利不如人和；作者始終強調人的作用，指出戰爭的決策、實施，軍隊的教化、管理，全靠「人謀」。爲了在戰爭中充分發揮人的作用，從而取得決定性勝利，作者提出「權敵、審將，而後舉兵」的著名論斷。在這裏，「權敵」，就是孫子所謂「知彼」，即透徹地了解敵人情況；「審將」，就是「知己」，還特別強調對於己方領導者——「將」的透徹了解。

在軍事與政治、經濟關係方面，作者認爲，無論「圖霸」（發展自己），還是「伐暴」（消滅敵人），都不能廢兵，尤其在諸侯爭霸、烽煙四起的年代，更要用戰爭最終解決問題。但是，政治又應是戰爭制勝的根本條件，要「以武（軍事）爲植，以文（政治）爲種；武爲表，文爲裏」；文武之道，都要以耕織（經濟）爲本，民富才能國強，本固方可兵勝。

在戰略戰術方面，作者論述了進攻、防守等策略問題，總結了導致戰爭勝利或失敗的正反兩方面的各十二條經驗教訓（十二陵），非常精闢深刻。

在軍隊教化管理方面，《尉繚子兵法》的論述尤其全面而且具有實用價值。單就這方面而言，它在「武經七書」中是出類拔萃的。它幾乎用了一半以上的篇幅來周密詳盡地分層次論述軍隊將領、士卒的教化管理和軍法、制度的制定與執行，諸如統率軍隊、訓誡將領、整訓士卒、健全軍規，以及安撫民衆等等方法與措施，都有不少的經驗之談，有的至今仍然具有參考價值。

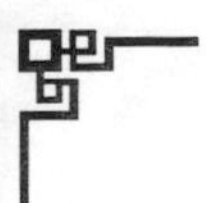

《六韜》是一部什麼樣的書？

韜者，韜略、謀略也。韜的本義是指古代的箭袋，因它有藏箭的功用，故而引申爲「掩藏」之義。姜太公釣魚——願者上鉤，「釣」來了一個起用他於貧賤之中的賢明君主周文王，這是一種韜晦之計；劉備聞雷失箸假裝膽小，不讓曹操識破他的勃勃雄心，也是一種掩藏心計的韜晦之計。再把箭袋的「武器」之義與「掩藏」之義綜合起來加以引申，就產生了「深藏於心的用兵謀略」這麼一項韜的常用詞義了。那麼，讀者要問了，《六韜》是不是六種用兵謀略？

智哉，此問！《六韜》這部兵書，分爲六卷，依次定名爲〈文韜〉、〈武韜〉、〈龍韜〉、〈虎韜〉、〈豹韜〉、〈犬韜〉，共六十篇，近二萬字。這在古代兵書中可謂洋洋大觀，篇幅較長，論述較全。我們不妨瀏覽一下各卷的篇名，看看論說的是些什麼奇謀高術。

卷一：文韜十二篇——文師、盈虛、國務、大禮、明傳、六守、守土、守國、上賢、舉賢、賞罰、兵道。

卷二：武韜五篇——發啓、文啓、文伐、順啓、三疑。

卷三：龍韜十三篇——王翼、論將、選將、立將、將威、勵軍、陰符、陰書、軍勢、奇兵、五音、兵征、農器。

卷四：虎韜十二篇——軍用、三陣、疾戰、必出、軍略、臨境、動靜、金鼓、絕道、略地、火戰、壘虛。

卷五：豹韜八篇——林戰、突戰、敵強、敵武、鳥雲山兵、鳥雲澤兵、少衆、分險。

卷六：犬韜十篇——分兵、武鋒、練士、教戰、均兵、武車士、武騎士、戰車、戰騎、戰步。

從卷目、篇名總體看來，《六韜》全書也似一個「倒金字塔」結構。〈文韜〉與〈武韜〉，從宏觀上論述。前者講戰爭與政治、經濟的關係，論述戰前必須修明政治，發展農耕，充實國力，作好戰爭準備；後者主要講對敵作戰的戰略問題。往下四卷，從微觀上論述戰術問題，分別以龍、虎、豹、犬四種兇猛動物形象化地給各卷命名，這四種動物的威力是等而下之，所論內容也逐步具體而微。〈龍韜〉主要講軍事指揮與部署，尤其注重將領的綜合素質培養；〈虎韜〉主要論述在寬闊地帶領兵作戰的戰術要領；〈豹韜〉則與之對應，講的是在狹隘地帶指揮作戰的戰術問題；〈犬韜〉雖然具體而微，卻有它自身的突出特點，它在「武經七書」中，首次區分「兵種」，從敵我雙方角度詳盡地論述步兵、車兵、騎兵的不同戰術，以及如何對付敵方不同「兵種」的作戰方法。

這麼好的一部兵書，它的作者究竟是誰呢？可惜不能給讀者一個確切的答案，只能是「據傳說」而已。《六韜》又名《姜太公兵法》，書中記載的是姜太公與其君主周文王、周武王父子關於軍事的對話。每篇篇首文王或武王的問話，是本篇的主題，姜太公的應答、對策則是關於這一主題的具體見解，有些類似《論語》的所謂語錄體，可能是由文王、武王的隨從官員記錄，經後人整理而成，它所反映的主要還是姜太公的軍事思想。

姜太公名望，字子牙，其祖上曾被封爲呂姓，他又叫呂尙。他被文王訪賢而起用於渭水之濱，輔佐武王起兵消滅商紂王而建立西周王朝，功勳卓著，被武王尊爲「尙父」，授予特權，權勢在西周的各個分封諸侯國之上，可以代表王室征討五侯九伯。關於他的故事，明代小說家在《封神演義》中加以神化了，我們將會在本書下一章中加以介紹。

《風後握奇經》

這部兵書的書名有些令人費解。風後，是人名，相傳是黃帝軒轅氏的臣子，一位精通陰陽八卦的謀略家。後來傳說是周文王演繹其道而著《易經》。「易」字是個會意字，上爲「日」字，下爲「月」（演變成「勿」）字，日爲陽，月爲陰，是一對辯證統一的矛盾，所以我們說

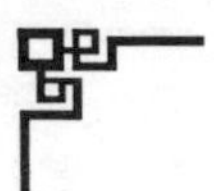

《易經》是研究陰陽辯證的經典著作。《易經》的卦象爲乾、坤、震、巽、坎、離、艮、兌八卦，分別以「—」(陽符)、「--」(陰符)的三層不同形式組合而成，依次象徵著「天、地、雷、風、水、火、山、澤」八種自然現象。三層全是「—」的「乾」與全是「--」的「坤」，是陽卦與陰卦之極，是自然界和人類社會一切現象的最初根源，在八卦中占有決定性的重要地位。《易經》有此八卦，《風後握奇經》則有天、地、風、雲、飛龍、翔鳥、虎翼、蛇蟠八陣，其內在機理是相通的，只是命名略有不同而已。

握，與「幄」相通，指的是軍中大將的營帳，成語「運籌帷幄」用的就是這項意義。奇，讀機音，通「機」，有「機密」之義，將帥謀略不可輕易示人，所謂神機妙算是也。如果我們要用一句現代白話來解讀「握奇」二字，那便是「將帥謀略」。經，就好理解了，正如《易經》、《詩經》、《聖經》的「經」字一樣，是經典著作的意思。

這部兵書，究竟是否風後所著？也只能據說而已。原本只有三百六十個字，據說由姜太公呂尚增益至三百八十字；明代毛氏汲古閣所刻秘本，又衍生了四個字，共有三百八十四字。書的開篇說：「經曰：八陣，四爲正，四爲奇。」也就是說，天、地、風、雲這四陣爲正面陣法，飛龍、翔鳥、虎翼、蛇蟠這四陣爲側面奇兵。書中文字古奧難懂，主要講的是八陣的設置、調度、聚散、分合、參差變化等要略，透過陣勢的指揮調度，達到克敵制勝的目的。其中充滿了樸素的辯證思想，最突出的一點是強調「以正合，以奇勝」。也就是說，用正

面陣法來集合部隊，擺開陣勢，迎擊敵人；用側面包抄、迂迴作戰、埋伏奇兵、異軍突起等作戰方法來出奇制勝。這是一項十分重要的軍事理論，在「武經七書」以及後世兵書中多有引述和運用。按照本書提出的「正合奇勝」的思路指揮作戰，往往就能取得勝利；反之，就會失敗。如《孫子兵法》中就反覆強調「兵者，詭道也」，要出其不意，攻其無備。春秋五霸之一的宋襄公，一味強調正面作戰，而不用「詭道」、「奇兵」，僵化地堅持著一種「蠢豬式的仁義」，敵方渡河剛及一半，正好攻擊之時，他不下令進攻，硬要等到敵方全部渡完才讓交戰，結果是人家的「過河卒」已占灘頭，在後無退路的情勢下正好拚死決戰，把宋軍殺得狼狽逃竄，潰不成軍。

因爲《風後握奇經》過於簡略深奧，後人爲之增配了圖解；晉代西平太守馬隆又補了一篇《八陣總述》，並對各個陣法寫了評贊。

八陣的成功運用，在古代軍事史上不乏其例。三國時的蜀相諸葛亮在劉備與吳軍交戰的「彝陵之戰」失敗後，爲救援蜀軍、阻擊吳軍，在今四川奉節白帝城下的長江灘頭擺過「八卦陣」，由於陣勢變化無窮，使得追趕而來的吳軍陷入「迷魂陣」而吃了敗仗。後人寫詩讚諸葛亮「功蓋三分國，名成八陣圖」，說的就是這個典故。

二、談天說地話兵家

孫武演兵斬美姬

孫武出生於齊國（今山東境內），本姓田，爲世傳武將之後，自幼研讀先人兵書，聰穎過人，極有心得。少年時隨祖父和父親出征，曾用巧計賺開敵方城門，小試鋒芒即聲名大噪。後過繼而得孫姓，其母早亡，父親又去世，繼母是位女將，教他不少武功武德，使青年孫武更見長進。此時，齊國大將田乞又想將孫武過繼恢復田姓。孫武的老祖父與繼母婉言謝絕，但迫於田乞的壓力，只好讓孫武出奔南方。孫武以青年人敏銳的目光審視南方諸侯國，覺得吳王闔閭胸懷大志，勵精圖治，求賢若渴，自己到吳國去更有期遇明君以圖施展才華的可能。於是他來到吳國，寓居城郊，在熟讀前人兵書的基礎上，融進自己的創造，專心著述，寫成兵書十三篇。

比孫武更早投奔吳王的楚人伍員（伍子胥），因立志要報楚王殺父之仇，急於尋找智勇雙全之人作為合作夥伴，策動吳王興兵伐楚，便遍訪高人，在城郊遇上了孫武。伍員讀過孫武所著的兵書之後，讚歎不已，把孫武引為知己，引薦到了吳王宮中。

闔閭看了孫武的兵書後說：「先生兵法，眞是通天徹地之才；不知可否付諸實用？」孫武十分自信地答道：「臣的兵法，不僅可以試之行伍，就連婦人女子，也是可行的。」他說這話，是有根據的，他的繼母就是一位女將，他也曾協助繼母操練過女兵。吳王闔閭卻不相信，大笑搖頭。伍員說：「孫先生既出此言，必有把握，大王何不讓他就地操演宮中女兵，立時可見分曉？」吳王點頭答應，並授孫武以令旗。

於是君臣們即刻來到宮內空曠之地，叫內侍召集宮女三百人，看孫武如何操演。

孫武站在台階上，將宮女分成左右兩隊，每隊各一百五十人，又請吳王決定誰當隊長最為合適。吳王當即指定他最寵愛的兩個年輕貌美的王姬擔任隊長。孫武命令她倆分別站立兩隊排頭。又指定了軍中執法官，排列了眞刀實槍以壯軍威。一切準備停當，孫武傳令道：「左右兩隊聽清：軍中號令，非同兒戲！有令則行，有禁則止，違令者斬！正式操練時，擊鼓則前進，鳴金則後退；令旗左揮則左行，令旗右揮則右行，令旗繞圈則環行；切切不得有誤！」

宮女們初時感到新鮮，還安靜地聽了幾句，後來就嘰嘰喳喳，心不在焉了。等到孫武下

令擊鼓，排頭的兩個王姬卻沒前進，後面的宮女擁向前來，王姬平日嬌氣十足，也驕橫慣了，便笑罵起那些宮女來，場上立時亂作一團。孫武讓執法官傳下禁令，老半天才又安靜下來。這時，吳王在高台之上也禁不住笑了，對一旁的伍員直搖頭。伍員道：「大王稍候，看孫先生往下操演。」

孫武大聲說：「剛才傳令，你等沒聽明白，可以原諒一次，也怪我沒有親自擊鼓。」接著，他又把軍令信號重申了一遍，將鼓槌緊握在手，「現在，由我主將親自擊鼓、揮旗，你等一定要遵令行事；如若再有違犯者，軍法不饒！」說完，親自擂鼓三通，指揮兩隊前進。兩個王姬仍只覺得好笑，扭扭捏捏地一動也不動，隊伍仍是紛亂不堪。孫武大怒，圓睜虎眼，倒豎濃眉，高聲喝道：「執法官何在？」執法官立刻跪下聽令。孫武道：「前番申令不清，將之過也；既已約束再三，而士不聽命，士之罪也。依軍法當治何罪？」執法官答：「當斬！」孫武說：「士有頭領，罪在隊長，將兩隊隊長斬首！」執法官立即帶領行刑者將兩名隊長揪住綁了。

吳王闔閭在高台上見此情形，連忙令人叫孫武刀下留人。孫武對傳令官說道：「主將麾下，只知有隊長，不知有王姬。隊長違犯軍令，主將有權依法治罪！」傳令官忙將此話回報吳王，那闔閭一時慌了，親自步下高台，喝令孫武住手。孫武拱手回稟：「大王既已授臣爲主將，將在軍中，只依軍法從事，對於軍法之外的君命，也有所不受！」追趕下來的伍員抓

緊機會進言：「大王，孫先生之言有理，這也是他將兵書之道付諸實行。大王誇讚孫先生有通天徹地之才，就得給他施展才華的機會呀！」闔閭難堪地說：「寡人如若失去兩位愛姬，將會失去許多生活的樂趣呀！」「大王如若失去了孫先生這樣的將才，那就會失去治國強兵的軍機。兩相比較，孰重孰輕？大王賢明，理當用人不疑。」吳王聞聽此言，只好作罷。

孫武命令將兩隊隊長斬了，重新指定排頭的宮女為左右隊長。場上三百女兵，頓時鴉雀無聲。連大王的寵姬都被他斬了，誰還敢有半點差池？孫武又將軍令申述一遍，個個宮女洗耳恭聽，生怕漏了半個字。這回操演起來，令行禁止。一鼓肅立，二鼓前行，三鼓挺進；旗揮左而左，旗指右而右，旗繞而環行；聞鳴金即收兵，兩隊步調一致，全場整齊嚴肅。三百紅妝，皆被操練為威武之軍。孫武手捧令旗，登上高台覆命：「奉大王之命，臣已將女兵操練齊整，隨大王調遣；即使赴湯蹈火，也能在所不辭！」

助吳伐楚顯奇能

吳王因兩個寵姬被斬，還有些怏怏不樂，經過伍員再三勸諫，還是以大事為重，厚葬了二姬，拜孫武為大將軍、伍員為軍師，共圖伐楚大計。此時，恰好有蔡、唐兩位侯爺因被楚

昭王的傲慢所欺，前來投奔闔閭，願爲吳王的左右翼，共同興兵伐楚。當時，楚是諸侯國中實力最強的，戰車萬乘，地方千里；而吳國不過是東方海濱一個小國，如何以少勝多、以弱勝強呢？孫武決定放棄從長江逆流而上透過水路進軍的路線。否則，聲勢浩大，楚國必定早有準備。再說，吳國的水軍、戰船也不如楚國強大。孫武選擇了迂迴進軍的隱蔽路線：先行一段便捷的水路，將戰船留在淮水的河灣；大軍從江北陸路穿越大別山的林間小道，出其不意地直驅漢陽，然後進兵楚都郢城（今湖北荊州的江陵）。吳王與伍員聽了這個部署，深以爲是，依此行軍，很快就要逼近漢水了。楚昭王聞訊，派沈尹戌帶兵一萬五千人，速往漢水前線與將軍囊瓦會合，駐於漢水之南，共拒漢水北岸的吳軍。

沈尹戌也是個足智多謀之人，他提出讓囊瓦與吳軍正面交戰，自己分兵前往吳軍留船的淮水河灣，焚燒船隻，斷其後路，然後與囊瓦一起前後夾擊吳軍。孫武早就防備了這一著，留守人員正枕戈待旦地等候著；不過，如果沈尹戌這個計謀得以實現，也夠吳國忙一陣子的。囊瓦手下謀士進言道：「沈尹戌之計若能成功，那麼，他就成了破吳的第一功臣；當今之計，莫如我們先發制人，渡過漢水主動迎戰，先占頭功爲上。」囊瓦求勝心切，渡江紮營，派大將挑戰。

孫武選派早已訓練有素的一支奇兵由大將夫概率領，三百壯士都是手持堅木大棒，一遇楚兵，便劈頭蓋臉地亂打。楚兵從未見過這種兵器，先就被它的奇形怪狀驚愕，再被壯士們

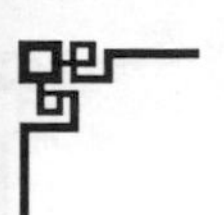

的勇猛震懾，心寒膽怯，措手不及地被動挨打，被打得丟盔卸甲而逃。

囊瓦的謀士見出師不利，爲免主帥責備，又獻一計說：「孫武初勝，營中必無戒備，我們今夜奇襲劫營，必獲大勝。」這也不失爲一個好主意，可惜碰上了神機妙算的大軍事家孫武！孫武聽了衆將祝賀勝利的話，並未喜形於色，而是告誡大家：「勝勿驕、敗勿餒，這是兵家常理。今夜囊瓦要來掩襲營寨，我們就來一個將計就計。」於是，他派夫概與另一大將各領一支人馬，埋伏在寨後山林中，令其只等號令便一齊殺出；盟軍蔡、唐二路分別接應協同作戰，圍殲前來劫營的楚兵。與此同時，他又請伍員率兵五千，抄小路隱蔽行軍，反劫楚軍大寨，斷其歸路。請公子山保護吳王退居後山以避衝突。他自己也退出營寨，隱於高地，統一指揮各路人馬，只留一座空營，虛設旗幟、燈火，以誘來敵人。當夜三更，囊瓦果然撲進了空營，尋不見吳王，已知中計，急忙退出。這時，孫武一聲令下，兩路伏兵左右夾攻，楚軍損傷近半，慌忙殺開一條血路，卻又遇蔡、唐二軍堵住劫殺一陣，損失人馬七八成，正要逃回本寨，忽然有小校前來報信，說孫武已叫伍員劫了大本營。囊瓦連呼上當，帶著殘兵敗將，如喪家之犬，急忙退回漢水之南，企圖憑藉漢水阻擋吳軍的進攻，同時召回沈尹戍的人馬互爲接應。

哪裏還來得及呢？孫武率領得勝之師，乘機渡過漢水，直搗囊瓦的大本營；沈尹戍雖然回救了一陣子，終是抵擋不住吳軍。孫武催動大軍，一直逼近了楚國的郢都紀南城。此城被

楚國歷代君王營建多年，十分堅固，若是強攻硬打，難以攻克。孫武登上高地，望見漳河之水，白浪滔滔，而紀南城地勢低下，城郊又有一個赤湖，初冬時節水不甚深。孫武心生一計，決定使用水戰智破楚都。他指揮兵士，分為三路：一路在漳河接近赤湖處連夜掘開一條濠溝，引水入湖；一路運土加高湖堤，讓湖中之水淹向紀南城；另一路主力伐木砍竹，急造舟筏，以便順流而下，衝殺入城。兵貴神速，濠通堤高，赤湖在一夜之間水漲丈餘，紀南城被淹成了澤國。楚昭王見大勢已去，吳兵已經乘坐竹筏殺進城來，只好倉皇出逃，連王后、妃子也顧不得帶走了。手下將領見國君已經落荒而逃，也無心戀戰，自顧逃命。孫武擁著吳王進城，安撫百姓，放水歸江。吳王要逞自己威風，下令搗毀楚國宗廟，消滅楚國。孫武勸道：「如今強秦在北，楚與秦國乃是姻親，昭王之母即是秦姬。大王既已征服楚國，從圖霸中原的長遠利益著想，不如立楚太子為王，使其臣服於吳，歲歲朝貢，南方既安，然後好圖北進。」吳王闔閭聽不進好言勸說，一心滅楚，以逞其志；伍員也是報仇心切，毀了楚國宗廟之後，還要把楚平王掘墓鞭屍。

孫武見吳王一意孤行，心想自己再留下，即使被封侯拜將，吳王也不會再像以前那樣對自己言聽計從，便產生了功成身退的念頭，與吳王不辭而別，隱入江湖去了，從此不知所終。至於楚王的臣子申包胥哭秦廷，搬動救兵殺退吳軍，使楚昭王返國，那卻是後話了。

吳起殺妻求為將

春秋戰國時代，志士仁人們爲了實現自己的人生價值與理想，往往是「擇主而事」，並不一定爲出生地的諸侯服務。魯國人孔子周遊列國，齊國的孫武助吳伐楚；吳起呢？他本是衛國人，卻在魯國顯示出軍事家的才能，又到楚國去展現他的政治抱負。吳起年少時，因好擊劍學武，不善農耕，被母親責備爲不肖之子。吳起發誓道：「從今往後，我要辭母遊學，不學成本領，不爲卿相，誓不進衛城！」他來到孔子的故鄉魯國，拜孔子的高足曾參爲師，專攻儒學。吳起晝夜讀書，不辭辛苦，頗有收穫，長進很快。齊國大夫田居到魯國來，見到了吳起，讚許不已，將女兒嫁給他爲妻。不久，吳起的老母病逝在衛國，消息傳來，吳起放聲痛哭，哭過一陣子，擦乾眼淚，依然誦讀詩書如故。曾參問他爲什麼不回去奔喪，吳起說：「我對母親發過誓言，不爲卿相，死不回鄉！」曾子奉行孔孟之道，認爲「百善孝爲先」，說吳起是不孝之人，將他逐出師門。吳起於是棄儒學武，又苦苦攻讀兵書，研究古人兵法，三年學成，求用於魯。魯穆公了解到他有文武全才，心中大喜，任用他爲大夫。恰在這時，齊國興兵攻打魯國，吳起欲圖展現才能，向穆公請戰。穆公卻沒有答應。吳起請別人問詢其中

原因，穆公說：「吳起是個將帥之才，但他的妻子是齊國大夫之女，恐怕他對齊國下不了手。」吳起聞言，內心痛苦不已，爲了不失時機以圖進取，竟然忍心殺了妻子！魯穆公這才拜他爲大將，率兵二萬迎戰齊軍。

吳起好不容易抓住這個機遇，專心一意地帶兵作戰，在軍中與士卒同吃糙糧，同穿布衣，行軍路上，也不乘車，不騎馬，還幫步行的兵卒分背乾糧，因此深得民心，使士氣高漲。齊國主帥田和暗中派人刺探吳起的虛實，探子報說：吳起與軍中最低賤的小卒一起席地而坐，分羹而食。田和笑道：「這樣的將領還有什麼威嚴？魯國派他爲主帥，簡直是如同兒戲！」他又派謀士張丑到魯營中去，假稱講和，再探吳起的用兵之法。哪曉得吳起所做的這一切，都是爲了麻痹齊軍，掩蓋他的鋒芒，以便計勝齊軍。他故意低三下四地接待張丑，詭稱魯國逼他殺妻出兵，如今見了這「岳家之人」，豈不願意交好？臨別之時，再三求張丑向主帥田和轉達他的心意，說是只等齊帥傳話，他便可退兵。張丑滿意而返，吳起卻暗中調兵遣將，派三路人馬秘密跟蹤張丑。等到張丑向田和覆命，田和更加不以爲意，根本沒把吳起放在眼裏。忽然，轅門外面鼓號震天，殺聲四起，原來是吳起帶領三路大軍已經殺進來了。田和措手不及，兵士已無戰心；吳起親冒矢石帶頭衝鋒陷陣，士卒個個精神抖擻，人人奮勇爭先，直把齊軍殺得屍橫遍野，血流成河，殘兵敗將縮回本土去了。魯穆公大喜，將吳起拜爲上卿。

入楚變法伏王屍

後來，魯穆公中了齊國的反間之計，以爲吳起受了齊國的賄賂，將吳起削去爵祿，還要追究他的「罪責」。吳起只好投奔魏國，爲魏國屢建戰功，卻因是個「客卿」（外來的臣子）未能得到重用，轉而出奔楚國。

楚悼王早就知道吳起的才幹，聽說魯、魏兩國國君都不能重用這樣一位能幹的客卿，他便反其道而行之，當即將相印授予吳起，委以軍政大任。吳起感恩不已，上任不久，考察了楚國的實況，決心推行變法。他向悼王獻策道：「楚國地方這麼大，兵員這樣多，之所以沒能稱雄於天下，是因爲貴族專權斂財，官僚機構臃腫，而國家財力沒有集中用於養兵。要想富國強兵，必須淘汰朝廷冗官，削減貴族俸祿，發展農桑耕作，豐富國庫民財，給足士兵訓練之資與養兵之需，才能使將帥效力，士卒爭先，勇於爲國犧牲。」楚悼王深以爲然，授以全權，讓吳起推行變法。

吳起大刀闊斧地裁減冗官數百人，規定大臣子弟不得世襲爵祿。王親國戚身爲貴族者，五代以外的，一律視爲平民，自食其力；五代以內的，依遠近親疏次第削減俸祿。這樣一

來，節省國庫開支數萬，用於養兵勵卒。吳起精選國中壯士，依照自己的兵法，集中加以訓練，對屢建軍功者，不拘一格提拔重用，成倍地增加俸祿，使得楚軍上下齊心，兵強馬壯。至此，楚國國力昌盛，國威大振，原先總想欺凌楚國的諸侯，終悼王之世而不敢加兵於楚。

吳起的變法，深得民心，卻遭到王公貴族的強烈反對。悼王在世時，他們只能私下裏怨恨吳起；等到悼王逝世，還沒有來得及殯葬，那些失去了爵祿的貴族與大臣子弟，便乘喪作亂，欲殺吳起。吳起一身難敵百人，急忙奔進宮去，作亂者帶著弓箭追來，吳起情急之下，心生一計，抱住悼王屍體，伏身其上，以爲他們不敢對著王屍放箭。誰知這幫無賴之徒全不顧忌，亂箭射來。吳起身中數箭，血流如注，猶自高叫：「我爲殉王而死，死不足惜。你等賊子，竟敢射及王屍，罪不容誅！逃不脫楚國的法網！」

吳起死後，楚太子繼位爲肅王，追查射及王屍之罪，誅殺作亂者七十餘家。吳起伏屍，也就同時爲自己報仇留下了依據，臨死之前設下的最後計謀終究得以實現。

田穰苴立木為信

說起田穰苴當大司馬，還有一段精彩的故事。齊相晏嬰巧用心理戰的計謀「二桃殺三士」

之後，齊景公感到朝中人才難得，晏嬰便及時向他推薦了田穰苴，說他「文能附衆，武能威敵」，一人能勝「三士」。恰在這時，晉、燕兩國聞聽齊國「三士」俱亡，乘機興兵從東、北兩路殺來。齊景公當即派人帶上厚禮，聘請出身寒微的田穰苴爲將軍，率領軍兵五百乘以拒敵。田穰苴心想，自己是平民出身，要在軍中、朝中樹立威信，還得用些手段。於是，他向景公進言：「臣素來卑賤，蒙君授以軍政大權，恐人心不服。請派大王心腹作爲監軍，以保障軍令暢通。」景公聽從其言，派了親信大夫莊賈做監軍。穰苴與莊賈謝恩退朝，走到門外，莊賈問他何時出兵，穰苴答道：「明日午時，我在軍中專門等候大夫，切記不要過了日中啊！」

第二天中午之前，田穰苴先到軍中，叫軍吏在營門正中豎起一根木頭，觀察日影，只等太陽當頂影子縮到木頭下便是午時。他還派人去催促莊賈。誰知莊賈自恃深受景公的寵倖，平素就驕貴得不得了，如今身爲監軍，更加躊躇滿志，以爲大權在握，根本沒把平民將軍放在眼裏，使者前來催請，仍是不以爲然；他的一幫親戚朋友也來助興，置酒餞行，推杯換盞，划拳行令，久久不動身。眼看「日中」已到，木頭影子標誌著午時，田穰苴叫人推倒木頭，自己登上將台，約束三軍。一時軍容整肅，紀律森嚴，士氣高昂，如箭在弦上，只等出發。這時，莊賈才坐著駟馬高車到來，滿面彤紅搖搖晃晃地下車，踱著方步走上將台。田穰苴正襟危坐，一派威嚴，只問一聲：「監軍何故來遲？」莊賈打著酒嗝道：「今日遠行，親友禮送，來遲了一步，打什麼緊？」田穰苴正色道：「將受王命，即忘其家；軍紀嚴明，即忘其親；衝鋒陷陣，即忘其身。如今敵人犯境，百姓倒懸，君王以三軍相托，豈是我等爲將之人飲酒取樂之時！軍令如山，絕非兒戲，怎說不打緊！」於是喚來軍政司問道：「依照軍法，延誤軍機者，該當何罪？」軍政司答道：「當斬！」莊賈聽得一個「斬」字，頓時十分酒被嚇醒了八分，撩起袍帶就要開溜。哪還逃得脫？早被執法將士抓住。田穰苴令人將他捆綁，牽出轅門斬首。莊賈這時連那兩分殘酒也被嚇醒了，高聲呼救討饒。他的手下隨從慌忙跑去向齊景公報信求救。景公急派使者，手持符節，駕車直奔軍營。可惜還是來遲了，那寵臣莊賈已是人頭落地。眼看車衝軍營，田穰苴厲聲喝道：「軍政司！軍營之中，不得馳車。今有違犯者，又當何罪？」「也當斬首！」那使者忙叫：「我是奉了大王之命，前來赦免莊大夫的。」田穰苴這才緩了些口氣，說：「既是奉了王命，死罪可免；但軍法萬萬不可廢！」命令執法將士，將車摧毀，將馬轠斬斷，權當使者的首級。立時把令旗一揮，率領三軍，如離弦之箭，直奔疆場。

田穰苴立木爲信、斬殺監軍、責罰王使的威風傳到晉、燕軍中，令敵人聞風喪膽——這樣的將軍如何抵擋得住——先自顫慄起來。田穰苴大軍一到，晉軍不堪一擊，逃回本國去了；穰苴掉轉馬頭，又來追殺燕軍。燕軍見晉軍先退，自知力薄，不禁膽寒；加之田穰苴熟知兵法，運用自如，乘著士氣高昂，揮兵直搗燕營，殺得燕兵潰不成軍，被斬首萬餘。齊軍

大獲全勝，班師回朝。齊景公大喜過望，親自到郊外迎接犒勞，並拜田穰苴為大司馬，掌握軍政大權。從此以後，晏嬰與他一文一武，相得益彰，輔佐景公，把個齊國治理得風調雨順，國泰民安。

孫臏助田忌賽馬

前一章講到，孫臏在齊國使臣的幫助下用「金蟬脫殼」之計逃脫了魏王與龐涓的陷阱，回到齊國。齊國大將軍田忌報知威王，威王命手下安排軟席「蒲車」，以便遭刖刑的孫臏乘坐，又叫田忌親自出郊外十里相迎，把孫臏待為上賓，請上宮殿。齊威王問以兵法之事，孫臏對答如流，威王心中大喜，當即就要委任軍機大事。孫臏推辭道：「臣蒙大王救回，尚未有寸長的功勞，不敢受祿。再說，魏國的龐涓如果知道我歸齊為官，必定更生嫉妒之心，說不定又要挑起事端。不如暫且隱瞞此事，等到有用臣之時，再為大王效力。」威王聽信了他的想法，讓他暫居田忌家中，以禮相待。

齊威王喜好騎射之樂，平常愛與親信家族賽馬賭錢，以顯武功。田忌家的馬總是比不過齊王的馬。一次，田忌約了孫臏同去觀看，孫臏回來說：「我看大將軍的馬比大王的馬差不了多少，下一次再賽，我保您能贏。」田忌笑道：「果眞如此，我便與大王以每棚千金下注，若能勝出，也顯出了先生的奇能。」下一個賽馬的日子轉眼就到，王公貴族聞聽田忌以千金與大王下注，也都把各家的良馬裝飾一番，前來湊熱鬧，賽場上熙熙攘攘，不下千人。田忌把孫臏安置在簾幕遮掩的軟席蒲車裏，問計於他怎樣才能取勝。孫臏說：「齊國的良馬，集於大王廄中。如果大將軍與大王按上、中、下三棚順序比賽，當然贏不了大王。如今必須換一種思維方式，改變原有程式。您以下等馬對大王的上等馬，這場必定要輸；然後，再用上等馬對大王的中等馬、中等馬對大王的下等馬，這就可以連贏兩棚；這樣一來，總體結果是您兩勝一負，可以贏得大王千金。這就是『丟卒保車』、先負後勝之計。」田忌一聽，如茅塞頓開，豁然開悟，大叫：「妙計，妙計！先生眞不愧為兵家，只此一事，便可小中見大。」比賽開始之前，田忌先把下等馬用金鞍錦韉裝飾得漂漂亮亮，儼然一匹上等的良馬，只等號令一下，便放出去與齊王的上等馬比賽，結果是落後了一大截。威王大笑：「卿以這種馬匹與寡人比賽，還下這麼大的賭注，不輸三千金才怪！」田忌胸有成竹地說：「等到往下兩棚賽過，大王再笑也不遲。」賽過第二、第三棚，果然如孫臏所設想的結局，田忌贏了威王一千金。威王感到詫異，問道：「卿以何種妙法勝過寡人？」田忌如實相告：「此非臣的主意，實乃孫臏所設之計。」說完，撩開蒲車的簾幕。孫臏致禮道：「臣冒犯王威，望乞見諒！」威王笑道：「不過遊戲罷了，說什麼冒犯？只此小事，足見先生智謀深遠！」於

是，對孫臏越加敬重，賞賜有加。

圍魏救趙施巧計

此後不久，魏王派龐涓為帥，進攻趙國，大兵挺進，包圍了趙國的軍事重鎮邯鄲。趙君成侯許以中山之地相送，請齊威王發兵救趙。威王就要拜孫臏為大將，孫臏說：「臣乃刑餘之人，若任主將，使魏笑話。請大王派田忌為主將，臣當相助。」威王依言，用田忌為大將軍，孫臏為軍師，隱居淸車之中，出謀劃策，暫時保密。田忌準備發兵直往邯鄲，孫臏說：「不可。龐涓熟知兵法，能征善戰，邯鄲守將不是他的對手。等到我軍趕至邯鄲，城池已被他攻下，那時我軍再去攻城，肯定事倍功半。不如我軍趕往魏與邯鄲的中途，揚言要攻取魏國的軍事要地襄陵，那時龐涓就會棄邯鄲而來救襄陵，我軍以逸待勞，半途截擊，可收事半功倍之效。」田忌一聽，這「圍魏救趙」果然是條好計，便依計而行。

再說邯鄲守將望救兵不到，力不能敵，只好開城投降。龐涓大喜，正要乘勝進軍，直逼趙都。忽然聽到探子報告，說齊國主將田忌正向襄陵進發。龐涓大驚道：「襄陵如果有失，國都安邑危險，我當火速回救！」於是，放棄邯鄲，回軍直撲襄陵。行到離桂陵二十里處，

就與齊軍偏將打了一場遭遇戰。龐涓畢竟勝了偏將，又往前趕，卻不知這是誘敵之計。等到兵至桂陵，攔路一面大旗，上書「大將軍田」，田忌親自出馬，用馬鞭指著龐涓道：「龐將軍識得我大齊國陣法麼？」龐涓一看那陣，似曾相識，回想起來，乃是孫臏初到魏國時擺過的「顛倒八卦陣」，心中不免一驚——莫非孫臏回到了齊國不成？但他聽孫臏說過，這種陣法，可用「長蛇陣」破之，便不以爲意，口出狂言：「這等陣法，只嚇得小孩子，豈有堂堂魏國主帥不能破之理！」說完，催動全軍，化作長蛇陣，闖進顛倒八卦陣中。田忌叫人放開一條路，龐涓還暗自得意。誰知，龐涓記起孫臏昔日所言，只知皮毛，不知就裏。這顛倒八卦陣是從古兵書《風後握奇經》的八卦陣變化而來，融進了孫臏自己的發明創造，只等龐涓進得陣來，立刻變化無窮，忽圓忽方，時短時長，把他那條「長蛇」斬成幾段，分割圍殲，如蠶食鯨吞一般。龐涓軍隊首尾不能相應，只得黃牛角、水牛角——各顧各了。龐涓領著主力，左衝右突，難以脫身，忽見前面一面紅旗，上書三個大字：「軍師孫」。龐涓大叫：「我今中了癱子的暗計了！」正在危急之時，幸得有兩名副將引兵來救，三人合兵一處，終於衝出一條血路，也顧不得其他人馬了，惶惶然如脫鉤之魚，逃回魏都安邑。

田忌與孫臏爲齊國立了一大功勞，班師回朝，齊王厚禮待之。從此，「圍魏救趙」便成了一個軍事術語，一種具有特定內涵的計謀，以至演變成一句流傳千古的成語。

姜子牙渭水垂釣

兵書《六韜》，傳爲呂尚所作。呂尚就是明代神話小說《封神演義》裏的著名人物姜子牙。他是商代末期東海人，本姓姜。因他祖先的封邑在今河南南陽市以西的呂城，便以呂爲姓，名尚，字子牙。姜子牙在青壯年時期，發憤攻讀，廣泛結交，學成文武全才，特別是通曉陰陽辯證之道。可惜生不逢時，時值商紂王荒淫無道，朝政昏亂，不能選賢任能；子牙兩鬢斑白，仍是命途多舛，很不得志。他只得隱居於東海之濱，坐在海邊的礁石上垂釣，看日出月落，觀雲合霧集，吐納天地靈氣而修煉自己的毅力、耐力。他的釣鉤是直的，也不掛什麼魚餌。旁人笑話：「你這種釣法，幾百年才能釣到魚呀？」姜子牙不動聲色地說：「我的本意不在乎釣魚，而是要釣王侯將相。」人們只好把他當做個怪老頭，不再理會。後來，他聽說西伯侯姬昌是個賢明的人，尊重人才，無論老幼，只要有一技之長，便禮賢下士，他就把自己的「釣位」移到離西伯侯更近的歧地（今陝西省境內），在渭水邊的一塊大石頭上，依舊直鉤垂釣，期望能與姬昌相遇。

再說，那西伯侯姬昌，因仗義直言，抨擊商紂王的暴政，被囚在羑里（今河南省湯陰以

北），他不甘荒廢時日，利用獄中時間修演《易經》成功，好不容易才掙脫牢籠，回到自己的封地。在一次出獵之前，他請人占卜，得到一個奇異的卦象，卜者解釋道：「您這次出獵，所得非龍非虎，也非飛禽之類，而是得到王佐之才！」姬昌正是需要一位能輔佐自己興周滅紂的人才，便興高采烈地帶著兒子姬發出發了。

來到渭水北岸，姬昌進入深林打獵去了。姬發在水邊徜徉，見一位老者用直鉤垂釣，口中唸唸有詞：「大魚不到小魚到，願者上鉤。」姬發覺得奇怪，上前問話，姜子牙不答理，改唸其詞道：「小魚換得大魚來，願者上鉤。」姬發聽出了話中之話，心想：這恐怕就是卜者所說的「王佐之才」，他是要父親前來吧！於是，他跑進林子請來了西伯侯。姬昌很有禮貌地揖見了姜子牙，和他論起朝政，談起陰陽之道與用兵之法，姜子牙將平生所學，幾十年所思，簡約明瞭地陳述一番。姬昌十分敬佩，懇請他出山相助，滅商紂，興周室，救萬民，並說：「我家太公曾說過，渭水之濱將有聖賢出現，不負興周滅紂的眾望，老人家所望的就是先生啊！」因此，人們又稱姜子牙為「太公望」。這一場君臣際會，傳為千古美談。民間傳說，姜子牙欣然應允後，西伯侯為表誠意，請他上車安坐，自己與兒子一同推車。因山路崎嶇，推行了八百步，再也推不動了。姜子牙翻身下車，拜伏在地說：「恭喜大王，賀喜大王，周朝將享有八百年江山！」

西伯侯尊姜子牙為國師，向他請教治國平天下的大計。姜子牙說：「敬畏上天，體恤民

衆，親近賢者，實行這三條大計，國家可治，天下能安。」姬昌依此而行，周室威望日高，諸侯擁戴，百姓歸心，很快就將商紂的天下三分占有其二。姬昌死後，姬發被立爲周武王，尊其父爲文王，尊子牙爲太公、尙父。這時的姜太公，已是白髮蒼蒼，垂暮之人，但他老當益壯，爲武王出謀劃策，統兵督陣，不辭辛苦，渡過黃河，直搗商都。商紂王多行不義必自斃，各路諸侯紛紛起兵與周武王共同討伐他，終致被剿滅。姜子牙運用兵法韜略，爲興周滅紂立下了不可磨滅的功勞。周武王封太公姜尙於齊地（今山東北部與河北東南部），延至東周，便成爲戰國七雄之一的齊國。齊人尙武，秉承了姜尙的遺風，以至於後世的兵家孫武、孫臏都出生於此，太公兵法《六韜》，也成爲傳世經典。

我國民間也一直尊呂尙爲扶正祛邪的「姜太公」，舊時鄉村百姓逢年過節時必在門旁窗邊、雞籠豬圈上貼一張紅紙條，上寫著「姜太公在此」，意在求他保佑人丁大吉，六畜興旺。姜太公釣魚——願者上鉤，也成了一句流傳千古的歇後語。

【戰爭篇】

戰爭與政治

戰爭與經濟

戰爭與後勤

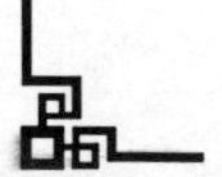

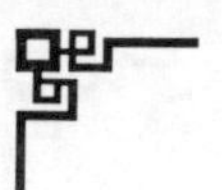

一、戰爭與政治

仁德之軍

「仁者愛人」，這是孔夫子對「仁」的解釋。對人們施以關愛的「仁」，表面看來，似乎與殺敵求勝的軍事、與血肉橫飛的戰爭是大相逕庭的，是矛盾對立的，其實不然。我國的古人造字，表現戰爭的「武」字，原由「止戈」二字組成。從構字法來看，這是一個會意字——止戈為武，武為止戈——我們領會其中的涵義，用一句白話來說就是：戰爭的最終目的是為了消滅戰爭（止息干戈）。

《孫臏兵法》中說：「我將欲積仁義，式禮樂，垂衣裳，以禁爭奪。此堯舜非弗欲也，不可得，故舉兵繩之。」大義是講，自古兵家用兵的目的是為了禁止爭奪，施行仁義，但有人偏不這樣做，我們的目的達不到，只有用戰爭手段來消除這些人的暴力行為。所以，古代兵

家出兵，必定講究「師出有名」，時常有人標榜自己出兵是用戰爭來討伐暴亂，安撫百姓，施行仁政。

幾乎所有的古代兵家，都主張止戈為武、武為止戈，也就是主張軍事思想的根基應當以仁為本。孫武說：「善用兵者，修道而保法，故能為勝敗之政。」也就是說，善於指揮戰爭的人，實行仁道，保障法制，才能成為戰爭勝敗的主宰。

吳起認為治軍圖國者必須具備四個方面的道德修養：「綏之以道，理之以義，動之以禮，撫之以仁。」也就是說，要用仁愛之心、禮義之道來安撫百姓，贏得民心，以保障戰爭勝利。

司馬穰苴十分強調以仁為本、以義治國，主張對內向人民施以仁愛，對外向敵人施以威嚴。他還提出「仁、義、智、勇、信」的五字軍政要訣，認為無論是指揮戰爭，還是治理國家，將帥、君主與士卒、民眾的關係，都必須注重這五個方面。他說，對將帥、君主而言，有了仁，士卒、民眾就會親近；有了義，士卒、民眾就會喜悅；有了智，士卒、民眾就有依靠；有了勇，士卒、民眾就能奮不顧身；有了信，就能與士卒、民眾互相信任。

《尉繚子．兵令》篇中講到：武器，是一種兇殺的器械；爭奪，有違於仁德；所以正義的君王征伐暴亂，是以仁義為本的。能戰勝暴亂的國度，才能樹立威望。抵抗敵人、圖強治國，都不能沒有軍隊。

《六韜》中也強調「仁、德、義、道」四項要義和「仁、義、忠、信、勇、謀」六種操守。書中進一步解釋說：治理國家的人能夠與民衆共用天時地利，就是「仁」；能夠免人之死，解人之難，救人之患，濟人之急，就是「德」；能夠與人同憂同樂，同好同惡，就是「義」；人們都厭惡死亡而熱愛生命，尊崇道德而追求利益，能夠爲民生利，就是「道」。

先秦兵家一脈相承的「以仁爲本」的軍事思想，反覆強調了戰爭與政治的深層關係：君主必須從民衆的利益出發，修明政治，加強軍備，但其目的不是爲了炫耀武力，侵略別國，而是爲了保護民衆和國家的安全。一旦別國侵入，或臣下叛亂，君主就能用強有力的軍隊去抵禦侵略，平息暴亂。儘管在封建社會裏，兵家所謂「國」，是封建君主的「國」，所謂「民」，也與今天社會主義的「人民」概念有所不同；但這種「仁本」、「民本」思想，仍對後來的軍事家們產生了巨大的影響。

正義之師

先秦兵家以研究戰爭爲己任，但他們絕不是好戰份子。相反，他們以國家安定、人民樂業爲理想，在兵書中反覆強調戰爭是不得已而爲之，持一種「愼戰」態度，講究戰爭的正義

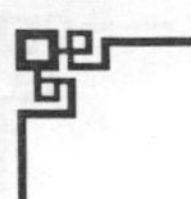

性。

《孫子兵法》中講到：戰爭一旦打起來，滅亡的國家不可復存，死者不能復生。所以賢明的君主，對於是否發動戰爭應當愼之又愼；優良的將帥，對於戰爭之事應當百倍警醒；這才是安定國家、保全軍隊的正確思路。書中主張「非利不動，非得不用，非危不戰」。也就是說，沒有到達危險程度，不要輕易發動戰爭；要打，就要打勝，要爲本國贏得國家利益。

繼孫武之後，吳起也在兵書中分析戰爭的起因，列舉了五個緣由、五種名目，並很有針對性地提出解決的方法，我們不妨把這一套理論簡稱之爲「三個五」。他說，起兵之因無非是爭名、爭利、積惡、內亂、因饑。談到戰爭的名目，他說，制止暴亂而出兵叫做「義」；依仗兵多將廣去討伐他人叫做「強」；因爲憤怒而興師叫做「剛」；拋棄禮義，貪圖利益發動戰爭叫做「暴」；國家紛亂，人民疲憊，卻還要興師動衆，就叫做「逆」。在他看來，「義」是正義之師，必以禮服，只有暴亂的一方也遵循禮義，才有可能使正義之師罷兵。對於「強」師，必以謙服，暫時示之以弱，以謙恭的態度去打動他，折服他；而對於「剛」師，不能以怒抗怒，必以辭服，也就是用外交手段去說服對方；「強」師與「剛」師，正義與否，要看具體情況具體分析。至於「暴」師與「逆」師，則完全是非正義的，「暴必以詐服」，「逆必以權服」，沒有什麼道理與他們好講，因爲他們根本就聽不進什麼道理，只有用詭詐和權變，也就是不惜一切手段，用奇謀妙術去戰勝他們，消滅他們。

《司馬兵法》論及戰爭的正義與否，其觀點充滿了樸素的辯證法思想：「殺人安人，殺之可也；攻其國，愛其民，攻之可也；以戰止戰，雖戰可也。」這句話的核心意思不難理解。就是說，正義戰爭的根本目的是爲了人民，爲著大多數人的安寧；殺死作亂的少數人，攻打不愛人民的諸侯國，都是可行的，用正義戰爭來阻止非正義戰爭，即使要打仗，這種戰爭也是會得到人民擁護的。

《孫臏兵法》警告世人：「樂兵者亡，而利勝者辱。」認爲那些貪圖利欲的好戰份子必定自取滅亡，受到世人辱罵。與此同時，他對於正義戰爭的作用又十分肯定，說贏得一場正義戰爭的勝利，可以使行將滅亡的國家得以存在，使可能絕世的朝代得以繼續。由此看來，孫臏對其祖上孫武的戰爭觀點，既有繼承也有發展。

尉繚子在兵書中直言：戰爭，是用來誅滅暴亂、禁止不義的。正義的軍隊所到之處，應當以不擾亂民衆爲原則，使農民不離開田業，商賈不離開市場，士大夫不離開官府。如果驚擾民衆，甚至侵害他們的利益，那麼，這樣的軍隊就不是正義之師，這樣的戰爭就是非正義戰爭。他在談起政治與軍事的關係時，用了「文」、「武」兩個概念。「文」指政治，「武」指軍事。他還形象地比喻：文是種子，武是植物的莖葉；文是內質，武是表象；文是用來權衡利弊、審度安危的，武是用來抵抗強敵、加強攻守的。也就是說，政治是根本，是主要方面、決定因素；軍事固然重要，但畢竟是政治的繼續，是次要方面、非決定因素。

《六韜．文師》中講到：「天下非一人之天下，乃天下人之天下也。同天下之利者得天下，擅天下之利者失天下。」意思是說，與人民大衆有著共同利益的政治與戰爭，就是正義的，能得到天下；相反，如果企圖獨吞人民大衆的利益，違背了人民大衆的願望，那就會失去天下。

備戰之要

由農民起義軍首領而成爲明朝開國皇帝的朱元璋，在攻克了一些城池、尙未南面登基之前，就曾聽取臣下的進諫，採取「高築牆，緩稱王」策略。高築牆，是爲了準備下一步更大更惡的戰爭；緩稱王，是爲了避免在群雄紛起的局勢下成爲衆矢之的，把矛頭集中到自己的身上。如果我們把這種戰備思想和韜晦之計的根源再往歷史的縱深處挖一挖，可以看一段《三國演義》中劉備的故事。

劉備在諸侯蜂起的東漢末年，是很不得志的一位。但他卻胸懷大志，以漢帝苗裔自居，一心想光復漢室，自己當然也想出人頭地。可是他當時卻不得不寄人籬下，在曹操那裏暫且容身，暗地裏卻抓緊練兵，聯絡諸侯，一旦時機成熟，就要東山再起。爲了掩人耳目，不至於把自己的雄心壯志暴露在一代梟雄曹操的眼皮底下，劉備平日以鋤園種菜爲掩護，企圖麻痺曹操。曹操也是個廣有心計的大聰明人，他邀請劉備對飲，酒席之上，縱論天下英雄，劉備顧左右而言他。曹操則單刀直入地點明主題：「當今天下英雄，唯有你與我兩個人！」劉備被他點中了「穴位」，大吃一驚，恰在這時，天空響起一聲炸雷。劉備把夾菜的筷子掉落地下，謊稱自己怕聽雷聲，讓曹操以爲他是一個膽小之人，不可能有什麼大的作爲，這才逃過了險遭扼殺的命運。

劉備的這種作法，還可以追根溯源到兵家「老祖宗」那裏去。姜子牙隱居垂釣，不也是一種韜晦之計嗎？孫子兵法的總體思想是要「攻其無備，出其不意」，講究進攻時鑽別人的漏洞，乘別人沒有準備。我們看《東周列國志》裏描述孫武助吳伐楚的故事，就會知道他在決定進攻楚國之前，做了何等周密而充分的準備！操演女兵以樹立軍威，是一種準備；操練水軍，打造戰船，是一種準備；迎擊楚將囊瓦，敗楚師於巢，初戰告捷，探知敵方虛實，又是一種準備；聯合唐、蔡二路諸侯，制定進軍路線，仍是大戰之前的必要準備。所以，「有備無患」成了兵家常用語，也成了後來爲人處世的至理名言。

孫武如此常備不懈，其他兵家也十分強調戰備。《吳子兵法》的〈料敵〉篇說：使國家安全的策略，應以先期戒備爲寶；國家應當對內修明政治道德，對外整治武裝戰備。《司馬兵法》講了一句「八字箴言」——好戰必亡，忘戰必危——這是一個警句，也是一條顛撲不

破的眞理。《孫臏兵法》談到戰備，與此如出一轍，用詞不同而內涵相似：「用兵無備者傷，窮兵者亡。」《尉繚子兵法》也說要「戰勝於外，備主於內；勝備相應，猶合符節」。意思是說如若內部不加強戰備，對外作戰就休想得勝；只有內外相應，才能符合戰爭規律，取得戰爭的勝利。

愛民之舉

我國古代兵家在其兵書中也注重強調軍隊要「愛民」。姜子牙在與周文王、武王父子談兵的《六韜》一書中指出：愛民，是國家的重大使命。他認爲，善於治理國家的君主，領導民衆要像父母愛子女、兄長愛弟妹一樣——看到他們饑餓寒冷就爲之擔憂，看到他們勞累辛苦就爲之悲愁；對民衆實行賞罰就像加於自身一樣，向民衆收繳賦稅就像斂取自家的錢物一樣——這才是正確的愛民之道。吳起也在其兵書的〈圖國〉篇中寫著：「圖國家者，必先教百姓而親萬民。」

縱觀華夏文明數千年的歷史，無論是農民起義首領，還是帝王將相，凡愛民者，必得民心，得民心者，必打勝仗；相反，凡害民者，必違民心，必然自取滅亡。商紂王是害民的，

拿著從老百姓那裏征斂來的錢物不知愛惜，造起「酒池肉林」，恣意揮霍，花天酒地，魚肉百姓。結果呢——兵敗朝歌，滅國亡身。

秦始皇是害民的。掃平六國後，企圖使自家的江山傳留千秋萬世，大搞愚民政策，焚書坑儒，濫殺無辜，生怕讀書人學聰明了會起來造他的反；花費老百姓的錢財，大興土木建造「覆壓三百里」的阿房宮。結果呢——被征去修長城的陳勝、吳廣振臂一呼，秦王朝僅歷二世就一命嗚呼！最終推翻秦朝統治的都不是什麼讀書人，而是目不識丁的農民，是「睜眼瞎」的戍卒，是泗水之濱的小小亭長劉邦，是一介武夫楚霸王項羽！

農民起義領袖李自成是愛民的。在民不聊生的明朝末年揭竿而起，解民於倒懸，爲民衆尋找一條活路。他的起義大旗麾下，迅速聚集起幾十萬大軍。鋤頭鐵鍬、棍棒砍刀，都成了殺敵的武器。老百姓雲集在義旗之下，高唱一首反映民心所向的民謠：「開城門，迎闖王，闖王來了不納糧。」一吃，成了兵荒馬亂年代百姓生存的頭等大事，李闖王不像朝廷那樣強迫征糧，能夠藏糧於民，能夠給人們吃的喝的，老百姓就擁護他，跟隨他起義，去造那橫徵暴斂的皇帝和朝臣的反。有了老百姓的擁戴，李闖王才能越挫越奮，從陝西米脂打到明王朝的都城北京，成就一番大業。

南宋的愛國將領岳飛是愛民的。爲了抵抗金兵的入侵，保衛老百姓的安寧，他訓練出一支英勇善戰的「岳家軍」。軍中紀律嚴明，「餓死不擄掠，凍死不拆屋」，寧願露宿街頭，寧

願野菜充饑，也不奪老百姓的口糧，不占老百姓的房屋。岳家軍因而得到民衆擁護，戰鬥力十分強大，以致金兵哀歎：「撼山易，撼岳家軍難！」

廟算之策

廟算，是《孫子兵法》裏用的一個術語。廟，指宗廟，古籍中常以君王家族的宗廟作爲一個國家的象徵，在這裏，是作爲朝廷的代名詞。廟算，就是作戰之前在朝廷商議作戰方案，預測戰爭的勝負，即成語所謂「運籌帷幄」是也。

那麼，細心的讀者要問了：這不是紙上談兵嗎？回答是：是，也不是。說它是，是說這是本次戰爭的最高指揮官在謀劃策略，比較實力，權衡得失，當然要進行一番預測和書寫，只要是有了「紙」的年代，就算是「紙上談兵」吧（漢代以前，還可能是竹帛上談兵哩）！說它不是，是說這不是一群戰爭的外行在談兵，他們所談的並非不能實現的一紙空文。因此，這種「紙上談兵」並不是後來所賦予紙上談兵的貶義，而是必要的戰前準備程式；否則，就會打亂仗，就是一群糊塗的指揮官。

廟算，算些什麼呢？《孫子兵法》的首篇就列舉了「五事」：道、天、地、將、法；還

要求比較「七孰」：主孰有道？將孰有能？天地孰得？法令孰行？兵衆孰強？士卒孰練？賞罰孰明？

書中進一步解釋說：道，就是使民衆認同國君的意願，讓民衆與國君同生死共患難，不畏險阻（這實際上就是政治）；天（指天時），就是晝夜陰陽，寒冷暑熱，四時氣候變化；地（指地利），就是路程的遠近，地勢的險易，戰場的廣狹，地形有無進出口——是生地還是死地；將（指將領），就是將帥必備五項素養：智、信、仁、勇、嚴，要有決策智謀，賞罰有信，愛護士卒，勇敢果決，軍紀嚴明；法（指法制），就是軍隊編制，軍官指揮管理，軍用物資主管等法規制度。這五項缺一不可，身爲將帥的，只有對其了解清楚，才能取勝；否則，就打不了勝仗。

還有敵我雙方的七個方面，要預先進行比較權衡，以索求眞實情況：哪一方的君主政治更清明？哪一方的將帥更加有才能？哪一方更占有天時地利？哪一方的法令更能得到貫徹實行？哪一方的軍隊實力更爲強大？哪一方的士卒更加訓練有素？哪一方的賞罰更爲嚴明？根據這些分析比較，就可以預測戰爭的勝負了。

運籌帷幄之中，才能做到決勝於千里之外。這就是「廟算」的妙處。孫子在首篇的結束語中強調說：「未戰而廟算勝者，得算多也；未戰而廟算不勝者，得算少也。多算勝，少算不勝，而況於無算乎？吾以此觀之，勝負見矣。」所謂「得算多」，就是籌劃周密，條件充

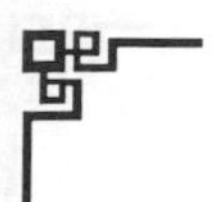

足；反之，籌劃不周，條件缺乏，便是「得算少」。前者勝利把握大，後者不大可能勝利；如果根本就不知籌劃，那就會敗得一塌糊塗！從這個意義上看，「廟算」眞是「妙算」，非算不可，失算必敗，兵家用謀，眞可謂神機妙算！

戰爭本來就是力量的比賽，而力量則具體表現爲一定數量、質量的對比關係，如兵力、火力的多少，以及士氣高低、素質優劣。力量又表現爲空間、時間的交織形式，如軍隊編制、部署、設防，以及攻守時間的長短、早晚、天氣晴雨等等。軍事指揮官的謀略，在很大程度上取決於「數、質、時、空」所編織出的運籌操縱藍圖。

同樣是三組馬匹，按照田忌的排列組合順序，就賽不贏齊王；按照孫臏的排列組合方法，就能兩勝一負，最終贏得齊王千金。同樣數量的兵力，處在行軍途中、宿營點上，還是配置在進攻路上、堅守陣地，他們的戰鬥力與獲勝機會就會大不相同。用的武器裝備，掌握在素質高與素質低的士兵手中，它們所發揮的作用也不盡相同。同樣的火力設施，對同一敵方目標射擊、轟炸，是集中射擊還是分散射擊，它們的殺傷力也不一樣。

這，也是整體與局部的關係。「數、質、時、空」的運籌（廟算）得法，整體就會大於局部之和，收到事半功倍的勝利效果；反之，整體就會小於局部之和，得到事倍功半的失敗下場。

人和之義

《尉繚子．天官》中說：「天官時日不若人事。」《尉繚子．戰威》篇中再次明確提出：「天時不如地利，地利不如人和。聖人所貴，人事而已。」古代兵家之所以反覆強調「人事」、「人和」，是具有樸素唯物主義思想基礎的。那時，有的人過分迷信陰陽五行，而眞正能在戰場上指揮作戰的軍事家，眞正能對戰爭產生指導作用的兵家理論，還是從實際出發的。他們看到了一個不可動搖的事實，即決定戰爭勝負的最終因素還是人。不管你的陰陽法術如何厲害，不管你的武器裝備如何精良，總得要人去操縱，要靠將帥決策，要靠士兵戰鬥，一個戰役一個戰役地去打，一座城池一座城池地去攻，一個敵人一個敵人地去消滅。何況那時的戰爭還處在「刀槍對舉、矛盾相擊」的所謂「冷兵器」時代，人的因素更在其中起到明顯的決定作用。

即使到了「炮火連天」的「熱兵器」時代，攻城掠地、戰勝敵方仍然需要士兵去短兵相接。武器是戰爭的重要因素，但不是決定因素。決定的因素是人不是物。縱使發展到如今的「核武器」時代，那個決定戰爭起止的所謂「核按鈕」仍然是操縱在「人」的手中。何況核武

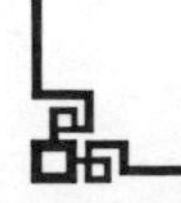

器還是由人研究發明並推動它更新換代的，敵對雙方或多方的國家政治、經濟、軍事實力的消長，局勢的均衡與相互牽掣、相互箝制，還使得核戰爭一時打不起來。所以，無論時代如何發展，技術如何進步，決定戰爭勝負的首要因素、關鍵問題，仍然是而且永遠是——人！只不過是有著一些時代的微細差別：古代士兵更多地講究人的武功、人的物質力量；現代士兵更多地追求人的技術水平、精神智慧的提高。至於將帥謀略，宏觀指揮，則可謂古今一貫地注重人的心智、人的膽識。

人的因素第一，人的團結就顯得尤爲重要。老百姓有一句口頭語：「衆人一條心，黃土變成金。」古代國王教育兒子們的臨終遺訓，也就是那個膾炙人口的折斷單支箭（或筷子）而折不斷成捆箭（或筷子）的故事，在中外民間廣爲流傳。「團結就是力量」已成爲古今中外公認的一條顚撲不破的眞理。兵家們所極力強調的「人和」，也就是要加強團結。我們可以十分輕易地從古往今來戰爭故事中拈出團結致勝、不團結遭敗的戰例。

東漢末年，朝廷無能，董卓專權，民不聊生，烽煙四起。曹操聯絡起十八路諸侯要造董卓的反，但他本人卻暫時缺乏擔當盟主的軍事實力和政治權威，諸侯們只好推舉實力較強的袁紹來當這個盟主。聯盟雖然形成，但卻各懷心事，沒有號召力與凝聚力，沒能把十八路諸侯團結起來。後來孫堅找到個寶貝玉璽，就想據爲己有，跑到江東做他的「皇帝夢」去了，十八路諸侯因此不攻自破，各散五方，聯盟也就短命地瓦解了。

與此相反，那個時代也有一個團結得很好的例子，那就是桃園結義的三兄弟劉備、關羽、張飛。不論他們起事的初期如何屈居人下，不論在奮鬥的進程之中如何流離顛沛，他們始終是在「義」的精神力量感召與約束下，團結得像一個人一樣，那可眞算得上是「心往一處想，勁往一處使」，「不求同年同月同日生，但願同年同月同日死」，所謂情同手足，所謂生死與共，在他們三個結義兄弟身上，可以照見古代凝聚人心的「義」的縮影。即使他們被曹操大軍沖散了，曹操對關羽還施以「上馬金、下馬銀，三日一小宴、五日一大宴」的恩惠，關羽還是始終如一地說：爲了保護兩位嫂嫂，暫且棲身曹營，一旦知道兄長下落，無論千里萬里，總要尋兄而去。後來果然是爲了尋兄，關羽過五關斬六將，毅然決然地離去了，終於在古城與張飛相見，斬殺追蹤而來的曹操部將蔡陽而兄弟釋疑，三人重逢，合爲一體，最終成就了一番大業。中國老百姓十分推崇這種「人和」之「義」，我們這裏暫且無暇深究「義」的所謂時代、階級內涵，只就人心所向來看，「桃園結義」成了團結的象徵，成了一段流傳千古的佳話，成了歷史文化與文學藝術上的一個共同典型。關羽也被歷代文人墨客的詩詞歌賦塑造爲「義薄雲天」的典型；在民間，他尤其以一個從未當過「一把手」的武將身分，而在死後被尊崇爲「武聖人」，與「文聖人」孔子並列而被建廟塑像，頂禮膜拜的香火綿延不絕；孔子被追封爲「大成至聖文宣王」，關羽被追封爲「忠義神武靈佑仁勇威顯關聖大帝」（見於湖北當陽關陵碑刻），「關帝廟」與「大成殿」一樣，成爲歷史文化旅遊中一道風景

線。

會稽之敗

春秋後期，吳、越兩國在長江下游迅速崛起。吳國得力於伍員、孫武，他們興兵滅楚而還，使吳國擁有相當於今江西、江蘇兩省及上海市的地盤。越國原本比較弱小，越王允常利用吳、楚之間戰爭頻仍的機遇，乘機發展自己，並常常策應楚國而襲吳後路，牽制吳國，成爲吳國的心腹之患，其疆域也日益擴大，擁有相當於今浙江全境及福建的一部分地盤。吳滅楚後，又被楚臣申包胥哭秦廷而搬動秦國救兵，將吳趕回本境。吳王闔閭於西元前四九七年，乘著越王允常新喪，其子勾踐剛剛繼位，便發動攻越戰爭，兩軍在檇李（今浙江嘉興西南）對陣。勾踐兩次用死士攻打吳軍嚴整的陣容，都未能奏效。吳軍訓練有素，步步進逼，最後，勾踐使出絕招，驅使犯了死罪的囚徒，列爲三隊，阻在吳軍陣前一起拔劍自殺，以此震懾吳軍，使之軍心渙散。越軍主力突然發起猛攻，大敗吳軍，闔閭負傷，歸國即逝。

夫差繼位爲吳王後，謹遵其父的遺囑：「必毋忘越」，在伍員、伯嚭的輔助下，加強戰備，準備攻越；越王勾踐也重用文種、范蠡，改革政治，增強國力；這兩個年輕的國王，各

懷殺父之仇，決心要與對方決一死戰。勾踐在得知夫差準備進攻的消息後，決定先發制人，出兵攻吳。吳王夫差盡發精兵，迎戰越軍於夫椒（今江蘇蘇州西南）。由於吳國實力較強，越國準備不及吳國充分，幾場惡戰之後，越軍慘敗，損失巨大，被吳軍攻退回本國的會稽山（今浙江紹興東南），只剩下五千人了。山下的吳軍密密麻麻，把困守孤山的越軍圍得水泄不通。眼看越國就會亡國滅種，勾踐才不得不採納范蠡的建議，以屈求伸，向夫差求和請降。夫差手下大臣伯嚭收受了前來講和的越國大臣文種的賄賂，向吳王進言：「若不准其和，恐越人作困獸之鬥，反爲不利。」於是，夫差接受了勾踐之降。

勾踐從這次戰敗中汲取了深刻教訓，將復仇的種子深埋在心底，自己躬身事吳，將國內治理的大權交與文種，本人與范蠡一起去給夫差當奴僕，連他的王后也做了夫差的女奴。國內的美女、金錢、寶物等等，送給夫差，以養其驕、嬌二氣。勾踐做了夫差的馬夫，住在囚室，穿破衣爛裳，吃殘茶剩飯，受盡屈辱，從來不露反抗意識和不滿神色；加之時常賄賂伯嚭，求他向吳王通融，終於取得了夫差的信任。夫差對他毫無戒備之心，三年之後將他釋放回國。

勾踐爲了贏得民心，以圖振興，首先下了一道「罪己詔」，檢討自己使無辜百姓受苦受難、家破人亡的罪過，還經常到民間百姓家中去看望受傷者，慰問死難者親屬。他自己時刻不忘忍苦復仇，刻意磨礪，睡在硌人的柴薪之上，室內懸掛著苦膽，每當進食之前，必定要

去舔嚐一番，這就是著名的「臥薪嘗膽」故事。他還「身作耕夫，夫人自織，食不加肉，衣不重綵」，制定使老百姓得以「休養生息」的國策，以彌補人口減少、財力耗盡的慘重損失。他規定：婦女懷孕臨產，報知官府，官府應派醫生前往看護，不論生男生女，一概給予獎勵；對於在戰爭中死亡了男丁的家庭，免除勞役，給予撫恤，讓其重振家業；同時改革內政，減輕刑罰，十年沒向民間徵收賦稅，提倡並獎勵開荒種地。這一系列安民舉措，使得老百姓安居樂業，一般的家庭都存有三年的餘糧，老百姓對國王勾踐感激不已，視同再生父母。這就是所謂「十年生聚，十年教訓」的典故。

與此同時，勾踐還採取了出色的外交戰略。他經常派人或親自給吳國送禮，給夫差本人和伯嚭的禮物尤其豐厚，書信與言辭十分卑謙，表示願永遠臣服於吳，以此消除吳王夫差的戒備，並促長其驕氣、傲氣。他還採取一系列經濟手段，籠絡民間商人，用高價收買吳國的糧食，以充實自己的國庫，造成吳國的糧食緊張；而越國返售給吳國農民的種子，有的是被煮過的，根本發不了芽，以此來破壞吳國的農業生產與經濟發展，如果吳國追查起來，越國又完全是一種「民間行為」，不會由此引起吳王夫差對勾踐的懷疑。越王勾踐採取這些政治的、外交的、經濟的措施，有利於本國人民的休養生息，壯大了自己，削弱了敵國，這就為日後復仇滅吳作了暗中準備。

姑蘇之勝

吳王夫差一心爭霸。西元前四八四年，他乘北方的諸侯霸主齊景公剛死齊國喪亂之際出兵伐齊，自帶三萬精銳部隊遠征而去，只留下太子率領些老弱軍兵守國。越王勾踐認爲這是一個絕妙的復仇機會。他出動近五萬人馬，兵分兩路，一路由范蠡帶領，從海上繞道去淮河流域，以阻截吳王夫差北征的歸路；勾踐親自率領另一路主力，殺奔吳國國都姑蘇。吳太子急忙調集留守戰將應戰，一面派人火速往其父的前方報信求援。在迎擊越軍先頭部隊的首戰中，吳太子的兵馬取得了小勝，但勾踐主力軍到達後便向吳軍發起猛烈進攻，勢不可擋，吳太子退守城中，終未守住，姑蘇城破，太子被俘。

吳王夫差當時正在北方的黃池與晉定公爭做諸侯霸主，聽到國都被越攻破、太子被俘的消息，恐怕傳播出去於自己爭霸不利，便殺死了報信的使者，封鎖消息，用強大的武力逼使競爭對手晉國讓步，總算是圓了自己多年來孜孜以求的霸主之夢。接著就急速回軍，在中途，又與阻擊的越軍打了幾場遭遇戰，兵力有所損失；加上國都已破、太子被俘的消息已在軍中傳開，軍心渙散，若硬著頭皮回國去反攻越軍，夫差認爲沒有必勝的把握，便在途中派

伯嚭去向越求和。勾踐此時也冷靜地分析了敵我雙方的實力，感到自己還缺乏一舉滅吳的軍事實力，於是同意議和，撤兵返越。

吳王夫差遭此重創後，也汲取了教訓，宣布「息民散兵」，以圖發展經濟，恢復國力。這時，越國大臣文種向勾踐進言，若讓吳國養成氣候，日後恐難再破；應抓住吳國戰備鬆弛、倉廩空虛的機遇，再次進攻。勾踐採納此議，於西元前四七八年利用吳國遭受大旱災之機，大舉進攻。出兵之前，他又策動了強大的政治攻勢：對敵方，傳播檄文，歷數吳王夫差驕奢淫逸、圖霸害民、誤國誤軍等罪狀，以期引起吳國人民的不滿情緒，煽動他們起來反對暴君；對己方，他以「爲國復仇」相號召，激發軍民同仇敵愾，鼓勵出征將士勇猛作戰，留守軍民努力生產，並對軍人家屬採取了一系列優撫政策，使前方、後方同心協力，不滅吳國誓不罷休！

吳軍主動迎擊越軍於笠澤，兩軍隔江對峙。吳軍依仗江流阻隔，一心想守住這條防線。勾踐看到強攻不行，便施用巧計，大張旗鼓地把軍隊分爲左右兩部分，自己親率中軍主力潛伏備戰。利用午夜時分吳軍警惕性不高的時機，讓左右兩軍高舉火把，猛擂戰鼓，吶喊進攻；吳軍果然分爲兩路，去江水的上、下游分別阻擊，中軍卻已空虛，中了勾踐的「調虎離山」之計。勾踐主力乘機偃旗息鼓，潛行渡江，神不知鬼不覺地從吳軍兩路中間的薄弱地帶突破了江防，把吳軍打得大敗。接著又一鼓作氣，三戰三捷，直逼吳都姑蘇城下。夫差的兵

力經過三次大敗，實力已比越軍相差很多了，這時就只有退守孤城的份兒。勾踐哪敢稍有懈怠——越軍將姑蘇城圍了個水泄不通。夫差這時看到大勢已去，派人向勾踐求和。此時的勾踐，在政治、軍事上已占絕對優勢，他豈肯放過復仇滅吳的機會？於是堅決拒絕了夫差的求和之請，加緊攻城。夫差自己種下的仇恨種子，這時已不可扼制地長成「參天大樹」了，眼看大勢已去，只得自殺。越國終於取得了滅吳復仇的全勝。

縱觀越國滅吳的全部過程，可見軍事與政治的關係密不可分，政治在戰爭中居有極爲重要的作用。越王勾踐在滅國之後，反思己過，下詔罪己，臥薪嘗膽，勵精圖治；撫慰人民，休養生息，「十年生聚，十年教訓」；對敵發動政治攻勢、外交攻勢、經濟攻勢，都不露聲色；以屈求伸，投敵所好，養其驕橫之氣，終得轉弱爲強，反敗爲勝。

二、戰爭與經濟

經濟制約戰爭

在我國古代春秋戰國時期，周王朝之所以日漸式微，是因爲它所分封的諸侯在封地上徵取的賦稅漸多，諸侯國經濟實力日益強大，卻又不肯按規定向朝廷繳稅納貢，朝廷於是興兵討伐，因此而爆發了戰爭。發展到後來，指揮不動的諸侯國越來越多，周王朝已無力一一加以征討，其中軍事、經濟實力較爲強大的諸侯便爭霸當上了所謂「盟主」——「春秋五霸」就是這樣的人物。爲著本國的經濟利益，他們便「挾天子以令諸侯」，藉周天子的名義去征伐那些相對弱小的、不聽他們指揮的諸侯國。戰來戰去，小國次第被消滅，大國因經濟、軍事實力勢均力敵，互相制約，一時誰也戰勝不了誰，於是形成「戰國七雄」並峙的局面，齊、楚、燕、趙、韓、魏、秦，各霸一方。在經濟利益的驅動下，七國之間或「合縱」，或「聯

橫」，或「遠交近攻」，總要「拉一批、打一批」，戰爭的煙雲總是籠罩在華夏大地的上空。直至地處西北的秦國經過一段時間的坐山觀虎鬥，蓄足了經濟、軍事實力，殺出崤山、函谷關，經過歷年殘酷的兼併戰爭，才得以掃滅六國，統一天下。

在我國近代，由於晚清王朝奢侈腐化，經濟實力衰退，又盲目地以「天朝大國」自居，閉關鎖國，故步自封，根本看不清國際發展的趨勢，沒有採取發展經濟、加強軍備的國策，慈禧太后甚至挪用建立海軍艦隊的軍費去爲自己祝壽而建造頤和園，用那個動彈不了的石舫取代了海上驅逐艦，用那些樓台亭閣取代了海軍基地。等到「八國聯軍」爲了爭奪中國經濟財富而瓜分「勢力範圍」並打進了北京城時，這位太后就只有逃跑的份了。帝國主義侵略中國，英帝國主義發動鴉片戰爭等都是出於經濟掠奪的目的。

中東地區近三十年來一直成爲戰爭的焦點，其根本原因就是那裏盛產石油，而石油是經濟建設必不可少的「血液」，是超級大國爭奪的必不可少的能源資源。中東諸國又缺乏一個聯合起來對付超級大國的經濟的、軍事的統一戰線，分別被超級大國分化瓦解，產油國之間還不時地爆發一些局部戰爭，更使得超級大國有機可乘，它們挑撥離間，使中東地區爲石油之爭而戰火不斷。

縱觀古今中外戰爭史，可見其與經濟的關係密不可分。正如恩格斯所論：「暴力本身的『本質的東西』是什麼呢？是經濟力量，是占有大工業這一強大的手段。」從這段論述，我們

可以得出兩點結論：一方面，經濟利益是戰爭的根本起因；另一方面，經濟利益又是戰爭的根本目的。

我們在上面一章談起戰爭與政治的關係時說到，戰爭是政治的繼續。政治屬於上層建築的範疇，所有的上層建築都必定受到經濟基礎的制約。那麼，作爲政治之繼續的戰爭，也就概莫能外了。這是因爲：

第一，戰爭所需的一切物資，無論其數量還是質量，直接取決於經濟條件。戰爭參與國經濟實力的強弱，與其軍隊後勤供給、武器裝備的好壞是密切相關的，從時代的發展，生產力的進步歷程，世界戰爭史的演進，都可以看到這種密不可分的關係。第一次世界大戰，各交戰國用於戰爭的經費爲二千零八十億美元；第二次世界大戰則上升到一兆一千七百億美元，增長了近四倍。這兩次世界大戰都是曠日持久的，若按每日、每時計算，其戰爭費用還遠遠不及當代的局部戰爭。第四次中東戰爭雖然只打了十八天，但總耗費卻高達一百多億美元，平均每天耗資超過六億美元。英國與阿根廷的馬島之戰也打得很短，而英國在這次戰爭中共計花費了二十一點六億美元，平均每小時高達一百二十萬美元。俗語所說「炮彈一響，黃金萬兩」，不是沒有道理的。隨著社會的進步，戰爭費用將越來越高。

第二，參戰軍隊的人員數量與質量，也必須以一定的經濟條件爲前提，由一定的物質生產方式所決定。從軍隊數量來看，它要受到參戰國人口資源與經濟能力的制約。在第二次世

界大戰中，德國、日本的人口不如蘇聯、中國多，但他們自恃經濟實力比蘇聯、中國強，可以雇傭別國的軍隊，或者透過經濟等手段收買被侵略國的軍隊爲僞軍。但他們還是錯誤地低估了人民的力量。

另外，軍隊的質量，包括軍人的智慧、技能、體能與精神力量，最終也是取決於一定的社會經濟條件。其中應當看到軍人的精神狀態、文化素養等方面的重要作用，但這種精神狀態還是要以一定的物質條件作爲基礎，軍人的文化素養更是要有經濟發展作爲前提，使人能夠接受教育得以提高。至於軍人的體能、技能，更加與經濟條件緊密相關。沒有物質基礎，怎能有充足的衣食住行條件來給養軍隊；沒有經濟基礎，怎樣進行軍隊教育、訓練和發展軍事科技，又怎能提高軍人的作戰技能？

富國才能強兵

先秦兵家十分重視經濟對於戰爭的制約作用。孫武在《孫子兵法．作戰》篇中專門加以論述，在其他篇章中也有所論及。他說，凡是用兵打仗，先要準備好各種戰備物資，要動用輕型戰車千輛，輜重車千輛，帶甲士兵十萬，建立千里糧草供給線；前方後方的費用，款待

使臣交往的開支，器材物資的供應，武器裝備的保養與補充等等，這些軍費用度，要按每日千金的總數做好準備，然後十萬大軍才能出動。

如此大規模的戰爭，要求速勝；若曠日持久，就會使軍隊疲勞，銳氣挫傷，攻城乏力；長久地讓軍隊在外面作戰，會使國家費用不足。士卒疲憊，銳氣挫傷，國力不足，資財枯竭，別的諸侯國就會乘虛而入；即使有足智多謀的人，也無法求得好的結局。所以，用起兵來，只聽說寧願笨拙一點也要求得速勝，而沒見過追求「工巧」而久拖不決的。所以，不完全了解用兵弊端的人，也就不能透徹了解如何用兵才會有利。

善於用兵的人，兵役不重複徵集，糧草不多次運送；武器裝備由國內取用，糧草則要從敵占區就地籌集，這樣一來，軍隊供應才能充足。

孫武認爲，國家由於用兵而貧困，原因就在於遠途運輸，使百姓貧窮。臨近駐軍的地區，因人多用廣而物價必定昂貴，物價昂貴會使百姓貧苦，百姓貧苦會使國家財政枯竭，國家財政枯竭又導致加徵賦稅徭役，導致百姓財物十去其七，公家資財也要十去其六——用於修復破損的戰車、疲病的戰馬，以及其他武器裝備的置辦與維修等等。

總而言之，出於戰爭費用巨大的考慮，孫武反覆強調「兵貴勝，不貴久」。這六個字，看似簡單，其中有深意存焉！這既是他本人指揮作戰的經驗之談，又是凝煉的用兵之道，是一條屢試不爽的軍事眞理。他在本篇最後總結說，懂得這種用兵之道的將帥，才是民衆命運的

掌握者，是國家安危的主宰。

他還在《用間篇》中強調，雖然用兵耗資巨大，但絕不能吝惜用於獎賞有功之臣的爵祿與錢財。他講道，大凡興兵十萬，出征千里，百姓耗費、公家開支，每天花費千金。國家上下騷動，疲於奔命而不能安心從事生產的農戶將近七十萬家。雙方相持數年，爭奪一朝的勝利，如果還吝惜爵祿、錢財而不獎賞有功之臣，不靠他們去了解敵情，以至誤了戰事，那就是最不仁義的了。這樣的人不是士卒的好將帥，也不是君主的好臣子，更不是勝利的主宰了。

孫武的這些軍事經濟學說，對後來的兵家形成了深遠的影響。他們在前人經驗的基礎之上，加以繼承與發展，越來越清醒地認識到發展國民經濟對於取得戰爭勝利的重要性，用一句類似孫武「兵貴勝，不貴久」的名言來說，就是「富國強兵」。

《孫臏兵法》中說：「強兵之急者，富國也。」

《尉繚子．兵談》篇中說到，要根據土地肥沃與貧瘠的情況來決定建立什麼規模的城邑。建城的規格要與土地相稱，與人口相稱，與糧草相稱。做到了「三相稱」，對內可以固守城池，對外可以戰勝敵人。接著，他又進一步論述道，對於流離失所的民衆，要去親近他們，安撫他們；對於地力沒有發揮作用的，要充分利用起來。土地廣闊而又發揮了作用，國家就可以富強；人口衆多而又得到治理，國家也就治理好了。國家既富強又得到治理，即使軍隊

不遠征、戰車不出動，也能威治天下。

他們都十分強調「富國」對於「強兵」的決定性作用，反覆論證，只有百姓富裕了，國家富庶了，軍隊才有可能強大，戰爭才有可能取勝。這一點，在古今中外的許多戰例中都得到了印證。

聰明將帥吃敵人的飯

《孫子兵法．作戰》篇中早有論及，聰明智慧的將帥在敵占區求食。在敵占區籌糧一鍾，抵得上從本國遠道運輸糧食二十鍾；占用敵軍的草料一石，抵得上從本國遠道運輸草料二十石。

要想從敵人那裏奪取更多有利於我的軍需物資，就必須借助於物資獎勵。所以，在車戰中，繳獲敵軍車輛十乘以上，就要獎勵那最先奪得戰車的人；並換上我軍的旗幟，混合編入自己的戰車行列；要善待俘虜過來的敵軍士卒，並編入我軍使用，同樣保障其物資供應。這就是說，越能戰勝敵人，越是強大了自己。

孫武關於「因糧於敵」可以「以一當二十」的計算方法，就是按照他這種「勝敵而益強」

的思路來籌劃的。我軍繳獲了敵軍一擔糧草，敵軍就少了一擔；如果以敵我雙方的基數都爲二來計算的話，我軍奪取其一，敵軍就只剩一了，而我軍則有了三，雙方的對比懸殊更大；若再按雙方遠道運輸的成本來計算，敵軍消耗許多運費，卻被我所用，我軍又可以節省成倍的運費；這樣算來，豈不是「以一當二十」嗎？這種「一比二十」的價值，突出地說明了取之於敵、以戰養戰的軍事經濟原則，歷來被兵家所重視。

宋代的著名科學家沈括，曾奉命率軍北上，與西夏的軍隊作戰。他在戰爭實踐中更加深刻地認識到軍糧補給的重要性，並爲此做過精確的計算，從而論證「因糧於敵」的正確性：遠征作戰的士卒除了佩帶武器裝備之外，再也不能攜帶更多的軍糧了，只得抽調大批民夫運送。三個民夫供應一個士兵用糧，也只能勉強維持三十一天；如果把往返時間都計算在內，就要減半，頂多只能維持十六天。若出兵十萬，其中就要抽出三分之一的兵力去押運輜重，只剩得七萬士卒打仗了；與此同時，還要抽調三十萬民夫運送糧食。這些民夫中，隊長負責指揮，不能運糧；隨隊伙夫因要背負炊具，運糧數量又要減半，再加上病故、逃亡等情況，民夫的負擔也十分沉重。那麼，不用人力，改爲畜力又如何呢？牲口馱運，牠們自身也要人牽趕、餵養，而且牲口沿途所吃草料的數量比人的口糧數量更大、更沉重，折算起來，與人力揹運的成本也相差無幾。沈括是古代科學著作《夢溪筆談》的作者，他在作爲軍事家的同時，也以科學家的頭腦來思考問題，用科學的統計分析方法論證「取之於敵、以戰養戰」，更

加可信、可靠。

取之於敵，以戰養戰，對於進攻的一方尤爲重要。即使在現代戰爭中，進攻者要想不使自己的戰爭潛力很快衰竭，「吃敵人的糧草，用敵人的武器」這種自古以來行之有效的軍事經濟原則，仍然具有戰略意義。而對於防禦的一方來說，也可以舉一反三，觸類旁通，透過偵察敵方的運糧路線、運輸能力與數量，可以預測其進攻日期、地點、兵力及主攻方向、持續時間等等戰爭要素，從而打有準備之戰，做好自己的戰爭防禦，以求得在軍事經濟方面「知己知彼，百戰不殆」。

陣勢權變，兵器文化

古人所謂「十八般武藝」，就是指善於使用各種兵器作戰。雖然那時沒有可供遠端射擊的槍炮子彈，用的都是短兵相接的刀槍劍戟之類，但它們也是軍事經濟學研究的重要對象。古代關於「吳王金戈越王劍」的故事，關於「干將莫邪鑄造寶劍」的故事，關於「荊軻刺秦王、圖窮匕首見」的故事，一直在典籍文化與民間文化這兩條渠道流傳著，爲文人墨客與普通老百姓所喜聞樂見，津津樂道。

《孫臏兵法》中對於古代兵器的作用及其文化含蘊有過專門的研究和詳細的論述。可惜出土的竹簡中有的地方文字殘缺不全，我們只能從其中意義連貫的部分，來轉述他的大意。他在與田忌談論兩軍對壘時如何發揮各種兵器特長時說道，蒺藜（用硬木或金屬製成的有刺的障礙物），適用於溝池地形阻擋敵軍；戰車，適用於攻擊敵方營壘；盾牌，適用於在城上矮牆擋住敵兵；長兵器（如戈、矛、戟等等），適用於救助危難；短武器（如劍、錘、匕首等等），適用於截擊衰敗之敵；弓弩，可以當做拋打石頭的機械……

孫臏在他的兵書中，還發掘出各種兵器的象徵意義，從兵器的形狀、作用上升到它們的文化涵義來加以研究探討，從具體而微的形象描摹昇華到理性思維，使古代兵器研究有了「形而上」的哲理意義。

那些含著鋒利牙齒、戴著銳利犄角、前有尖爪、後有巨趾的凶禽猛獸，高興了就合聚，憤怒了就爭鬥，這本是動物的一種天性，是不以人們的主觀意志爲轉移的。而沒有這種天然「武器」的人，就只好自己製作兵器裝備起來，這也是聖人之事，天經地義的。在這裏，孫臏從具體形象入手，運用樸素唯物主義的觀點，論述了武器起源於人類自身防備的需要，並說明這是一種天性，是人比起動物更加聰明的一個例證。

他還進一步論述，黃帝作劍，象徵著「陣」；后羿作弓弩，象徵著「勢」；禹作舟車，象徵著「變」；成湯、周武王作長兵器，象徵著「權」。爲什麼說劍象徵著「陣」呢？它被主

人早晚佩戴在身，卻未必時刻都用得上，這就像擺開陣列卻不一定實戰一樣，只是一種武力的表徵。劍如果沒有劍刃，即使再勇猛的將軍也無從發揮它的作用；劍如果沒有把柄，即使再勇猛的將軍也無法操持；陣，也如劍一樣，如果它無頭無尾，沒有先鋒沒有後衛，即使再勇猛的將軍，再巧妙的謀士，也無所用其陣。其餘三類，弓弩與「勢」的對應象徵，舟車與「變」的對應象徵，長兵器與「權」的對應象徵，因出土竹簡文字不全而未能窮究其意，大體上也是從兵器的形象入手，深挖其文化象徵意義。總而言之，他認為能明察「陣、勢、權、變」四者的深刻內涵，就能用來破強敵，取猛將。

孫臏的這種創造性思維，在他的兵書中簡直是一發而不可收，在〈兵情〉篇中還由兵器的文化涵義，形象地引申論證君主、將帥、士卒三者之間的緊密內在聯繫。他說，要想知道用兵的情勢，從兵器中就可以找到啓迪的方法。箭，就像士卒；弓，就像將帥；發射（的機關），就像君主。三者連為一個整體，如果一個環節出現錯誤，就會影響到全局。箭，金屬箭頭在前，尾部羽毛在後，前重而後輕，故而利於快速地飛行；如果領導士卒的將帥不明白這個道理，不按箭的飛行原理來帶兵，卻造成後重而前輕，那麼，無論是叫士卒列陣還是趨敵，他們都不會聽指揮。弓，如果張開時弓臂不正，繫弦的兩端偏強偏弱而不協調，推送箭的力量就會不一致；即使箭本身的輕重適宜、前後得當，也不能射中靶子；這就像將帥用兵一樣，如果不按弓弦射出箭羽的原理來辦，即使士卒再強，也不能取勝。同樣的道理，士卒

按箭飛行的原理輕重適宜、前後得當；將帥也按張弓的原理弓臂正當、弦端協調、推送力量一致；如果君主之「發」用得不當，也不能射中靶子，不能取得戰爭的勝利。所以說，用兵戰勝敵人，不異於射箭中靶，從其中的原理就可以悟出用兵之道。

農具也是兵器

《六韜．農器》篇中，把各種農具比喻為兵器，意在說明，在當時的農業社會裏，只有充分發展農業生產，壯大經濟實力，才能給軍隊提供足夠的經濟與後勤保障，達到守衛國土、戰勝入侵之敵的戰略目的。

武王問姜太公：天下安定，國家無事，戰爭進攻的器械可以不再修理嗎？防禦的設施可以不再準備嗎？姜太公回答說：戰爭進攻與防禦的器具，全在於人們從事生產來提供。農具與兵器之間有許多互相連通、互相類似的關係。木制農具，就像軍械中的蒺藜；牛馬車輛，就像營壘牆垣；鋤頭鐵鍬，就像戈矛劍戟；蓑衣斗笠，就像盔甲盾牌；斧鋸杵臼，就像攻城器械。耕牛馬匹，可用來轉運糧草；雄雞家犬，可用來司晨守夜；農婦善紡織，可讓她們做旌旗；農夫會掘土，可讓他們去攻城。春季斬草開荒，好比與車騎作戰；夏季田疇薅禾，好

比與步兵作戰；秋季割穀砍柴，好比儲備軍糧；冬季充實倉廩，好比堅守城池。農民結隊下地，如同軍中約束符信；鄉里有里長官吏，如同軍中將帥統領。村邊有圍牆，不能隨意翻越，就像軍中各有駐地，隊伍分開一樣；運輸糧食，收集牧草，就像軍中設立倉庫一樣；春秋依時修理城郭，疏通溝渠，就像軍中深溝高壘修築工事一樣。戰爭的器械，全部來源於人們從事農業生產。善於治理國家的君主，也要從人們的生產勞動中獲取經濟保障。所以，一定要使農家六畜興旺，五穀豐登，村村田野廣闊，家家安居樂業，男人種田有畝數，婦女紡織有尺度——這才是富國強兵之道。武王聽罷，連聲稱讚。

姜太公的「農器」之說，與上一節中孫臏的「兵器文化」是遙相呼應的。他們都用了形象化的比喻，由表及裏，由淺入深，從現象到本質，從實踐到理論，對各自的觀點加以論證。《六韜》所論述的農具與兵器的相似與相通，與《孫臏兵法》論述兵器與動物角齒趾爪相似與相通一樣，有一些「兵器仿生學」的意味。這是古人論證問題時常用的形象化手法所產生的一種客觀效果，看似不經意而爲之，其實包含著許多創造性思維在內。雖然時過境遷，距離現在已有兩千多年了，我們今天讀來，仍然感到十分親切，文字語言上的些微障礙，並不影響閱讀與欣賞的愉悅程度。

《六韜》中「農具即兵器」的說法，使我們在形象化的字裏行間接受了作者的「農戰」思想。在生產力還相當低下的奴隸社會向封建社會轉化時期，農業生產的收成豐歉，實質上決

定著一個國家、一個地區的經濟命脈，更進一步由此決定其政治與軍事的命脈。只有「重農」、「貴粟」、「積儲」（漢代著名的政治家、文學家賈誼曾就這些題目專門寫成奏疏，上書給皇帝，以期引起當朝足夠的重視，並對後世產生積極的影響），努力發展農業生產，壯大國家的經濟基礎，才能有充足的經濟實力武裝軍隊，提供軍需與後勤保障。

統萬城之戰

統萬城是東晉十六國時期的一座北方城池。大夏匈奴族首領赫連勃勃，在蠶食了岳父之邦後秦的國土之後，決定把本國的都城建在統萬城（在今內蒙古自治區烏審旗之南的白城子）。西元四一三年，他徵發胡、漢各族民眾十萬人築城，驅使人們用蒸熟的黏土築城牆，十分結實。他親自督查，用鐵錐試刺城土，若能刺進一寸，就要殺死築城的人。在這種高壓威逼之下，統萬城築得異常堅固。據史書記載：「城高十仞，基厚三十步，上廣十步，宮牆五仞，其堅可以礪刀斧。」赫連勃勃以爲從此可以高枕無憂了。

當時，北方另一個由鮮卑族組成的北魏政權，君主爲拓拔燾。拓拔燾學習和採用了漢族兵家的一些治國治軍之道，使國家的綜合實力日益強盛。西元四二八年，大夏君主赫連勃勃

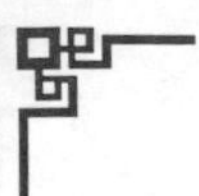

去世，次年，赫連昌繼位，其內部矛盾加劇，國力相對衰弱。北魏便抓住這個有利時機，向大夏發動進攻，企圖消滅大夏，統一北方。

拓拔燾先是派出一支勁旅，進攻大夏統治的長安（今陝西西安），與大夏守將相持不下，拖住了大夏很大一部分兵力，只有夏主赫連昌留守統萬城。拓拔燾親自率領精兵十萬，從山西渡過黃河，遠征統萬城。起初，由於遠道運輸軍需物資不便，拓拔燾用三萬騎兵作爲先頭部隊，三萬步兵緊隨在後，另外三萬餘步兵則專門從事運輸補給。後來，拓拔燾見此法進度太慢，便改變策略，依《孫子兵法》之說「兵貴勝，不貴久」，決定不再讓馬、步兵齊頭並進；而是親自率領三萬騎兵長驅直入，直逼統萬城，以求速戰速決。

拓拔燾手下將帥對這個決定大惑不解，生怕君主親冒矢石會有什麼閃失，後繼的步兵又一時趕不上來，擔心出現孤立無援的情況。拓拔燾分析道，兵書上說，上兵伐謀，其次伐交，其次伐兵，其下攻城。攻城之法，是不得已而爲之。何況統萬城築得格外地堅固，我們都時有耳聞。此行前去，我不會愚蠢地與赫連昌打什麼攻堅戰，而是要想方設法引誘他出城，然後打一場伏擊戰，儘快地消滅大夏軍隊的力量。如果我們不這麼辦，而是等到步兵與攻城器械全部到齊，再與敵軍交戰，他們就會堅守不出，與我們打消耗戰、疲勞戰。我們是遠道而來，他們是坐守其城，我們拖延不得，若不速決，定會糧草枯竭，兵力疲憊，進退兩難。我軍三萬騎兵，攻城雖不足，決戰卻有餘，不如趁著現在士氣高漲，一鼓作氣打贏這場

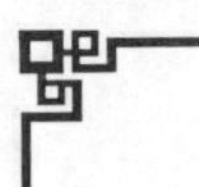

戰爭。經過這樣一番分析比較，他的將帥們明白了用兵之法，於是便輕裝上陣，突擊前行，很快就趕到了統萬城下。

拓拔燾將騎兵主力隱蔽在城外高山深谷之中，只帶少數騎兵到城門下面吶喊挑戰。赫連昌因城內兵力不多，果然是堅守不出，還暗地派人去到長安，要把前往增援的弟弟赫連定調回來。這時，大夏有一名將領來投奔拓拔燾，向他透露說，赫連定認為統萬城牢不可破，北魏來的兵力又少，其兄不會有什麼危險，就決定暫不回援，先打敗長安的北魏軍隊，再回過頭來，與其兄前後夾擊兵臨統萬城下的拓拔燾。

恰在這時，也不知是拓拔燾有意使用間諜，還是天意要助他成功，北魏軍中有個犯罪的士兵逃進了統萬城，向赫連昌告密說，魏軍遠道運糧，已供應不上；步兵與攻城的輜重也未到達；當今之計，火速出擊，可一舉全殲，免生後患。赫連昌覺得這是一個出兵取勝的大好時機，便率領三萬人馬出城迎戰。拓拔燾早已成竹在胸，故意向大夏軍隊示弱，擺出一副不堪一擊的樣子，甫一交戰，便向預先設定埋伏的西北方向退卻。東南風起，飛沙走石，大夏軍隊順著風勢追趕北魏軍，正在洋洋得意之時，冷不防有兩隊騎兵從左右兩側包抄過來，截斷了大夏軍的後路，原來是中了拓拔燾的伏兵之計。

戰場情勢於是急轉直下，拓拔燾調轉馬頭，與兩側伏擊的騎兵形成對大夏軍的包圍圈。赫連昌也不是草包一個，他臨變不慌，指揮部下左衝右突，仗著熟悉地形，力圖殺出重圍。

拓拔燾這時求勝心切，大聲疾呼，要與大夏軍決一死戰！他身先士卒，中箭帶傷仍然衝鋒在前。北魏的將帥、士兵，早就等著這場決戰，又見君主如此果敢善戰，於是個個驍勇，人人爭先，包圍圈越縮越緊，將大夏三萬人馬殺死過半。其餘殘兵敗將，在赫連昌帶領下，拚死衝出重圍，也顧不上回城，逃往別地去了。北魏軍終於在不攻城池的情況下取得了統萬城之戰的勝利。不久，赫連定聽說統萬城失守，也來不及攻下長安城，就回來與其兄會合，又被乘勝迎擊的北魏軍全殲，大夏國自此宣告滅亡。

縱觀北魏統萬城之勝，拓拔燾靈活運用了孫子兵法「兵貴勝、不貴久」，以及先秦兵家關於軍事經濟、糧草運輸等等方面的經驗，改變遠道運糧、遠道攻城的被動局面，營造了誘敵出城打伏擊戰、速決戰的主動態勢，才能大獲全勝。

三、戰爭與後勤

兵馬未動，糧草先行

「兵馬未動，糧草先行」，這已成為中國人耳熟能詳的一句成語。「糧草」這個概念，它的涵義已超過「軍人口糧與戰馬草料」，而成為整個軍事後勤保障的代稱。戰爭越發展、升級，越到後來，交通工具越先進，馬匹已不是軍人坐騎與軍需馱運的唯一選擇，騎兵也越來越少，而代之以機械化運送兵員，海陸空三軍協同作戰，整個後勤保障體系越來越龐大，越來越複雜，越來越需要更多的經濟後盾和具體策劃操作。另外，這句成語還被引申到每一項工作之中，廣義地說明後勤保障體系的重要性。

即使就古代以「糧草」為最突出代表的後勤保障體系而言，兵家們歷來也是十分重視的。《孫子兵法》有「日費千金，然後十萬之師舉矣」的計算；有「取用於國，因糧於敵」

的策略。《吳起兵法》的〈治兵〉篇，專門講述了養馬的方法：必須使馬有安定的處所，適宜的水草，饑飽有節制，適時適量地餵養。冬天使馬廄溫暖，夏天使馬棚涼爽，刷剔牠的鬃毛，修理牠的四蹄，清淨牠的耳目，不使蒙受驚駭；奔馳要形成習慣，不要隨意進退，人與馬相親，才能使役牠。套車與乘坐的器具如馬鞍、勒口、銜枚、韁繩等等，必須完備、結實。凡受傷之馬，不是傷於初始，就是傷於末尾；不是傷於饑餓，就是傷於飽脹，所以要特別小心，預防馬匹的傷病。晝夜趕路時，必須時上時下，讓馬有個休息的空隙；寧願人受些勞累，也不要累病了馬。養馬數量，要保持餘地，以備對敵作戰需要……

吳起之所以不惜用成段的篇幅專講「養馬經」，可見馬在古代戰爭中是何等的重要！那時沒有現代化的交通工具，將帥要騎牠，騎兵要坐牠，運糧要用牠，馱載要使牠，整個戰爭的兵員，都是用多少「人馬」來統計的。人和馬在古代戰爭中密不可分，融為一體，許許多多的詩文都記載著人馬相親的動人故事。氣吞山河、不可一世的楚霸王，在自刎於烏江之前，最捨不得的是他那匹烏騅馬和虞姬。他的絕命詩就是這樣吟唱道：「時不利兮騅不逝……虞兮虞兮奈若何……」伯樂相馬的故事，關雲長與赤兔馬的故事，劉玄德馬躍檀溪及與孫權賽馬引出「南船北馬」之說的故事，秦瓊賣馬的故事，唐太宗與昭陵六駿的故事，武則天用鋼鞭、匕首馴馬的故事……帝王將相、名士美女，無不與馬有著千絲萬縷的聯繫，與馬結下不解之緣。皇帝死了，要把他生前乘坐過的駿馬雕刻在陵墓石碑上；女皇能否治理天下，從她

馴馬即可略知一二：南方的君主不服氣北方的君主，非要騎上駿馬比賽一番不可。馬，成了武力的標誌，成了權威的象徵，簡直從肉體的動物上升到一種精神文化的載體。不是嗎？古代憑藉戰爭武力奪取政權的人，名之曰「馬上得天下」；「飲馬長江」、「飲馬長城」成了軍事目標、戰爭目的地的代名詞；「馬上」，也成了漢語中一個使用頻率非常高的詞，極言其速度之快，動作之利索。

除了馬之外，其他後勤保障同樣必不可少。《尉繚子．守權》篇就用反證法綜合論述了諸種後勤保障配套準備的重要意義。他說，如果渡口沒有開發，要塞沒有修整，險要沒有設置，渠道沒有貫通，即使有城池，也等於沒有防守；如果遠方的堡壘沒有統籌規劃，遠方的戍卒沒有調集回來，即使有人，也等於沒人；如果六畜沒有聚養，五穀沒有收穫，財物用度沒有斂齊，即使有資金，也等於沒有資金。他從三個方面說明後勤保障的配套必須全面：一為城，二為人，三為財。城防工事必須在臨戰之前及早修建，參戰兵力必須徵集齊全，糧草與畜力、財力必須儲備待用，只有這樣，才算是做好了戰爭的準備；否則，有城無防，有人無備，有財無用，一旦戰爭打起來，注定要吃敗仗。

先秦的軍事構築

先秦軍事構築中，最有名的當數長城。這裏說的長城，不是某一城市的圍牆，而是作爲諸侯國國界的軍事防禦牆垣；也不僅指秦始皇徵集軍民修築的位居北方那道「萬里長城」；實力較強的諸侯國幾乎都修築自己的長城。如南方楚國所修的長城，名叫「方城」，取其走向曲折，幾近方形而得名。因它主要是防備北方諸侯國而建，順著今河南境內伏牛山的山形築成，與它所跨越河流的堤岸相連，所以又叫做「連堤」。楚國的疆域在當時是比較廣大的，因而它所修築的「方城」大體上呈「門」形，總的直線長度有六百多里，若把蜿蜒曲折盡算在內，有八百多里長。楚國有此長城，實爲軍事防禦上的驕傲，加上國力較強，有恃無恐。難怪楚臣敢於在春秋五霸之首齊桓公面前口出大言，誰敢冒犯於楚，楚國將方城以爲城，漢水以爲池，與之決一死戰！在這裏，他把「城池」的概念擴而大之，將國境線上的「長城」作爲「城市的城牆」，將滔滔漢水作爲護城河（池），極狀楚國之強大，以振聲威。

說到眞正的「城池」，那恰是先秦軍事構築中僅次於長城的雄偉建築。城市的選址多臨水，且居高。之所以有這兩個突出特點，是出於戰爭需要來考慮的。臨水，可以貫通漕運，

舟楫進出，輸送大量民用與軍需物資，環城的河道還可作爲天然屏障，阻擋敵方的進攻，也可以防萬一，用河水撲滅城裏的火災；如果沒有天然河道，還要人工挖掘護城河，這就叫「池」。「城」與「池」是必須配套的，否則便不完備。特別注重城牆的建築，選取黏性特強的泥土，雜糅進其他結實、耐火的材料，千搗萬杵和成爛熟，杵築而成；有的還把粗大橫木鋪夾其中，類似於現代在混凝土裏夾進鋼筋。城牆之下多留水門，以便引流入城，作飲水之用，亦便交通。城牆的四角並不是呈直角狀，而是削折城隅，切直角相交爲兩鈍角折線相交，這樣就消除了視線上的「死角」，擴大了視野，讓守城將士能夠從多個方位、多個角度來瞭望、監視敵人。城牆上寬可走馬，牆垛呈「几」字形凸凹連接，凸處可藏兵，凹處可射箭。

再其次，就是關塞了，關者封閉之意，塞有遮罩之義，關塞難分，常常並稱。關塞多築於邊境地勢險要且通道狹窄之處，故而軍事上有「一夫當關萬夫莫敵」之說。直至現在，我國地名仍留有許許多多古代關塞遺跡，如北方的山海關、居庸關、娘子關、玉門關等等；南方的武勝關、昭關，是先秦時期楚國的兩大名關。武勝關位於今河南與湖北兩省交界處的雞公山，是古楚國扼守北大門的險要關塞；昭關遺址在今安徽金山縣之北的小峴山，把守著楚國與吳國臨界的東大門，「伍子胥過昭關——一夜急白了頭」的典故，就產生在這裏。他是被迫離開楚國投奔吳國時不得過關而一夜急白了頭，從而輕易過關！

《尉繚子．分塞令》較爲詳盡地規定了軍隊在關塞中的職守：中軍、左、右、前、後軍，都有地界分工。以牆垣修築來劃分防區，相互之間不得隨意交往。將、帥、伯，這三級軍官都各自負責開挖並管治壕溝，明確各部的口令。不是本部人員、不報本部口令者，不得進入；若有妄入者，該部長官有權誅殺；如果長官不誅殺，就要與來人同罪。軍中縱橫通道，每隔一百二十步立一個「府柱」；根據人數多少與地界寬窄，府柱與通道互相守望，禁止外人來往。沒有將吏符節，不得通行。砍柴、放牧的，都要編成隊伍，否則不准通行。吏屬無符節、人員無隊伍者，逾越分界、干預別的防區者，一律誅殺。如此嚴防死守，使得內無觸犯禁令者，外來奸徒無有不被擒獲者。

金鼓鈴旗發號令

《尉繚子．勒卒令》篇中專講古時軍中約束、指揮部隊的號令與通訊方法。金，指金屬，當時主要是青銅鑄成的鐘、鑼之類，也包括鈴；鼓，有銅鼓、木製皮蒙的建鼓之分；旗則爲紡織品，旗上繪、繡各種圖騰符號、國名及君主、將帥姓氏，以示區別。金、鼓、鈴、旗四者，各有法度。擊鼓則進兵，再鼓則交戰；鳴金則停止，再鳴則退卻；鈴，也是用來傳達號令的；旗，向左揮則左行，向右揮則右行。如果要用奇兵混淆敵軍的視聽，則事先與本部約定，「反其道而行之」。一步一鼓，就叫「步鼓」；十步一鼓，就叫「趨鼓」；鼓聲不絕，叫做「鶩鼓」。商（古時音樂分爲宮、商、角、徵、羽）樂，是將軍之鼓；角樂，是元帥之鼓；小鼓，是伯爵之鼓；三種鼓一齊敲響，則將、帥、伯同心協力。如果用奇兵惑敵，則用相反的鼓法。擊鼓亂了次序者，誅殺；喧嘩者，誅殺；不聽金鼓鈴旗指揮而隨意行動者，誅殺！按照這樣嚴格的訓練方法作戰，百人可當千人，千人可敵萬人，萬人合成三軍。三軍之衆，有分有合，這就是大戰之法。教成之後，試之於戰場，方陣能勝，圓陣能勝，錯落有致也能勝，面臨險境也能勝。敵軍在山上，可以攀上去追擊它；敵軍在水邊，可以泅過去追擊它；追擊敵軍就像追捕逃亡之人，無疑應當窮追猛打，這樣才能無往不勝。

同一書中〈經卒令〉，又專講了一段用旗幟區別與指揮三軍的法則：左軍蒼旗，卒戴蒼羽；右軍白旗，卒戴白羽；中軍黃旗，卒戴黃羽。卒佩五章（五種顏色的徽號），前一行蒼章，次二行赤章，次三行黃章，次四行白章，次五行黑章。前一五行佩章於首，次二五行佩章於項，次三五行佩章於胸，次四五行佩章於腹，次五五行佩章於腰。這樣一來，軍官與其統領的士卒之間，就能互相明白，不至於亂了陣腳。聽到擊鼓之聲，就能按照先後進退之序，統一步調與敵軍交戰，前進恰如雷霆萬鈞，行動恰如風雨大作，無人敢擋其前行，無人敢拖其後腿。

《孫子兵法．軍爭》篇指出，古代兵書《軍政》中說：「言不相聞，故為金鼓；視不相見，故為旌旗。」金鼓、旌旗，是用來統一軍人耳目視聽的。軍人行動既然一致，那麼再勇敢的也不能單獨冒進，再怯懦的也不能單獨後退。這就是指揮作戰的方法。所以，夜晚作戰多用火光、鑼鼓，白天作戰則多用旌旗，都是為了適應軍人耳目視聽的需要。

古代軍中沒有現代先進的後勤通訊手段，就憑藉金鼓的「五音」和旌旗的「五色」來辨別敵我，鼓舞士氣，調度指揮。

春秋時期，在魯莊公十年，齊國軍隊進攻魯國，平民出身的曹劌主動要求當參謀，問莊公憑什麼可以與齊交戰。莊公說：「我所安享的衣食，必定分贈一些給別人。」曹劌說：「小恩小惠未能遍及，民眾不會聽從。」莊公又講：「祭祀時的牛羊、寶玉、絲綢，都按規定數額，不敢擅自增加，對祖先禱告，必定忠誠老實。」曹劌道：「小小的誠意未必能有信用，神不一定會賜福保佑。」莊公再說：「大小不等的訴訟案件，雖然不能徹底調查清楚，但必定處理得合情合理。」曹劌肯定地說：「這才是忠心為民的一種表現，可以憑此與敵作戰了。交戰時，請允許我隨您一同上陣。」於是，曹劌與莊公同坐一輛車，與齊軍在長勺會戰。

莊公急於擂鼓進兵，曹劌說：「還沒到時候。」齊軍擊鼓三通，曹劌這才說：「可以打了！」結果打敗了齊軍。莊公又要追擊，曹劌卻說：「不行。」過了一會，曹劌下車來察看

齊軍的車輪印痕，又上車攀著車前橫木遠望，說：「可以追了。」於是把齊軍追得狼狽逃竄。

勝利之後，莊公問其原因，曹劌說：「戰爭，講究的就是勇氣。第一通擊鼓，振作士氣；第二通，士氣就衰弱一些；第三通，就竭盡了。敵軍士氣衰竭時，我軍士氣正飽滿，所以能戰勝它。齊國是一個大國，用兵變幻莫測，恐怕它退兵時會有埋伏。我下車細看它的轍印混亂，又上車遠望它的旗幟倒伏，這才放心地追擊。」

從這個戰例，可以看出，擊鼓進兵的時機把握是多麼重要，軍中旗幟也是士氣高低的一個重要標誌。金旗鈴鼓這些後勤通訊手段，關係到戰爭勝負，將士存亡，古代兵家不能不詳加考察與論證，並恰如其分地運用到具體作戰指揮中去，才能克敵制勝。「一鼓作氣」也因此而成了一句傳流千古的成語。

陰符陰書傳秘密

《六韜．龍韜》中用了兩節的篇幅專講軍中秘密通訊憑物「陰符」與「陰書」。周武王問姜太公：引兵深入諸侯之地，三軍猝然之間出現緊急情況，或有利，或有害，我想從指揮中

心傳達命令給在外作戰的將士，以及時供給三軍之用，有什麼辦法呢？姜太公說：君主與將帥之間，有陰符可傳秘密。陰符分為八個等級，有：「大勝克敵之符」，長一尺；「破軍擒將之符」，長九寸；「降城得邑之符」，長八寸；「卻敵報遠之符」，長七寸；「警衆堅守之符」，長六寸；「請糧益兵之符」，長五寸；「敗軍亡將之符」，長四寸；「失利亡士之符」，長三寸。為防止洩密，只需看所傳陰符的尺寸長短，就可以知道發來的是什麼命令與資訊。比如，傳遞的是五寸長的兵符，就表示將帥向君主請求增運軍糧，加派兵力。一切按兵符所傳意旨行事，若有違背，或者洩露其中秘密者，都要誅殺。這八種兵符，是君主與將帥之間的傳訊憑據，秘密溝通言語，內外不可洩露。有了「陰符」傳訊，敵人即使再聰明，也不能識破。

武王又問太公：引兵深入諸侯之地，主將想要調集兵力，應付無窮的變幻，以圖意外的勝利，要傳遞的內容繁多，用陰符不能明細表達，相隔遙遠，言語又不能傳到，有什麼辦法呢？太公說：若有秘密大事，意旨複雜，就用陰書而不用陰符。君主用書信指示將帥，將帥用書信請示君主。為了防止洩密，這種陰書要「一合而再離，三發而一知」。也就是說，一封書信分為三部分，三人各操一部分，互相參照；而平行的兩個將帥之間又互不知情，只有君主一人明白總體意旨。這樣一來，敵人即使再聰明，也不能識破。

在古代，有許許多多為了陰符、陰書不至於洩密而忘我捨命的典範；也有盜得陰符而克

敵制勝的驚險故事。「竊符救趙」便是典型的一例：

戰國時期，秦兵大舉進攻趙國，趙國公子平原君向他的妻弟、魏國信陵君求援。信陵君沒有掌握兵權，急得像熱鍋上的螞蟻，憑著一腔熱血，就要率領門下賓客去與秦軍拚死。他所收養的義士侯生勸阻道：徒然拚命，於救趙無益，何不另想辦法呢？信陵君急問有何辦法。侯生根據平時掌握的資訊，向他獻計說：魏王的夫人如姬正得寵倖，她先前想報殺父之仇，是您派門下賓客殺了仇人，獻頭與如姬吧！只要您一開口，如姬就會知恩圖報，從魏王寢宮的秘處竊得兵符，那時憑藉此符調動大兵進擊，何愁不能破秦救趙！信陵君這才如夢初醒，稱謝不已。返回家中，派宮中內侍善於言語者，去向如姬求援。如姬果然就乘著魏王酒醉酣睡之機，偷偷地拿了兵符，讓內侍送到信陵君手上。這時，侯生又向他進言：大將軍晉鄙握有兵權，您若將兵符與他核對，他起疑心，要與魏王對質，那就會成事不足敗事有餘。不如多備一手，我手下有個勇士朱亥，武藝高強，您隨帶他去。若晉鄙找麻煩不肯發兵，就讓朱亥將他處死。我今感激您的大恩大德，只能以此計報答。為免除您的後顧之憂，我以一死來保守秘密！於是拔劍自刎，壯烈告別。

信陵君拿著兵符，去向晉鄙說：魏王感念老將軍年事已高，特命我取代您，讓您休息。晉鄙果然不信，心想，我雖年邁，但無過錯，魏王怎會讓這位白面書生來取而代之？即使他是公子，也要向魏王問個究竟。於是，他說：公子莫急，等我稟告魏王之後，再發兵不遲…

…話沒說完，朱亥大叫一聲：大將軍不聽王命，便是反叛！應聲操起藏在身後的鐵錘，向晉鄙當頭一擊，腦漿迸裂，氣絕身亡。信陵君高舉兵符，對衆將士說：魏王有令在此，命我取代晉鄙，發兵救趙。今晉鄙抗命，死罪難免！若有再敢違抗者，同此下場！將士們無不肅然聽令。信陵君終於率領三軍，趕赴趙國境內，殺退秦兵，救了趙國。

這個故事曾被歷代文藝家編演成戲劇，郭沫若就曾創作話劇《虎符》。因上古以虎為兇猛象徵，故兵符多刻成虎形，且要陰陽刻紋相對，嚴絲合縫，才可憑信。到了唐代，兵符改成魚形。為什麼要換虎符為魚符呢？因唐太宗祖上名為李虎，他是為祖上「避諱」，才下令改制的。為什麼在諸多動物形象中，不用兇猛動物，而偏偏採用看似馴服善良的魚形呢？其中也有深遠的文化源流。漢樂府詩《飲馬長城窟行》中有這樣一段：「客從遠方來，遺我雙鯉魚。呼兒烹鯉魚，中有尺素書。長跪讀素書，書中竟何如：上言加餐食，下言長相憶。」那時就用木刻的魚形函套來裝書信，底、蓋合一，以保安全與秘密。成語典故「魚雁傳書」，說的就是這種傳遞方式。之所以取魚形，是因為魚類為了繁殖與覓食，要按一定的時間、路線洄游，就像大雁之類候鳥遷飛一樣，不管千里萬里，無論艱難險阻，牠們都要依照自然規律，遵時、守信而往。民間關於「鯉魚跳龍門」的傳說，實際上是魚類洄游必定要躍過龍門峽去產卵繁殖。唐代皇帝有鑑於此，把兵符雕刻成魚形，就是採用了在典籍與民間傳流已久的魚類遵時守信的文化象徵意義，從而突出兵符貴在「信用」的涵義。

攻守之具，兵之大威

這個標題取自《六韜．虎韜》的「軍用」篇，大意是說，攻擊與守衛的器具，能在戰爭中發揮強大的威力。姜太公說：凡是用兵打仗，兵員與器具要有一個大致相稱的配備數額。帶領甲士萬人，按後勤保障法則，要配備三十六乘能衝鋒陷陣的「大扶胥」戰車，勇猛武士、強弓硬弩、戈矛劍戟作爲羽翼。每車二十四人，用八尺的車輪驅動，車上豎立旗幟，配有戰鼓，這才可以震駭敵軍。爲了攻陷堅固的陣地，打敗強大的敵人，要用「扶胥」戰車七十二乘，用五尺的車輪驅動，附帶絞車與連發的弩機；或用「小扶胥」戰車一百四十乘，附帶絞車與連發弩機。還要製造「飛鳧、電影」兩種軍威的象徵物：飛鳧，用紅色的身子，白色的羽毛，銅質的頭腦；電影，用青色身子，紅色的羽毛，鐵質的頭腦。白天用長六尺、寬六寸的絳色綢布作旗幟，以增光耀；夜晚用長六尺、寬六寸的白色綢布作旗幟，象徵流星。

爲了攻陷堅固的陣地，打敗敵人的步兵與騎兵，要用衝鋒陷陣的「大扶胥」戰車三十六乘，載著勇猛的武士，用縱隊擊潰敵方的橫隊，打破敵方的輜重車，打敗敵方的騎兵。這種軍需配置，又叫做「電車」；兵法稱之爲「電擊」（形容其反應如雷電一樣迅速）。如果敵人

夜晚來襲，可用「扶胥」輕車一百六十乘，每車只載三名勇士，以便快速迎戰，兵法稱之為「霆擊」。

還要製造、配置相應的武器：方頭鐵檀一千二百枚，每枚重十二斤，柄長五尺以上，又名天檀；大柯斧一千二百枚，刃長八寸，重八斤，柄長五尺以上，又名天鉞；方頭鐵錘一千二百枚，重八斤，柄長五尺以上，又名天錘。還要配置飛鉤，長八寸，鉤鋒四寸，柄長六尺以上，用來投擊敵眾，鉤掛其身，非死即傷；木蒺藜，高出地面二尺五寸，用以阻擋敵人步兵；鐵蒺藜，鋒芒高四寸、寬八寸，長六尺，用以阻擋敵人騎兵；地下羅網配以兩簇蒺藜，用來伏擊突然來犯之敵；曠野草中，布下「方胸鋌矛」，只要一尺五寸高，隱沒荒草叢內，阻擊敵人；狹窄小路上，埋下「地陷鐵械鎖」；堡壘的門邊，安排拒守的「矛戟小櫓」；三軍駐守的重鎮，配置「天羅虎落鎖」，寬一丈五尺，高八尺；連同「虎落劍刃扶胥」戰車五百二十乘。還要配備橫渡溝塹的飛橋一架，寬一丈五尺，長二丈以上；轉關轆轤八個，套上繩索，以便飛越江河，跨過天塹。此外，還有大小不一的戰船、長短不一的繩索，以及配備齊全的各種武器等等。只有這些軍需器械全部配置完備，才能符合戰爭用具的大體數額。

在《六韜．軍略》篇中，姜太公還進一步強調：大凡帶領將士作戰，如果事先不考慮軍備物資，不準備好軍需器械，不用這些器物教練部下使之習慣運用，那就稱不上大王的軍隊。凡是三軍有大的行動，莫不習用軍需器械。攻城圍邑，要有大型戰車；兵臨城下，要有

雲梯飛樓；三軍行止，要有攻防武器；前後拒守，要有勇士強弩，衝擊兩旁；設置營壘，要有天羅地網、行馬蒺藜。白天則登雲梯遠望，觀察敵情，豎五色旌旗以壯軍威；夜晚則設立燈籠火把，擊鼓如雷，敲響鈴鐸，吹奏鳴笳。跨越溝塹，則有飛橋轉關，轆轤繩索；橫渡江河，則有大小戰艦，逆水而上。三軍用備齊全，主將還有什麼憂愁呢！

《墨子》卷十五也用了大量篇幅，闢出專章專節，具體論述與介紹軍需物資、軍用器械的製造與配備之事。如〈旗幟〉中說：「守城之法，木爲蒼旗，火爲赤旗……」他是按「金、木、水、火、土」五行，配置五色旗幟。〈號令〉篇還講到，軍需物資不先具備，就無法安定軍心；號令不明，就不能賞有功而罰有罪。〈雜守〉篇則詳盡介紹各種軍備器具。由此可見，先秦兵家都很重視後勤軍備，因爲它是前方作戰部隊的供應線、補給線，也是生命線。沒有強大的後勤保障，絕不可能打勝仗。

【戰略篇】

謀略制勝
出奇制勝
勝敗之間
把握戰機

一、謀略制勝

務求全勝

《孫子兵法．謀攻》篇說：指導戰爭的一般法則是，迫使敵國全部屈服爲上策，而用武力攻破敵國爲次等；迫使敵軍全部降服爲上策，用武力擊潰敵軍爲次等；迫使敵旅全部降服爲上策，用武力擊潰敵旅爲次等；迫使敵卒全部降服爲上策，用武力擊潰敵卒爲次等；迫使敵人一伍全部降服爲上策，用武力擊潰敵伍爲次等。

原文所謂「全國（軍、旅、卒、伍）爲上，破國（軍、旅、卒、伍）次之」，就是一種「務求全勝」的指導思想。這種思想貫穿在《孫子兵法》的全部論述之中。因爲凡是用武力去攻破敵人，自己也要蒙受一定的損失。諺語所謂「殺人三千，自損八百」，說的就是這種情況。所以，兵法的最高指導原則是透過政治的、經濟的、外交的種種手段迫使敵人完全地降

服。

《尉繚子兵法．戰威》篇中也有類似的論述：講究戰爭策略，判斷敵國軍情，促使敵人士氣消沉、隊伍渙散，縱然敵軍形式完整，卻不能用來作戰，這就是「謀略制勝」；審定法制，明確賞罰，便利器用，促使民衆有戰爭必勝的信心，這就是「威嚴制勝」；擊破敵軍，殺其將帥，登上敵城，發射弩機，使敵潰逃，奪其土地，這就是「武力制勝」。在尉繚子看來，這三種勝利是等而下之的。他所說的第一等「道勝」，相當於孫武所說的「全國爲上」；第二等「力勝」，則相當於「破國次之」。

《六韜．武韜》的〈發啓〉篇也強調這種全勝思想，姜太公對周文王說：完整的勝利是不用武力去戰鬥，偉大的軍隊能做到自身沒有創傷而取勝。其中的謀略十分微妙，運用起來簡直神出鬼沒！姜太公認爲，君主若能做到與人民大衆同病相救，同情相成，同惡相助，同好相趨，就能不用武力而取勝，不用器械而能進攻，不用溝塹而能守衛。

如何具體地實現這種「全勝不鬥，大兵無創」的最高謀略呢？姜太公又在〈三疑〉篇中爲周武王獻上了「攻強、離親、散衆」三種對付敵人的策略。其總體方法是養成敵人的驕、嬌二氣，離間他們，腐蝕他們，拆散他們，使他們走向強大、親密、衆多的反面；而我方不用訴諸武力，就能達到敵敗我勝的目的。

攻強，就是要促成敵方強暴、張狂，當他們達到一定極限的時候，太強必折，太張必

缺。要以我方眞正的強大攻克敵方的強暴，以我方眞正的親密離間敵方的親暱，以我方眞正的衆多離散敵方的衆夥。這樣深遠的謀略，一定要周全而保密。要挑起敵方事端，用利益去誘惑他們，使他們內部產生爭鬥之心。

離親，就要順應敵方的愛好，送給他們寵愛的人、心愛的物，利誘他們，乘機使他們互相疏離，不要使他們得志，他們貪圖利欲一時高興，警惕性就會喪失，疑心就會消除。

散衆，就是用色情使敵方淫邪，用利欲使敵方貪婪，用美味使敵方養尊處優，用音樂使敵方歡娛忘憂。這樣既離間了他們內部的親密，又使他們遠離民衆，使其民心渙散。這種謀略一定不能使敵方覺察，要讓他們舒舒服服地接受這一切，而絲毫不知我方的意圖，就可大功告成了。

這種攻強、離親、散衆以致全勝的「三疑」之法，在王允不用武力而戰勝董卓與呂布的「連環計」中運用得十分巧妙。東漢末年，皇帝無能，朝綱不振，諸侯爭霸，天下大亂。董卓專權，把持朝政，又收養了勇武的青年將領呂布爲義子，更是如虎添翼，爲所欲爲。司徒王允懷著憂君憂國的忠心，把府中歌女貂蟬收爲義女，拜託她去施行「美人計」。王允先是請呂布到家中欣賞貂蟬的歌舞，用音樂使之陶醉，用美色使之傾倒，並把貂蟬許配給他爲妾。不等呂布前來迎娶，他又把董卓請來，用同樣的辦法迷惑他，並隱瞞已將貂蟬許配呂布之事，讓董卓先把貂蟬帶走，金屋藏嬌，以漁其色。王允又事先告訴貂蟬，要故意使呂布知道董卓

搶占了她，蹂躪著她，哭哭啼啼地訴說她是如何傾心於呂布，挑起呂布對董卓的仇恨，在他們義父義子之間，用「美人計」來施行「離間計」。這就是一計套一計的「連環計」。那呂布依附董卓，本是權宜之計，一旦看到老賊奪走了心愛的女人，禁不住怒火中燒。這時，王允又進一步火上澆油，說董卓明知他已把貂蟬許配給呂布，答應先帶貂蟬進相府去給呂布完婚，沒想到他竟然把「兒媳婦」占有了……呂布更是對董卓恨之入骨。在鳳儀亭中，呂布正與貂蟬親暱之時，董卓趕來了，呂布懾於他的權勢，慌忙逃走，董卓竟然操起呂布放在亭邊的畫戟擲去，欲置之死地而後快。這一擲，就撕破了義父溫情的面紗，使得呂布鐵下心來反叛董卓。加之王允及時地曉之以大義，董呂之間這個權勢與武力構成的強大堡壘，就被王允精心設計、貂蟬巧妙操作的智謀徹底攻破了。董卓死於非命，呂布也離開了京城的權力中心，董呂聯盟即告破滅。

運籌帷幄，武戲文唱

《六韜．武韜》中有一篇〈文伐〉，說的是高明的指揮家不一定到戰場上去廝殺，可以運籌帷幄之中而決勝於千里之外，武戲文唱，用政治的、經濟的、外交的各種非流血手段，針

對敵國重要人物的狀況各個擊破，破壞敵人的力量，使之「不戰而敗」。

「文伐」之法有十二種。一是趁著敵方高興時，順應他的意志，他就會驕橫，這樣必定對我有好處。若能乘機養其驕氣，必定能削弱他。二是拉攏他所偏愛的人，分散他的權威，使他的親信一人兩心，對他的忠心變節。若敵方朝廷沒有了忠臣，江山社稷必定危險。三是神不知鬼不覺地賄賂他的左右，使得到的情報準確而深入。他的左右身在朝內，情報卻已傳到外面，其國家必然危險。四是誘導他去淫樂，以渙散他的鬥志；厚贈珠寶，用美人計使他歡娛；用謙恭的辭令使他愛聽，順從他的意旨，順應他的心願，讓他不與我爭雄。五是對他的忠臣送禮菲薄；使他的使臣稽留，又不為其辦所求之事，反而用誠信與親密拉攏其使臣，使之成為我方的代理人。六是收買他的內部，離間他的外部；使他有才的臣子成為我方的輔助，這樣的國家很少有不滅亡的。七是想要禁錮他的心，必須用重賄收買他的左右忠愛之人，用私利引導這些人輕視本身職業，不去為本國斂財，使他的國庫空虛。八是用貴重的寶物賄賂，以乘機與他的親信設定謀略，用利益引誘使之相信我方。久而久之，其親信必定為我所用。這樣，他連親信都生了外心，肯定要遭大敗。九是用名利對他表示尊重，並不為難他本人，把他推向至尊至貴的高處，使他引以為榮。我方裝得像個聖人的樣子，其實他的國家已出現大漏洞。十是對其下屬必須相信，以得到他們的同情，順承他們的心意，順應他們的要求，就像同胞一樣地對待他們。得手之後，慢慢收買他們。一旦時機成熟，就像天意要

滅亡他們一樣地使其滅亡。十一是阻塞他的政令。要讓他的臣子無不看重富貴，厭惡死難。我方對他的臣子私下裏特表尊重，而逐步贈送重金收買他們。偷偷地收買敵方智囊人物，讓他們爲我出謀劃策；收買敵方勇士，使之趾高氣揚。這些人富貴滿足，就會經常滋事；我方黨羽業已具備，就阻塞了敵方的政令，他那國家也就名存實亡了。十二是豢養敵方的叛臣，用美女淫聲迷惑他們，送聲色犬馬慰勞他們，時常用大勢屬我的道理引導他們，並抓住機遇與天下民衆一道奪取敵國。

這十二種手法，不見得都十分「正派」，諸如行賄收買、施美人計等等，似乎是「歪門邪道」。但是，一般而言，在敵我雙方生死存亡的矛盾鬥爭中，在兵刃相見的戰爭年代，是不能做什麼「謙謙君子」的，交戰雙方可能只看結果而不擇手段。不過，我們下面將要講的這個故事，主人翁倒是憑著一身膽識，藉助三寸不爛之舌，對敵國曉以利害，武戲文唱大獲全勝，一人獨退十萬雄兵。

西元前六〇三年，秦國與晉國合成十萬軍隊圍攻鄭國都城。鄭國若是強拚硬打，肯定打不過秦晉聯軍。鄭文公於是選派能言善辯的外交家燭之武去說服秦國退兵。這天深夜，秦兵聽到營門前有人放聲大哭，感到奇怪，就把此人抓來，扭送到秦穆公面前。秦穆公親自審問：「你是何人，爲何在此啼哭？」

「我是鄭國平民燭之武，爲我的國家哭泣，更爲您的國家而哭。」

「你們鄭國行將滅亡，哭之猶可。我大秦國即將勝利，有何可哭之處？」

「想我鄭國，滅亡已成定局，也沒有什麼可惜；可惜的是您秦國，也要作替死鬼呀！」

「你在胡說些什麼？」

「我並非胡說。您只要冷靜地想一想就會明白：秦國在西邊，與鄭國中間隔著個晉國，即使秦晉共同滅亡了鄭國，鄭國的土地也只能被相鄰的晉國占有，您秦國不可能跨過晉國來占領吧！您與晉國本來實力相當，如果晉占鄭國，它就大大地超過您了。那時您在晉國眼裏，就不會是現在勢均力敵的盟友，而是被他瞧不起的弱小之邦了。再說，晉國歷來是不講信用的，他們曾耍過『假途滅虢』的詭計，這您比我還清楚。如果您甘心被他利用，那麼，早先借道給他的虢國被滅亡的下場，就會等著您秦國去重蹈覆轍。所以，我是為您秦國而哭呀！」

秦穆公聽到這裏，如夢初醒，明白了助晉攻鄭的後果確實不妙。燭之武又進一步說：「當今之計，為您著想，不如與鄭國結盟，這也符合『遠交近攻』的常理。日後您若要東進，我鄭國願為『東道主』，助您一臂之力。」

秦穆公被燭之武這一哭、一說弄得恍然大悟，反過頭來與鄭國結盟，自己率領大軍悄悄地撤離了。晉軍見他撤兵，自感孤掌難鳴，也只好撤回本國去了。

這就是歷史上有名的「燭之武退秦師」。燭之武正是抓住了秦晉之間的利害衝突，從關心秦國前途切入話題，瓦解了秦晉聯盟，化敵為友，為自己的國家解救了危難。這是一個不

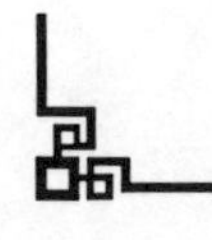

「伐兵」而「伐交」，不動刀兵，以外交辭令取勝的典型範例。

知己知彼，百戰不殆

《孫子兵法．謀攻》篇說，預知勝利的情況有五種：知道可以交戰與不可以交戰的，就能勝利；了解兵力多少並採取不同戰法的，就能勝利；全軍上下同心協力的，就能勝利；自己有充分準備，並能等待和抓住敵人準備不足的戰機的，就能勝利；將帥有才能，而君主又不橫加干涉的，就能勝利。

作者在本篇最後總結說：既了解自己，又了解敵人，那麼經歷百戰都不會有任何危險；雖不了解敵人，卻能了解自己，有時可能勝利，有時可能失敗；既不了解敵人，又不了解自己，每次交戰都有危險。

只有「知己知彼」，才能「百戰不殆」。「知」，是至關重要的前提。「知」，就是了解情況，掌握底細。只有徹底地了解和掌握敵我雙方各個方面的眞實情況，指揮者才能在客觀事實的基礎之上作出正確的判斷，定下作戰的方略。孫武這裏反覆強調的「知」，並非被動地反映客觀事物，而是要主動地認識客觀事物與規律。表現在軍事戰略上，就是要主動分析自己

的各種情況與態勢，對自己有一個清醒的認識，透徹的了解，知道自己的長處何在，還有哪些不足，有哪些缺陷與漏洞，必須在戰前去彌補與堵塞，使之臻於完善；更要主動地去刺探敵方軍情，了解敵方政治、經濟、後勤、兵力、將帥各個方面的優勢與劣勢。一旦戰爭打起來，就能用自己的優勢去攻克敵方的劣勢，將自己的劣勢藏而不露，避開敵方的優勢所在。這種先「知」而後「戰」、「知」方能「勝」的精闢論斷，也符合認識客觀事物、把握戰爭主動權的規律，可以說是指導戰爭致勝的一條顛撲不破的眞理。

唐代詩人兼兵家杜牧在注釋《孫子兵法》這段著名論斷時，把這個極其關鍵的「知」說得比較透徹：了解自己的政情，去推測敵人的政情；了解自己的將帥，去衡量敵人的將帥；了解自己的軍隊，去估價敵人的軍隊；了解自己的糧食，去測算敵人的糧食；了解自己的土地，去比較敵人的土地。經過這樣周密的比較衡量之後，雙方的優劣短長都可以預見到，然後再發兵交戰，才有可能百戰百勝。

西元三八三年，前秦苻堅發動的那場進攻東晉的「淝水之戰」，可以說是一場既不知己、又不知彼的盲目戰爭，結果只能慘遭失敗，敗退八公山，風聲鶴唳，草木皆兵，這個戰前揚言滾滾江河投鞭可斷的驕橫之主，嚇得屁滾尿流，幾乎全軍覆沒。苻堅的親信大臣王猛生前就勸過他：東晉雖然居於長江以南，但它是堂堂正正的國朝，地靈人傑，廣有人才，不可小視，您千萬不能逞一時之氣去征伐它。苻堅就是不聽，說：我有八州民衆，百萬兵馬，只要

每人扔一條馬鞭子，就可以使江水斷流，還怕打不贏東晉嗎？其實，苻堅不但對東晉的政情、軍情、人才與國力情況沒有了解透徹，就連對自己也缺乏清醒的認識。他因長期進行侵略戰爭，造成國力匱竭，人民疲憊；他本人小勝即驕，蠻橫傲慢；以這樣的驕主領疲民，怎麼能不吃敗仗呢？

西元一一四〇年岳飛打敗金兀朮「拐子馬」騎兵部隊，就是知己知彼的成功戰例。金兵來自游牧民族，從小就在馬背上長大，熟諳騎術，加上他們個個穿戴重盔堅甲，用熟牛皮把每三匹馬連在一起，稱爲「拐子馬隊」，具有很強的衝擊力，往往成群結隊地衝撞宋營，把士卒們衝得措手不及。岳飛事先清楚地了解敵方的兵馬裝備情況與作戰特徵，總結了宋軍以前失敗的教訓，這次改變了作戰方法，並事先經過嚴格訓練，不用騎兵，而用步兵打頭陣。他吩咐勇士們手持大刀與繩索，不要被「拐子馬隊」的氣勢洶洶所嚇倒，不看敵方的馬上騎兵，只管制服馬的下部，用繩索絆住馬腿，用大刀砍斷馬蹄。結果三匹馬之中只要砍倒一匹，其餘兩匹就會連帶倒下，前面的馬隊被砍倒，後面的馬隊在急速衝撞中制止不住，又衝壓上來，前後的人馬互相踐踏，亂作一團。宋軍乘勢以大兵掩殺，使金兵的「拐子馬隊」全軍覆沒，不可一世的金兀朮，隻身一人抱頭鼠竄。

不戰而屈人之兵

《孫子兵法》說：用兵的上策是以謀略致勝，其次是以外交手段挫敗敵人，再次是使用武力戰勝敵人，下策就是攻打敵人的城池。攻城是萬不得已的辦法。修整攻城用的大盾大車，準備各種器械，要用幾個月才能完成；堆築攻城的土山，又要幾個月才能完工。如果將帥爲此而不勝其煩，焦躁憤怒，驅使士卒像螞蟻一樣爬梯攻城，那麼往往傷亡三分之一城還攻不下來。這就是攻城帶來的災難。

所以，善於用兵的人，使敵人屈服而不靠交戰，占領敵人城池而不用強攻，毀滅敵國而無須曠日持久。一定要用全勝的謀略爭勝於天下，這樣，軍隊不至於受挫，卻能取得完全的勝利。這就是謀略進攻的方法。

基於此，孫武認爲，百戰百勝並不是最高明的；不經交戰就使敵人的軍隊屈服，這才是最高明的。

要做到「不戰而屈人之兵」，就必須「伐謀」、「伐交」，必須運用政治的、經濟的、外交的等等手段，對敵人形成巨大的威懾，或營造十分有利於我而不利於敵人的情勢，使敵人的

軍隊不得不屈服。

秦末漢初，劉邦手下大將韓信攻趙與伐燕的兩次戰役就分別印證了孫武這種戰略思想。攻趙之時，韓信是「伐謀」與「伐兵」相結合；而伐燕之時，卻不費一兵一卒，做到了「不戰而屈人之兵」。趙王由於沒有採用廣武君李左車「深溝高壘、以攻爲守」的計謀，認爲韓信軍隊遠來疲憊，他只需「以逸待勞」就能憑著強大的兵力把韓信擊退，而以對付遠來之敵還要「深溝高壘」爲恥辱，盲目地自高自大。結果在迎戰韓信的對抗中，被韓信用計打敗。韓信先派了兩千騎兵迂迴到趙王的陣後，拔去趙的旗幟，插上其主劉邦的「漢」字旗。一經交戰，趙軍見「後院起火」，首先就亂了陣腳，軍心渙散，指揮不靈。韓信指揮正面迎戰，與迂迴至敵後的兩支人馬對趙王軍隊前後夾擊，大破趙軍，生擒了趙王歇和他的謀士廣武君李左車。

韓信聽說李左車曾建議趙王深溝高壘，以攻爲守，心想，若是趙王聽信此人的計謀，這次戰役的勝負還眞是未可逆料。看來，這廣武君李左車是一個難得的人才，在下一步伐燕的戰役中，一定用得著他。於是，韓信對李左車全不當一個俘虜看待，而是以禮相待，不恥下問，向他請教伐燕的策略。李左車被韓信的誠意所感動，幫他分析了漢軍將帥足智多謀、士卒作戰勇猛的優勢，同時又看到遠來征伐、兵易疲而糧難運的劣勢；也剖析了自己所了解的燕軍情況。他認爲趙被攻破之後，毗鄰的燕已成籠中困獸，如果逼迫太緊，困獸猶鬥，燕也

許會破釜沉舟與漢軍決一死戰。那樣一來，即使漢軍能最終獲勝，也要勞民傷財，損兵折將。面對這樣的情勢，他主張漢軍揚長避短，按甲休兵，撫慰亡趙的遺孤，做個寬慰的樣板給燕看；同時扼守燕與外界連通的要道，派出能言善辯的人，前往燕去做說客，對他們曉以利害，示以漢軍的威嚴，也傳達漢軍的誠信，迫使燕人屈服。韓信採納了他的建議，果然打消了燕人拚死抵抗的念頭，未經交戰就使燕臣服於漢。

《三國演義》中「郭嘉遺計定遼東」一節，也是成功的「不戰而屈人之兵」的範例。曹操在官渡之戰中，經歷許多艱難困苦，用盡心機，好不容易打敗了實力雄厚的袁紹，袁紹的兩個兒子卻逃到遼東去了，給曹操留下心腹之患。曹操為了斬草除根，決定追擊兩袁。在大軍從河北趕赴遼東的途中，陰雨連綿，風雪交加，天寒地凍，人困馬乏，士卒不堪其苦，將帥也頗有微詞。曹操在進退兩難之時徵求左右謀士的意見，衆人竟然莫衷一是。曹操只有感慨道，可惜郭嘉重病，不能在身邊出謀劃策。在這關鍵時刻，有人呈上郭嘉的遺書，曹操看了，禁不住淚如雨下。原來，郭嘉在遺書中分析了遼東的形勢與其主將心態：如果曹操大兵壓境，遼東主將就可能與兩袁結成生死同盟，共同負隅頑抗；如果曹操不是相逼相促，而是靜觀其變，遼東主將反倒會懾於「挾天子以令諸侯」的丞相威嚴，預感到自己被兩袁牽累，得罪了漢朝丞相將面臨滅頂之災，也許就會殺兩袁前來投誠。曹操深感自己聰明一世糊塗一時，於是就按郭嘉之計，按兵不動。事隔不久，果然就有遼東使者捧著兩袁首級前來投獻。

城濮之戰

西元前六三三年冬季，楚成王為著爭霸中原，率領楚軍與其盟國鄭、陳、蔡的盟軍，浩浩蕩蕩地包圍了中原宋國的都城商丘（今屬河南省）。宋國急忙派使者前往北方的強國晉國求救。晉文公重耳經過十九年的流浪折磨才得以回國奪權執政，感念宋國曾在他流亡時贈以車馬的恩德，同時出於立威爭霸的野心，決定出兵救宋。但是晉國並不與宋交界，要去救宋，必須經過楚的盟國曹、衛。西元前六三二年一月，晉文公率軍來到晉、衛邊境，向衛借道去攻曹國，遭到拒絕。一計不成，晉文公又生一計，繞道從黃河渡口過河，出其不意從衛國的另一邊界長驅直入，直搗衛都楚丘城，占領了整個衛國。接著，向曹國發起連續進攻，歷時三個月，攻占曹都陶丘。

這時，楚軍仍然緊緊包圍著宋國都城，宋君再次向晉告急求救。晉文公感到自己歷經攻衛國、占曹國的戰役，已經兵疲將倦，實力不如楚國，難有必勝的把握；不救宋國吧，人家會罵他以救宋之名先占了曹、衛，是個貪利之徒；救宋伐楚吧，他早先流亡到楚國時，也得過楚成王的恩惠，如今反來攻打，豈不被人指責忘恩負義？正在左右為難之時，他手下的元帥先軫出了個巧用外交手段的主意，晉文公依計而行：先讓宋國表面上與晉疏遠，然後送上厚禮去向楚的盟國齊、秦求情，請他們出面調停，勸楚國撤圍休兵。這時，晉國卻把占領的曹、衛土地分出一部分給宋，以表達未能出兵相救的歉意。這樣做，實際上是挑起楚國與齊、秦的矛盾。楚與曹、衛本是盟國，如今他們的土地卻被宋國擁有，楚成王當然不服齊、秦的調停，認爲齊、秦反而向著宋國，背棄了盟友。楚王的這種態度又抹了齊、秦的面子，激怒了這兩個國家。晉國則不失時機地派使者與齊、秦修好，促使他們反而出兵助晉，這就使楚國的實力削弱，晉國的實力加強，雙方力量的對比急轉直下。晉文公採用先軫此計，就是「上兵伐謀，其次伐交」，透過謀略與外交手段化敵爲友，增強自己而削弱楚國，占了不少的上風。

楚成王看到形勢於己不利，就命令包圍宋都的主力部隊撤出，同時分兵把關，以防背楚向晉的齊、秦軍隊襲其後路。楚軍前線主帥子玉十分自負，仍然執意要出兵攻打晉軍，以圖挽回被晉「戲弄」的面子，並要楚成王增派兵力。成王出於不得已，只給他增加了少量兵力，授權他調動指揮陳、蔡、鄭、許等盟國軍隊。子玉報復心切，剛愎自用，自己率領楚軍居中，以陳、蔡兩軍爲右，鄭、許兩軍爲左，氣勢洶洶地殺向晉軍。

晉文公見楚軍來勢兇猛，決定先避其銳氣，來了個「退避三舍」。一舍爲三十里，三舍就是九十里，一直退到了原占領的衛國重鎮城濮才停下來。晉軍將士有些不理解，晉文公就向

他們解釋說：我在流亡時得到楚成王幫助，當時說過，若在戰場相逢，先當退避三舍。這樣就做到了仁至義盡，先禮後兵，爭取了輿論同情。同時，這又是誘敵深入之計，城濮離我國很近，離楚國很遠，我軍運送糧草、器械十分方便，而楚國則十分不便；楚軍遠道追來，氣喘未定，而我軍是有計畫地退卻，在這裏站穩腳跟，正好與他們交戰。經過一番剖析，晉軍明白了國君的良苦用心，了解了作戰計謀，更加士氣高漲。

晉文公根據偵察得來的情報，知道楚國的中路軍強盛，而左右兩翼盟軍則相對薄弱，中軍主帥子玉又驕橫輕敵，不明晉軍的虛實。於是，他決定採用矇騙中路軍、避強擊弱、攻其兩翼的戰略。西元前六三二年四月四日，晉楚城濮之戰正式開戰。晉下軍攻擊楚軍最薄弱的右路軍，將軍胥臣使了個巧計，將駕轅的戰馬蒙上虎皮，裝作猛虎駕車，風馳電掣地衝向敵陣，把陳、蔡聯軍嚇了一大跳，他們從來沒見過這種陣勢，只得驚慌失措地潰逃，右路軍迅速瓦解。晉上軍主將狐毛則用另外一種以退爲進的戰術對付楚國的左路軍。他剛與鄭、許聯軍開打，就敗退下來，向後逃跑，故意在他的指揮車上豎立兩面鑲著彩色飄帶的特大旗幟，並叫其他戰車後面拖上柴草樹枝，攪得煙塵滾滾。楚軍主帥子玉遠遠望見，以爲晉軍在亡命潰逃，便指揮左路軍迅速追趕。結果正中了狐毛的誘敵之計，晉軍主帥先軫從橫路殺出，給了鄭、許聯軍致命一擊，狐毛乘機反過頭來，把鄭、許聯軍團團圍住，與先軫一起前後夾攻，很快就殲滅了被圍之敵。子玉見左、右盟軍頃刻之間土崩瓦解，急忙下令收兵，這才保

住中路軍沒被晉軍消滅乾淨，垂頭喪氣地敗退回去。

城濮交戰，晉軍做到了知己知彼，以弱勝強。在充分了解敵情的基礎上，針對敵人左、中、右軍的不同情勢，採取了不同的戰法。「虎車」之術，是出其不意，攻其無備；「柴車」之術，是誘敵深入，包圍全殲。

二、出奇制勝

出其不意，攻其無備

「出其不意，攻其無備」是孫子兵法謀略的精髓，是戰略進攻發起階段的要旨，也是各種戰術選擇的總體原則。這個總體謀略的大意是：在對方意想不到的時間、地點，在對方毫無準備的情況之下，用對方意想不到的方式突然發動進攻。《諸葛孔明異傳》裏面用了一段十分貼切的比喻說：猛獸如果失去憑藉，小孩也能拿起武器去追逐它；黃蜂若是鑽進衣袖，壯士也會徬徨失色；因爲禍患突發在意料之外，事變的快速使人意想不到。高明的軍事家用兵，就是要像黃蜂鑽進衣袖一樣，給敵人一個意想不到的突然襲擊。在敵我力量針鋒相對的戰場上，敵方的所謂「不意」與「無備」只是相對的，沒有絕對「不意」與「無備」之敵；高明的軍事家善於審度、判斷、選擇，避開敵方「在意」與「有備」的時間、地點、方式，

而專門鑽敵人的漏洞，專門挑選敵方「不意」與「無備」的時間、地點、方式去攻擊。這樣一來，不但能在軍事打擊上取得先發制人的主動權，而且對敵方指揮官也是一種災難性的心理打擊，使之在措手不及之中作出錯誤的判斷、制定錯誤的計畫、採取錯誤的行動、發出錯誤的指令，使得敵方官兵一錯再錯，接連失誤，非吃敗仗不可。

唐代的李朔奉命平息蔡州叛亂，但他率兵臨近蔡州之境卻不直接發起攻擊，而是嚴密監控著蔡州局面。有人可能認爲他臨陣怯敵，而他的本意則是等待時機。待到風雪交加之夜，叛軍見李朔久未發兵來戰，思想就麻痹了，放鬆了警惕與戒備，以爲雪夜不便行軍。李朔正是利用叛軍頭目的這種心理，反其道而行之，抓住這個難得的時機，在敵人意想不到的風雪之夜，突然發兵奔襲蔡州，打他一個措手不及，取得了一戰平叛的決定性勝利。

楚漢相爭之時，劉邦被項羽趕到了漢中山區偏僻之地，爲了表示自己再也無心與項羽爭奪天下，他還派人放火燒了進出漢中必經的棧道，以此麻痹項羽。後來劉邦慧眼識英才，起用了從項羽那裏來投奔的無名小校韓信，拜他爲大將，全權委託他謀劃出兵與項羽爭奪中原。韓信用了著名的策略：「明修棧道，暗度陳倉」。明修棧道是假，使敵方在棧道這條線上「在意」與「有備」；暗度陳倉是真，因爲陳倉小道這條線上，敵方「不意」且「無備」。等到韓信率兵從陳倉小路上殺出來，項羽的軍隊還在棧道那條線上伸長著脖子守候。而韓信這裏卻是如入無人之境，長驅直入項羽腹地，使其猝不及防。

上述戰例中，李朔雪夜入蔡州，是在攻擊的時間、氣候上出其不意攻其無備；韓信明修棧道、暗度陳倉，是在攻擊的地點、路線上出其不意攻其無備。

古代戰爭中，兩軍交戰非要「刀槍對舉、短兵相接」不可，運兵、出戰的交通不便，運輸能力也差，軍隊長途跋涉所需要的時間長、費用多，而且容易暴露目標，「軍行千里，其誰不知？」所以，在戰略上，像韓信這樣明修棧道、暗度陳倉是很少見的。出其不意、攻其無備，多數是用在戰術上。戰爭發展到現代，交通運輸工具日益先進，突然襲擊的武器裝備也有飛機、大炮，甚至導彈，在戰略上出其不意、攻其無備，就比「短兵相接」的古代戰爭更帶普遍性，突然襲擊的「閃電戰」更加層出不窮。

第二次世界大戰中，日本偷襲美國軍事基地珍珠港就是一次突擊閃電戰。當日本的大批飛機穿過太平洋上空的雲霧出現在珍珠港上空時，美軍還沉浸在假日的甜美夢鄉。日軍如同暴雨驟降的炸彈對美軍機場、軍港實行狂轟濫炸才把美軍驚醒，此時美軍的飛機已不能起飛，軍艦也被炸沉，損失十分慘重，代價無比昂貴。這血的教訓，足以使世人警醒！

這是在時間上攻其無備，還有一次在作戰方式選擇上被敵人出其不意取勝的教訓，即德國法西斯軍隊奇襲埃本．埃馬耳要塞的戰鬥。這個要塞是比利時艾伯特運河防線上的重要基地，是整個運河防線的一把鐵鎖。德軍要想突破防線征服比利時與荷蘭，進而入侵法國，就不得不占領這個要塞。要塞在戰略上的重要地位，守軍不是不清楚；要塞的防務，也是抓得

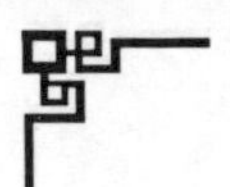

很緊的；工事堅固，守軍警惕性也高，從當時常規備敵的角度看，可以說是無懈可擊，並非「不意」與「無備」。狡猾的德軍也看清了這一點，他們不從守軍「在意」與「有備」的角度去強攻，不用地上炮火與空中火力去狂轟濫炸，也不用正面進攻或側面包抄、迂迴作戰等方式，而是一反傳統的突然襲擊方法，派出一支僅有百人的傘兵隊，在夜間用悄無聲息的滑翔機運送，直接降落在要塞頂部，用「雪花蓋頂」的奇襲方式突然之間把守軍的炮火打啞了，從而壓服了上千名守軍，奪取了這個要塞。

正與奇的變化無窮

《孫子兵法．兵勢》篇說：大凡治理大部隊如同治理小部隊一樣，這就在於軍隊編制管理；與眾多敵人作戰如同與少數敵人作戰一樣，這就在於旌旗金鼓指揮；三軍之衆，要使它受到敵人攻擊而必定不敗，這就在於謀略的奇正；大兵所到，如同用石頭砸雞蛋，這就在於用兵的虛實。

這段話，是對軍事謀略的高度概括。軍事家的治軍才能表現在管理與指揮；軍事家的克敵制勝策略表現在奇、正與虛、實的處理上。

奇與正，是一對相反相成的矛盾，它所包含的意義可謂無窮無盡。究竟如何理解，如何運用呢？孫武進一步論述道：大凡作戰，用正兵與敵人交戰，用奇兵克敵制勝。他說，善於出奇制勝的將帥，其戰略戰術的變化如同天地運行一樣變化無窮，如同江河奔流不息。他們戰略戰術的變化運用，周而復始，就像日月的升起落下；死而復生，就像四季的交替出現。孫武還作了比喻論證，他說，音樂不過五種（宮、商、角、徵、羽），可是五音的變化，卻聆聽不完；顏色不過五種（紅、黃、藍、白、黑），然而五色的變化，卻觀賞不盡；滋味不過五種（甜、酸、苦、辣、鹹），但是五味的變化，卻品嚐不盡；作戰的方式不過「奇、正」兩種，奇與正的變化，卻不可窮盡。奇、正之間的互相轉化，就像順著圓環旋轉一樣無始無終，誰能窮盡它呢？

一般說來，正，是用兵的常法，反映著戰爭指揮的一般規律；奇，則是用兵的變法，反映著戰爭指揮的特殊規律。比如說，在軍隊部署上，擔任守備的部隊爲正，集中機動的則爲奇；擔任箝制任務的爲正，擔任突擊任務的則爲奇。在作戰方式上，正面攻擊的爲正，迂迴側擊的爲奇；公開宣戰爲正，不宣而戰的突襲爲奇。正兵合戰，奇兵制勝，二者相映生輝。如果作戰只有正兵而無奇兵，那麼陣勢雖然嚴整，卻不能給敵方以突然猛烈的打擊，難以取勝；相反，只有奇兵而無正兵，攻勢雖然銳利，但沒有可作依仗的箝制力量，也難以控制敵人。從作戰的目的來看，正應當服務於奇；就作戰手段來看，正用於明處，奇用在暗處。兩者是「伐兵」與「伐謀」的有機結合，缺一不可。

奇與密共生，奇與險相伴。用奇兵之前，倘若不保守秘密，不避開敵方視線，不迷惑敵人心智，就無從用起；用奇兵的過程之中，如果不走險道、趕險時、用險法，也無從用起。出奇制勝，是把握戰機的結果，是巧智睿思的結晶，是快速與突擊的結合。要想出奇制勝，非有「反向思維」的頭腦不可。所謂奇法，往往就是反常規之法，反傳統之法，是非同一般的特殊戰法。

第二次世界大戰中一些出奇制勝的戰例，往往就是選擇對方意想不到的行軍路線實行突然襲擊。一般說來，大部隊進軍用坦克開路要儘量避開山嶽叢林和水網沼澤地帶，因爲這類地區不便於坦克的行駛。可是，一九四四年夏季，前蘇聯軍隊在巴格拉季昂戰役中，卻偏偏不走便於坦克行駛的烏克蘭地區，而是從白俄羅斯的森林、沼澤地帶進軍。蘇軍元帥朱可夫事先到這一帶察看過地形，他從當地農民行經沼澤所穿的草鞋上得到啓示——草鞋大而厚，受壓面積大，單位面積的壓力也就相對減小——想出了伐木鋪路的好主意，用圓木鋪墊，履帶式坦克就能順利地透過沼澤地帶。這條行軍路線恰是德國軍隊始料未及的，當蘇軍從這裏進軍時德軍還蒙在鼓裏。

德國法西斯軍隊在突襲法國時，曾經打破常規，繞道阿登山脈，在法國軍隊意想不到的地方突然出現，發起猛攻，讓法軍形成十分被動的局面。而當他們自己處於守勢的時候，卻

犯了以前法軍統帥的老毛病，只從常規的、一般的角度去估計法軍的進攻路線，卻沒想到，法軍也給他們來了一個「以其人之道還治其人之身」，從偏僻而隱秘的路線出兵，給德軍以致命的打擊。

奇、正變化無窮還表現爲久用的奇法如果被人們耳熟能詳，就轉化爲一般化的正法了；而久不被採用的正法，反倒轉化爲奇法。比如說，人們普遍認爲正面攻擊爲正，側面包抄或從背後攻擊爲奇，各種軍事教科書上都這樣寫，甚至載入了部隊作戰條令。但戰場的實況千變萬化，奇正之法也要隨著實際情況的變化而靈活運用。

詭道十二法

《孫子兵法》說：「兵者，詭道也。故能而示之不能，用而示之不用，近而示之遠，遠而示之近，利而誘之，亂而取之，實而備之，強而避之，怒而撓之，卑而驕之，佚而勞之，親而離之。」

爲了使讀者對這十二種謀略的本名有所了解，這裏直接引用了原文。可以說，這十二個「X而Y之」的排比句，每一句就是一種用兵的「權詐之道」。在你死我活的戰場上，敵對雙

方的軍事家之間，沒有什麼「正道」好講，誰最善於運用詭秘的謀略（詭道），誰就能取得戰爭的勝利。

前面的四個「示」，實際上是裝出各種假象用來迷惑敵人。這四種「詭道」以及「佚而勞之」，將在以後有關章節詳述，本節只講七種。

關於「利而誘之」，古代《百戰奇略》中專門有一節〈利戰〉，〈利戰〉中說：「凡與敵戰，其將貪利而不知害，可誘以利；愚而不知變，可設伏以破之。」戰爭中的「利」，一方面是指軍需品糧秣、輜重和民用的珠寶、財物等等，另一方面是指戰場上出現的諸如占領某一陣地、城鎮，或消滅某一股部隊等等有利的戰機。利而誘之，好比是垂下一個噴香的釣餌，吸引魚兒上鉤。《韓非子》中講了一個耐人尋味的故事：晉國的執政官智伯要攻打鄰近的仇由國，苦於通往該國的必經之路被大山阻擋，如果他明目張膽地去劈山開路，就把征伐的意圖暴露了。怎麼辦呢？智伯就鑄造一口貴重的大鐘，並派人帶著那華美的圖樣先給仇由國國君看，說是將要把鐘送給國君。那國君一見，好生歡喜，就要修通道路，迎取這口大鐘，作為鎮國之寶。他手下的大臣勸諫說，贈送這樣貴重的禮物，一般是小國敬奉大國的作法，而現在卻是強大的晉國給我們這樣的彈丸小國送禮，其中恐怕有詐，國君千萬不能接受。仇由國國君卻聽不進逆耳忠言，執意要劈山開路迎接這份厚禮。結果只能是道路開通之日，國家滅亡之時！

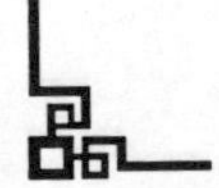

「亂而取之」是說，如果敵人自己營壘中形成混亂，我方就要乘機去攻取；但更多的是要透過利益引誘，或製造謠言，故意造成敵方混亂，我方則趁亂攻取。東晉十六國時，北方的涼王在抵抗後秦大將姚弼征伐時，把部落內的牛羊全部放出，遍地撒開，遠道而來的後秦軍兵不知是計，以爲是老百姓放牧的，想要把這些肥壯的牛羊搶來作爲軍中改善伙食之用，於是你追我趕，爭先恐後地去擄掠，結果軍中大亂，隊伍潰散，涼王預先安排的十員大將乘機各領一隊人馬從四面八方掩殺過來，斬首七千餘，使後秦軍隊元氣大傷。

「實而備之」是說，在防禦上，敵方實力強大時，我方必須加強戰備；在進攻上，若敵人實力強大，我方不可貿然出兵，必須養精蓄銳，待機攻擊。北宋時，朝廷與遼國締結了「澶淵之盟」，雄州成了邊境城市，該城北部原來沒有城牆環護，如果遼國一旦撕破盟約，兵刃相加，就會出現被動局面，因此必須有所準備。但兩國既已訂立盟約，公開築城，又怕給遼人以尋釁的口實，在外交上不利。這城牆究竟用什麼名義來修呢？雄州守將李允用白銀鑄造了一個特大的香爐放在北郊廟宇裏，故意不設防看守，讓它被盜。李允就藉此大造輿論，張榜懸賞捉拿盜賊。搜尋過後，擒盜不著，他又放出風聲，說城中財物丟失，官府、民衆不安，這北面城牆非修不可。於是，徵發民夫，很快就修好了城牆，雄州防務得以加強，相鄰的遼國軍民也無話可說。

「強而避之」是說，敵方兵力強大時，要暫避其鋒芒，等待時機，到有利於我時再與之交戰；對方的長處，我也當迴避，而尋找其短處進擊。《水滸傳》裏有兩個不打不相識的梁山好漢，一黑一白，一個善陸戰，一個善水戰，這就是「黑旋風」李逵和「浪裏白條」張順。在他倆還沒有成爲兄弟之前，有過兩次交鋒。先是張順向李逵催討魚錢，李逵一時窮窘，惱羞成怒，在陸地上抓住張順一頓好打。張順這時沒能避開李逵的強項，而恰恰相反，以自己的弱項對付別人的強項，那就只有挨打的份了。後來，張順撐來小船，一陣叫罵，把李逵引上船來，幾篙子撐到水中央，將小船弄翻，把李逵揪在水中嗆了個夠，使其險些送命。他這次就是發揮了自己的長處，專打對方的短處，用「避強擊弱」之法，出了一口氣！

「卑而驕之」是說，自己裝作卑弱的樣子，助長敵方的驕氣，使之放鬆警惕，暴露出軍事上的弱點，以便乘機打擊。西元前二〇七年，匈奴部落的冒頓自立爲單于。東胡部落視其弱小，派人來索要良馬，冒頓以鄰邦友好爲重，把自己心愛的一匹千里馬送去。東胡得寸進尺，又來索要美女，冒頓的臣子們都氣惱得不行，一致反對給他們送美女，冒頓卻堅持放長線釣大魚，故意示弱以養其驕氣，挑選一批美女送去了。東胡單于更加驕橫，根本不把冒頓放在眼裏，還向他提出擴展領土的無理要求。冒頓這才帶領訓練有素的騎兵部隊突然襲擊東胡，把這個毫無戒備的部落吞併了。

「怒而撓之」，就是故意挑逗，使敵發怒而不能自控，造成有利於我而不利於敵的情勢。我們讀古代戰爭題材的小說，時常可見「罵陣」的描寫，那就是用點名叫罵的方式激怒對方

主將，使原本堅守不出的卻放下吊橋，出城交戰，結果往往中了圈套。脾氣暴躁、性情易怒是將帥修養的一大弊端。「匹夫見辱，拔劍而起，挺身而鬥，此不足爲勇也」；「猝然臨之而不驚，無故加之而不怒」，這才是大將風範。項羽爲了激怒劉邦，把他的父親抓來，推到陣前，威脅說要把其父放進油鍋裏煮死。劉邦卻對項羽說，我與你曾結拜爲兄弟，我父即是你父；如果你一定要煮他，請別忘了分一杯肉湯給我。有人評論說，劉邦講這番話，是不孝之子，是無賴之徒。我看，他是在特殊情況下使用的特殊心理戰法，用極端的話語對付極端的對手。在這種情況下尚且冷靜對敵，難怪他能得天下而項羽只能自刎烏江。

「親而離之」，是指用計離間對方君臣、將帥之間的親密關係。楚漢相爭之時，劉邦曾被項羽圍困在滎陽城內。陳平爲劉邦獻上一計，用千金收買能言善辯之人，在項羽軍中散布謠言說鍾離昧、范增等人勞苦功高，想要封王卻未能實現，他們要消滅項羽而自立爲王。項羽生性多疑而易怒，便派使臣到劉邦城中探聽虛實。劉邦擺出款待貴賓的「太牢」盛宴爲之接風，見了使臣又故作驚訝地說他以爲是亞父（對范增的尊稱）派來的哩，原來卻是項羽派來的。隨即命人當面撤換宴席。使臣回報項羽，項羽果然生疑，軍心不穩。劉邦於是乘機在深夜打開城門溜之大吉。

營造戰勢，相機而動

《孫子兵法．兵勢》篇中說：湍流快疾，以至能漂動石塊，這是水勢強大的緣故；鷹隼快疾，以至能毀折鳥獸，這是節奏迅猛的緣故。所以善戰的將帥，來勢凶險，節奏迅猛。來勢像張滿的弓弩，飽蓄力量；節奏像驅動弩機，一觸即發。

善戰的將帥，求勝於營造有利的作戰態勢，而不苛求部屬，所以能選擇能人並營造和利用有利的作戰態勢。這樣的將帥指揮作戰就像轉動木頭、石塊一樣靈活機動。木頭、石塊的特性是：置於安穩處就靜止，置於高陡處就滾動；方形則止，圓形則動。所以，善於指揮作戰的人所營造的態勢，就像從千仞高山上往下推滾圓石一樣，這就是所謂「勢」。

孫武反覆強調的「勢」，是對戰爭中敵我雙方各項力量對比的總體形勢的一種綜合概括。他首先用激流與鷹隼來作比喻，就是說一旦戰場形勢有利於我，就要像激流漂石、鷹隼搏獸一樣，以迅雷不及掩耳之勢，兇猛、快捷地給敵人以致命的打擊。接著，他又用木頭、石塊設譬，木石本是不能自動之物，要把它造成圓形，置於高地，它才能快速滾動。這裏的「造圓」與「登高」，事在人爲，就是要營造有利於我的戰爭態勢。如果敵人堅守不出，我方就要

設計把它調動出來；如果敵人未入我方包圍圈，我方就要設計把它引進來；如果敵人企圖突圍，我方就要設計縮緊包圍圈；如果敵人乘機逃跑，我方就要設計追趕殲滅……

孫武還強調，在造勢中不要苛求於部屬，作爲將帥，要知人善任，善於營造戰勢。三國時候，曹操自己到漢中去征討張魯，留下張遼、李典、樂進率領七千人馬據守合肥（今安徽省會）。這三位將領各有特長，曹操對他們瞭如指掌，卻不指定誰主誰從，也不交代守城禦敵的具體方法，只留一封密信放在護軍薛悌手中，並在信封邊角寫上幾個字：敵軍到後再開拆。事過不久，東吳孫權知道曹操遠去，合肥沒有指定主帥，三名留守大將之中只有張遼的戰功最爲卓著，但他性躁好戰，在孫權看來是「有勇無謀」的一介武夫，留守的人馬只有七千，更是力量薄弱，有機可乘。於是，孫權便親自率領十萬大軍殺奔合肥，志在必得。

薛悌這才按照曹操的吩咐，拆開那封密信，與張遼等人一起閱看。原來，那信上是對四人的分工：如果孫權到來，張、李兩將軍出戰，樂將軍與護軍守城。張遼等人領會其意：這是防備孫權來犯時曹公遠征回救不及，就教我等主動迎擊敵軍，不要等到兩軍相對陣再去被動挨打。主動迎戰，可以使遠道而來的敵人挫傷銳氣，動搖敵人的鬥志，進而安定我方軍心，然後固守。於是，張遼與李典共同出戰，趁著孫權立足未穩，打了一個大勝仗，使得孫權兵多將廣的優勢變成了首戰不利的劣勢。得勝歸來，士氣高漲，大家齊心協力，堅守城池。孫權再催動兵馬來圍城攻打，卻十日不下，士氣受阻，兵無戰心，只得撤退，無功而

返。

合肥據守，孤立無援，如果曹操專門任用剛勇之將，就會因好戰而惹出事端；如果專門任用保守之將，又會因心生畏懼而難以保全。事實是曹操用人得當：張遼、李典勇猛善戰，樂進與護軍相對沉穩一些，四人「班子」配備可謂相輔相成，相得益彰，性格互補，又不偏不倚，不側重哪一方面，都讓他們按事先的吩咐行事。再者，曹操分析了孫權乘虛來襲，人多勢眾，必定貪利而且輕敵，他用剛強勇敢的張遼、李典帶領誓死拚命的部隊去主動迎擊遠道來犯之敵，必定能夠旗開得勝。得勝就能鼓舞士氣，往後的堅守便更加有利了。曹操這種做法，一方面表現出他知人善任、充分發揮不同性格人才的各自優勢與長處；另一方面，也可看出他善於營造戰勢，首戰告捷，就能挫傷敵人而鼓舞士氣。這就像孫武所說的，因勢破敵就像把石塊造圓置於高山之上往下滾動一樣，能勢如破竹，竹子的上端劈開了，其下端就迎刃而解了。

製造假象，迷惑敵人

《孫子兵法．兵勢》篇中說：善於調動敵人的將帥，往往用假象迷惑敵人，使敵人跟從；

如果給敵人一些甜頭，敵人必定來取；因此可以用利誘引動敵人，並預設伏兵掩擊他們。

「詭道十二法」的前四種說：本來能戰，卻裝出不能戰的樣子；想打，卻裝出不想打的樣子；本要在近處進攻，卻裝出要在遠處進攻的樣子；本想攻打遠處，卻裝出要攻打近處的樣子。

《六韜．發啓》篇也將這種製造假象、迷惑敵人的戰略用十分形象的比喻道出：凶鳥將要捕殺獵物時，就先收縮翅膀低飛；猛獸將要搏擊對手時，就先抿著耳朵匍匐；聰明人想要採取重大行動時，就先裝出一副愚笨的樣子。

古人把這種策略稱爲「示形」。這個「形」，是一種故意製造出來的假象，但又要裝得像眞的一樣，不能被敵方識破。

春秋時期，吳國的義士要離剛勇強悍，但他的個子又矮又小，在與別人比劍的時候，他總是先「裝孬」，採取守勢，助長對手的驕氣，讓對手不把他放在眼裏。等到別人把劍刺來，他靈巧地閃身躲過，乘機給對手一個突然襲擊，取得最後的勝利。伍子胥最了解他這種戰法，與他結交爲密友。爲了幫助吳王闔閭除掉心腹之患慶忌，要離經過伍子胥的引薦，會見了吳王，要求吳王派他去行刺。因爲慶忌的父親、前吳王僚剛被專諸行刺不久，要離很難接近慶忌，他就主動要求行「苦肉計」，讓闔閭殺死他的妻子，砍斷他的右手。闔閭聽了，於心不忍，說這樣太對不住他了。要離卻說，如果不這樣，慶忌斷然不會相信我。吳王只得照他

說的辦。要離逃往慶忌借居在衛國的駐地，說闔閭殺了他的妻子，斷了他的右臂，他要歸附慶忌，以圖報仇雪恨。慶忌說，你這樣小小個子，能有什麼武功報得了仇呢？要離繼續裝孬道，就是要請公子慶忌幫助他報仇，才冒死前來投奔。慶忌原有的一點警惕性被要離製造的假象迷惑得一乾二淨，放心地留他在身邊。後來在慶忌乘船欲返回吳國報殺父篡位之仇時，要離站在慶忌的上風向，藉助風力，用獨臂左手持短矛將慶忌刺死。

以上是「能而示之不能」的一例，再看「用而示之不用」的戰例。

西晉末期，石勒與王浚各自在黃河以北占據了一大塊地盤，石勒本想攻占王浚所占的幽州，他知道強攻硬打很難成功，就使用了假象惑敵的謀略。石勒主動修書，勸進王浚，擁戴他自立為皇帝，自己表示臣服。王浚喜不自禁，派使者去答謝他的好意。石勒又把城中精兵強將調出去，只留些老弱病殘在軍營，帶著使者去參觀。石勒還把王浚送給他的禮物懸掛在廳堂，頂禮膜拜，以示他尊崇和勸進的忠誠。使者把這些情況回報給王浚，王浚更加放心做他的皇帝夢了。眼看王浚「登基大典」的日子要到了，石勒以祝賀朝拜的名義帶領他手下的精兵強將一同前往幽州。王浚部下有些明白人，說石勒領兵前來，恐怕居心叵測，我們必須加強防備。王浚卻說，石將軍對我忠誠不二，再有說抗禦者，斬首！有了他這道指令，幽州守城將士連忙大開城門，迎接石勒。石勒還擔心城中設有埋伏，便把獻禮的牛羊先趕進城，堵塞街巷的路口。直到石勒的軍隊包圍了王浚府第，他才明白這一切，但為時已晚，最後只

有束手就擒。

官渡之戰

東漢末年，漢皇室名存實亡，各路諸侯經過多年爭奪，北方形成了袁紹與曹操兩大軍事集團對峙的局面。袁紹占據著黃河以北廣大地區，曹操則占據黃河以南，江南及中原部分地區還有好幾個軍事集團可能襲其後路。袁紹擁兵十萬，實力比曹操還強，他仗著兵多將廣，一心想消滅曹操，獨占北方領土。西元二〇〇年，袁紹親領十萬大軍，殺奔曹操的統治中心許昌（今屬河南省）而來。曹操手下謀士分析，袁紹為人性格多疑，傲慢輕敵，而且內部矛盾重重，並非鐵板一塊。曹操採用了謀士們提出的迎擊強敵的戰略建議，決定以逸待勞，後發制人。他把主力部隊開出許昌，在袁紹軍隊通往許昌的必經之地官渡阻擊來犯之敵，其他各路也都派兵把守，以防袁紹從別處分兵進攻。

袁紹果然派兵先從白馬、延津兩處進犯，曹操在兩處都派有軍隊把守，但被袁軍包圍。曹操重用打敗劉備後收來的關羽，關羽英勇善戰，斬殺了兩處進犯的袁軍大將顏良、文丑。曹操首先取得了兩次前哨戰的勝利。

袁紹並不以局部損失為意，渡過黃河，直逼曹營，在官渡城建起了進擊工事。曹操只有三四萬人馬，不便與之硬拚，深溝高壘地堅守不出。袁軍遠來，不能拖延時日，急於攻打官渡城，每日叫士兵往對方城上放箭，逼得曹兵往來行走都要用盾牌遮身。曹營發明了拋石車，發射石頭打垮了袁軍的壁樓。袁紹又命人挖掘地道，企圖從地下攻進城去。曹操令人在城前橫開一道深深的壕溝，如果袁軍掘地到了溝邊，也只有送死。就這樣相持了三個多月，曹操因軍中缺糧，士卒疲憊，加之劉備又襲其後路，心中便產生了動搖。在一次決定軍營內部秘密口令時，曹操正在啃雞骨頭，就隨口說了個「雞肋」。這雞肋食之無味，棄之可惜，可見他當時的心情不好。這時，留守許昌的謀士荀彧來信，勸他堅持下來。因為袁軍也處在同樣尷尬的境地，兩軍相對，最困難的時候也就是可能出現轉機的時候，關鍵是要想辦法抓住戰機，主動出擊。

曹操正在著急自己缺糧的時候，受到荀彧意見的啟發，以此類推，就想到要燒毀敵方的糧草。他派人截住袁紹從後方運糧的部隊，燒了幾千輛糧車。

袁紹手下謀士勸他吸取燒糧的教訓，多派一支軍隊駐守在囤糧之所烏巢的外側，以為犄角之勢，可互相增援，防備曹操再來劫糧。但是袁紹剛愎自用，充耳不聞。另一個謀士許攸獻計道：曹操在此與我軍對峙，許昌一定空虛，若我軍派一支精銳部隊奔襲許昌，抄他的老窩，定會使他首尾不能相顧。袁紹同樣聽不進去，只認死理，非要正面對壘打敗曹操不可。

過了一陣，許攸的家屬在後方犯法，被袁紹手下關押起來。許攸覺得在袁紹手下不受重用，還要受氣，被懷疑因是曹操的同鄉而存有異心，不如索性投靠曹操去。袁紹疑才而不能用才，好比是爲叢驅雀、爲淵驅魚——許攸到了曹操那邊，被待爲上賓，受到熱情歡迎。許攸乾脆向曹操獻上一計，說烏巢囤有一萬餘車的糧草，守備力量也不強，如果曹公能襲擊烏巢，燒其糧草，就如同釜底抽薪，肯定會打敗袁軍。

曹操對此計十分重視，看作是實現戰略轉折、變被動爲主動的關鍵一戰。他留下心腹將領守城，自已帶領精兵五千，輕裝上陣，改用袁軍服飾、旗號，趁著黑夜一路蒙混過關，自稱是袁紹派往烏巢的援兵。這支輕騎軍趕赴烏巢，尋著糧囤，放火就燒。守糧的袁軍主將淳于瓊一面抵抗，一面派人報信給袁紹。袁紹不僅不派重兵增援淳于瓊，反而錯誤地認爲官渡城中空虛，可以乘機奪取。他又一次聽不進部將的建議，一意孤行地硬要攻打官渡城，以爲只要城中告急，曹操就會回來援救，烏巢之危便可自解。誰知，曹操這次是鐵下心來要燒他的糧草，而且官渡城中也早有防備。曹操正在追殺淳于瓊時，有人報告說袁紹率領重兵攻打官渡，又有一支小部隊來增援烏巢。曹操下了一道死命令，不燒光烏巢糧草，絕不回救官渡！對這裏的袁軍援兵，要等其殺到背後時再報告。曹軍官兵於是抱定「破釜沉舟決一死戰」的決心，奮勇向前，追殺淳于瓊，將他斬首，將烏巢囤糧燒個精光。

袁紹部隊聽到這個消息，更加兵無戰心，官渡城也久攻不下。那些曾建議袁紹救助烏巢

的將領，又被阿諛逢迎的小人挑撥，更受袁紹懷疑，便一不做二不休，乾脆投奔曹操去了。袁軍內部軍心浮動，惶惑不安。曹操乘機發動全面進攻，勢如破竹地消滅了袁紹主力，勝利結束了官渡之戰。

在這次戰爭中，曹操之所以能夠以弱勝強，關鍵在於他善於用人，精通兵法，能以謀略致勝。而袁紹失敗的教訓也在於只知「以正合」，不會「以奇勝」，幾位謀士、部將出奇制勝的好主意，他都聽不進去，以致坐失良機，功敗垂成。

三、勝敗之間

勝可知而不可為

《孫子兵法．軍形》全篇剖析軍事實力，講述如何爲克敵制勝創造有利的條件與形勢，從而掌握戰爭的主動權。大意是說：從前善於用兵作戰的人，總要先使自己不會被敵人戰勝，然後等待並抓住敵人可以被我戰勝的時機；不被敵人戰勝的主動權在於自己，可以戰勝敵人的時機則在於敵人有漏洞鑽。書中還說，善於用兵作戰的人，能主動創造不可戰勝的條件，但不能做到使敵人一定會被我戰勝。孫子認爲，勝利可以預測，但不可強求。

孫子說，不可勝敵之時，採取守勢；可以勝敵之時，採取攻勢。守是由於力量不足，攻是因爲力量有餘。善守的，隱蔽兵力像深藏在九層地下；善攻的，迅速運兵像飛動在九層天上，所以能保全自己並獲得全勝。

孫子認爲，預測勝利不超過衆人所知，並非最高明的；硬拚硬打取得勝利而且天下人都說好，也不算最高明的。這就像能舉起秋天的羽毛不算力氣大，能看清太陽月亮不算眼睛亮，能聽見雷霆之聲不算耳朵好一樣。古人所說善於用兵作戰的人，總是戰勝那些容易被戰勝的敵人。所以善於用兵作戰者的勝利，不圖智慧的美名，也沒有勇武的功勞，他們要取得勝利，不會出現差錯。之所以不出差錯，是因爲他們所運用的戰法必勝。他們總是戰勝那些已經顯露出敗跡的敵人。善於用兵作戰的人，自己能立於不敗之地，也從不放過可以打敗敵人的時機。因此，能克敵致勝的軍隊總是先創造致勝的條件而後求戰，經常失敗的軍隊卻是先盲目地打起來再去追求僥倖取勝。善於用兵作戰的人，重視研究戰爭規律，遵守兵法，所以能掌握勝敗的主動權。

孫子說，兵法上常從五個方面研究致勝的原因，一是國土幅度，二是資財多少，三是兵員數目，四是實力對比，五是勝負推斷。丈量土地得出國土幅度，國土幅度決定資財多少，資財多少決定兵員數目，兵員數目決定敵我雙方實力對比，實力對比最後決定戰爭的勝負。所以勝利者總是以優勢兵力對付弱勢兵力，就像用「鎰」（古代重量單位，二十四兩）比「銖」（古代重量單位，二十四分之一兩）一樣；失敗者卻是用弱勢兵力對付優勢兵力，就像用「銖」比「鎰」一樣。勝利者領兵作戰，就像決開千仞高山上的溪水，將勢不可擋，這就是有利的形勢。

孫子在這裏強調「勝可知而不可爲」，並不是不要發揮主觀能動性，而是說，當敵方沒有暴露出可能被我戰勝的弱點時，不要去勉強硬打。我方的主觀能動性在於，首先鞏固自己，使敵人沒有空隙可鑽；並善於造成敵人犯錯誤，讓敵人暴露出可能被我戰勝的弱點，然後乘機打敗他。也就是要以我方的強項攻擊敵人的弱項，這樣才有必勝的把握。掌握戰爭主動權，就在於把握敵弱我強的戰機，以淩厲的攻勢去戰勝「可勝」之敵，這樣才能勢如破竹地去取勝。

東漢後期，涼州守將王國舉兵謀反，包圍了軍事重鎮陳倉，企圖扼住這個交通要衝，進一步威脅中原。漢靈帝劉宏命令左車騎將軍皇甫嵩領兵征討。皇甫嵩讓他手下的東中郎將董卓爲前鋒。董卓急於求成，要火速進兵陳倉，速解圍困。皇甫嵩不同意，並說兵書上講到，「百戰百勝，非善之善者；不戰而屈人之兵，善之善者也。」皇甫嵩認爲，陳倉的城池十分堅固，守將也很得力，敵人急切不能攻下；陳倉攻不下來，王國不可能進犯中原。我們的目的不在於僅僅保住陳倉，而在於消滅叛軍。當叛軍正在興頭上，還沒有暴露出能被我戰勝的弱勢時，不要硬拚。要善於等待時機，把握火候。於是，他讓董卓扼住陳倉通往中原的要道，靜觀其變。

由於皇甫嵩正確地分析和把握了敵我雙方的實力與適時交鋒的戰機，心中有數，便坐守著要道，以逸待勞。而王國的叛軍包圍陳倉，從頭年冬天圍攻到次年春季，八十多天仍然攻

打不下，只得自動解圍撤兵，退往涼州老巢。

這時，皇甫嵩決定領兵追殺。董卓卻說兵書上講，「窮寇勿追」，恐怕它拚死反撲。

皇甫嵩說，對兵書上講的道理，要根據實際情況靈活運用。現在的情況是叛軍跟隨王國興沖沖地造反，勁鼓鼓而攻，久而久之，卻勞而無功，精力就疲憊了，糧草不多了，軍心也散了，已經沒有什麼力量反撲了。這正在敵弱我強的火候上，正是打敗敵人的好機會。以前不該打的時候不能硬打，眼下該打的時候就要狠狠地打！於是，他果斷地領兵追殺，大獲全勝，平定了這次叛亂。

「常勝將軍」勝在哪裏？

《尉繚子．戰威》篇中說：軍隊要依靠民眾才能作戰，民眾要依靠士氣才能作戰。士氣至關重要，士氣飽滿就能戰鬥，士氣消沉便只有逃跑了。

《尉繚子．十二陵》篇中還列舉了十二種致勝的原因：威信，在於不動搖；恩惠，在於及時施與；戰機，在於符合事實；交戰，在於鼓舞士氣；進攻，在於意氣風發；防守，在於表現強大；沒有過錯，在於判斷準確；沒有敗因，在於預先防備；審慎，在於防微杜漸；明

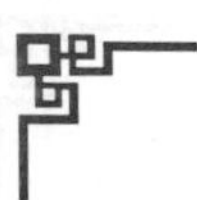

智，在於把握大勢；除害，在於果敢決斷；贏得衆人之心，在於禮賢下士。

《孫臏兵法》中也說：軍隊的勝利在於優選士卒，勇敢在於制度嚴明，靈巧在於把握形勢；有利在於講究信用，有德在於政策英明；兵員富足，在於速戰速決；實力強大，在於休養生息。相反，對軍隊的傷害，就在於頻繁打仗。孫臏還分析了常勝將軍之所以常勝的五個原因：一是能夠主持制定軍隊法規，二是能掌握戰爭規律，三是得到衆人擁護，四是內部和睦團結，五是能準確地估量敵人，預計戰場的險惡。

尉繚子提出的「十二陵」也好，孫臏提出的「恆勝有五」也好，都是勝敗對舉（敗的原因將在下一節再說），經驗與教訓同在。他們也只能按當時軍事發展程度列舉、剖析，畢竟難以盡舉。戰場上的情勢千變萬化，敵我雙方力量的消長也是瞬息萬變的。軍事指揮官無不力圖將自己立於不敗之地而尋找克敵制勝的機會。這就像一句古話所說的，「運用之妙，存乎一心」，全靠各人根據實際情況去發揮，去將前人的經驗變爲自己眼下的策略，從而取得現實的勝利。用兵致勝的道理，古人講得相當深透，而將這些道理運用於變化多端、生死一瞬的激列戰場，就要靠指揮官將勇敢果斷的「膽」與敏銳聰穎的「識」有機地結合起來。其中至關重要的一點，就是要認清作戰的目的，看準打擊的目標，把握戰爭的總體方向。這也可以用一句當代最簡單的白話點明，那就是「抓大事」。爲了這個「大事」，一些無關緊要的，或者雖然重要、但非總體利益關鍵所在的局部利益，完全應該放棄。這樣才是高瞻遠矚。

西元六一七年，李淵興兵伐隋，在連得數城之後，圍住了通往西部大都市長安的河東城。河東守將屈突通憑藉城池堅固，堅守頑抗，使李淵久攻而不能下。這時，李世民勸其父親放棄攻打河東，繞道直逼長安，趁著長安守敵依仗河東屏障高枕無憂的機會，出其不意攻其無備，一旦奪取長安，就能威震四方，號令天下，比在這裏曠日持久地強攻硬打要有利得多。部將裴寂卻反對這種意見。他說，屈突通的兵力不少，如果我們捨此而去，萬一長安城攻不下，退回來時，敵方就會堵住我們的後路，使我們腹背受敵，所以應該先攻下河東，再一路攻去，逼近長安。

兩種意見各有道理，李淵如何決斷呢？他分析道，我們的目標是伐隋而得天下，不是要攻占一城一地。河東也好，長安也好，都只是天下大局中的一個棋子，只不過要看先吃哪個、後吃哪個對全局有利。走棋的時候，如果吃「車」比較容易而吃「卒」反而更難，那又何不捨「卒」吃「車」呢？他這一番話，既避免了偏信兒子的嫌疑，又使裴寂明白了全局重於局部的道理。他安排少數兵力繼續圍攻河東，不讓守敵出城，同時也作爲佯攻，迷惑敵方視線，讓河東、長安之敵都以爲他還在硬攻此城，自己卻率領主力部隊，從偏僻小路迅速渡河入關，以迅雷不及掩耳之勢，長驅直入長安。長安守敵毫無準備，猝不及防。李淵很快攻克長安，平定關中，軍威大振，再回過頭來威逼河東，迫使屈突通不得不投降。

分析原因，防止失敗

《孫子兵法．地形》篇中列舉了軍隊失敗的六種現象：走、馳、陷、崩、亂、北。孫子認爲，造成這六種失敗的原因不是天然災禍，而是將帥的過錯。在總體勢均力敵的情況下，局部卻只用一成的兵力攻擊十倍於我的敵人，這就叫做敗「走」；士卒強悍，指揮官懦弱，這就叫做敗「馳」；反之，指揮官強悍，士卒懦弱，這就叫做敗「陷」；部將對主帥怨怒不服，遇上敵人卻忿然自作主張地開戰，主帥又不了解他們的能力，這就叫做敗「崩」；主帥軟弱，治軍不嚴，教導不明，官兵關係沒有常規紀律約束，列成的陣勢雜亂無章，這就叫做敗「亂」；主帥不能正確預料敵情，用少量兵力對付多數敵人，以弱勢攻擊強勢，作戰又沒有經過挑選的精銳前鋒，這就叫做敗「北」。

《孫臏兵法》專門用兩章的篇幅分析了失敗的原因。

一篇是〈兵失〉。該篇中說：企圖把敵國軍隊的長處消磨成短處，這是打消耗戰；勉強把自己國家的多變成少，去對付敵國的多，這是加速自取滅亡的戰法；自認爲防禦堅固，卻抵禦不了敵人的攻擊器械，這是受欺凌的戰法；自己的器械不利，而敵人的防禦卻很堅固，這

樣去戰是受挫折的戰法；善於列陣，也了解方位、地形，但軍隊卻屢屢被圍困，這就是不明白國家之勝與軍隊之勝的區別（此段原文殘缺）。還有不會把握時機，不知加強防備，不能明白大道理，不能經受大患難，不能得民心等等，都是造成兵敗的原因。

另一篇是〈將失〉。篇中列舉了三十二種因將帥過失可能造成失敗的情況：一是調動軍隊盲無目的；二是收用亂民、敗卒來打仗，本來沒有實力卻自以爲有實力；三是在謀劃策略時意見不一，爲一些是是非非爭辯不休；四是命令不能得到施行，兵衆行動不一；五是部下不服，兵衆不聽指揮；六是民衆討厭他的軍隊；七是軍隊長久在外征戰；八是士卒懷念家鄉親人，不安心作戰；九是士卒當逃兵；十……（還有下文十四、十六、十七、二十八、二十九原文殘缺）；十一是軍隊經常受驚擾；十二是行軍道路泥濘，士卒苦不堪言；十三是爲使工事險固，使得士卒疲憊不堪；十五是日暮途遠，士卒有怨氣；十八是朝令夕改，士卒苟且敷衍；十九是軍中不和，士卒與將吏關係不好；二十是將帥多有偏愛，不受愛幸的士卒因此而消極怠慢；二十一是將帥多疑，士卒也多疑；二十二是將帥不願聽到批評意見；二十三是親近與舉用無能之輩；二十四是士卒暴露於野外，挫傷心志；二十五是臨戰前軍心渙散；二十六是僅僅寄希望於敵人的鬥志消沉；二十七是僅僅依靠中傷敵人與狡詐的小計；三十是在狹窄的道路上行軍布陣，不能擺開陣勢；三十一是士卒行軍列陣參差不齊；三十二是交戰時憂心忡忡，憂慮到前面，後面就空虛，憂慮到後面，前面又空虛，憂慮到左邊，右邊就空虛，

憂慮到右邊，左邊又空虛。

除此以外，孫臏還列舉了五種常常不能得勝的現象：君主牽制將帥，使之不能自主；不了解戰爭規律；將帥之間不和；不會使用間諜；不能得到大衆擁護。

《尉繚子》所說的十二種情況同樣必須引起高度警醒與注意。書中說：失悔，是因爲任性多疑所致；造孽，是因爲嗜好殺戮所致；偏頗，是因爲私心嚴重；出現不祥之兆，是因爲聽不進對自己過失的批評；沒有限度，是因爲耗盡了民力；不明智，是因爲中了離間之計；不老成，是因爲愛輕易行事；孤陋寡聞，是因爲遠離了賢達之人；遭禍，是因爲愛好小利；受害，是因爲親近小人；滅亡，是因爲沒有守備；危險，是因爲沒有號令。

先秦兵家之所以不厭其煩地列舉可能遭致失敗的現象，條分縷析地探究可能遭致失敗的原因，就是因爲戰爭險惡，人命關天，國家與軍隊的前途繫於將帥一身，任重而道遠。作爲軍隊主幹的將帥，一定要充分吸取前人帶兵打仗的正面經驗與反面教訓，防微杜漸，將失敗的苗頭扼制在萌芽狀態，不使它造成重大損失。

話說回來，所謂「常勝將軍」也不過是戎馬一生中打的勝仗多，吃的敗仗少而已。眞正絕無失敗的將帥，打著燈籠也難找。金無足赤，人無完人，聰明智慧如諸葛亮者，也有失街亭的時候。前事不忘，後事之師。我們重要的是對待失敗與錯誤要有一個清醒的認識。

諸葛亮也有閃失

按說，我們這些平凡之輩沒有資格對諸葛亮評頭品足，他是全國乃至世界公認的智慧的化身，《三國演義》中更用小說筆法把他老人家描寫得神乎其神。但本著古人苛求於賢者的精神與現代人的「高標準嚴要求」，越是從諸葛亮身上找出的教訓，越是具有智謀學上的深刻意義，也越能引起世人高度的警醒。以常理推想，諸葛亮這樣的大政治家、大軍事家、大聰明人尚且有不足之處，有指揮上的失誤，其他人就更加應該時刻反躬自問：我還有哪些過失，需要加以克服與彌補呢？

諸葛亮「六出祁山」，伐魏受挫，卻屢敗屢戰，在小說家的筆下，是忠於「劉皇叔」的具體表現。但從軍事學上加以考究，他卻是過於謹慎，偏重於正面交鋒打陣地戰，而沒能出奇制勝。歷史著作《三國志》不同於以虛構塑造為能事的小說，其作者陳壽對諸葛亮的評價應該說還是比較公允的。他認為諸葛亮治理軍隊有特長，使用奇謀則有欠缺，在管理民事方面的才幹優於作為將帥的謀略。也有詩人評價「諸葛一生唯謹慎」。謹慎固然需要，但謹慎過頭了就缺乏冒險精神。作為一個軍事家，沒有冒險精神與謹慎態度互相補充，有時就會失去克

敵制勝的機會。

不錯，在西元二二七年至二三三年，六年多的祁山之戰中，諸葛亮治軍嚴謹，宵衣旰食，鞠躬盡瘁地操勞先主劉備未竟的伐魏大業，爲了解決山地運輸糧草輜重的難題，他還親自研究發明了「木牛流馬」，連後勤事務都考慮得周到齊全。但是，在祁山這樣的秦嶺山脈周遭圍困地帶，是利於防守而不利於進攻的。而諸葛亮恰恰是每次採取正面攻勢，魏國軍隊則是取守勢。諸葛亮面臨重重困難，可每次都採取攻勢，「以正合」有餘，「以奇勝」不足。甚至前番受阻，休整一段後，又重新回到上一次的終點作爲新的起點，再來一次陣地戰。《孫子兵法》中說：「圍地則謀」。在這樣崇山峻嶺包圍的地區，必須用奇謀，出奇兵，才能有大獲全勝的希望。

諸葛亮的部下也曾提出另外的建議，如魏延說，聽說魏國的長安守將夏侯楙膽小而無謀，建議給他精兵五千，背糧五千，直接從褒中出發，沿著秦嶺繞向東北，不過十天，就能到達長安。魏延認爲夏侯楙聽到他突然掩殺而來的消息必定棄城逃走，長安城中就只剩文官把守，不難攻克。魏延還作了分析，他認爲城內富戶與民間散囤的糧食足夠蜀軍一段時間的食用，以待後繼部隊帶來糧食，前後不過二十來天，是不會有問題的，這樣一來，咸陽以西都可以平定了。魏延的這個主意突破了諸葛亮大打正面陣地戰的思維定勢，採取迂迴包抄的運動戰，是一個出乎敵人意料之外的奇謀，如果諸葛亮採用這個計謀，再加上他自己行事周

密的補充，就很有大獲全勝的可能。

可惜，諸葛亮過於謹慎，認爲這樣做是「輕躁冒進」；還有一種深層原因，因爲魏延是降將，「一生唯謹慎」的諸葛亮內心不是十分信任他。所以，他沒能採用魏延的好建議，而是讓馬謖爲先鋒主將，繞道陽平關，經過武都、天水到達祁山，領著十萬蜀軍在山區「圍地」裏面與敵軍打消耗戰，拖得將士們疲累不堪。魏軍則以逸待勞，有了充足的時間加固防守工事，更加難以攻克，以致諸葛亮「痛失街亭驛，揮淚斬馬謖」。

此後，諸葛亮沉痛地檢討了自己的過失，但是仍然沒能從中吸取教訓而使後來的伐魏謀略有所改進。在北伐中原的進攻中，他依舊採用老一套的陣地攻堅戰，而不敢照魏延建議的那樣沿著秦嶺繞向東北，深入敵人後方去冒險打一場運動戰。他最終病亡於五丈原軍中，「出師未捷身先喪，長使英雄淚滿襟」。一代巨星隕落，千古遺憾綿長，諸葛亮留給後來之人深深的思索……

邯鄲之戰

戰國時期，西元前二六二年，秦國攻占了韓國幾座城池，韓王十分害怕，願意把上黨郡

獻給秦國以求和。但是，上黨太守不願獻城予秦，卻獻給了趙國，以轉移秦軍進攻的矛頭。秦國果然恨趙，出兵攻打趙國。

西元前二六〇年，秦趙在長平決戰，趙國年輕的主師趙括只會紙上談兵，被秦將白起打敗。白起雄心勃勃，提出要乘勝進軍，一舉滅亡趙國，並分兵三路推進，自己率領主力部隊向趙國首都邯鄲挺進。

趙王為了挽救國家，與同被秦國欺凌的韓國合謀，派能言善辯的蘇代帶著貴重寶物去游說秦國宰相范睢，以割讓六座城池的條件來求和。范睢聽信了蘇代的說詞，再去勸說秦王。秦王同意了這個和議，召回白起，撤了攻趙的軍隊。

可是，趙國宰相虞卿卻另有主張，他對趙王說，秦兵撤退是因為軍隊長期在外作戰，已經疲之；如果趙國把和議中的六座城池拱手獻給秦國，那與讓它攻占又有什麼兩樣呢？趙國的土地有限，而秦國的野心無限，割讓到何時是個盡頭呢？割地只能助長秦國的野心，絲毫不能扼制它吞併別國的欲望。與其割地給秦，不如獻地予齊，這樣可與強大的齊國結成聯盟，一同攻打秦國，再從秦國奪取土地，補償趙國給齊土地的損失。趙王一聽，也有道理，就採用了虞卿的主張。

趙王知道秦國不會就此善罷甘休，便積極地做好抵抗秦軍的準備。他在鼓勵民眾發展農業生產、增強國家經濟實力的同時，利用秦軍在長平戰役中坑殺趙國降卒的暴行激發民眾對

秦國的深仇大恨，號召全國軍民奮起抗戰。對內實行政治、經濟新舉措，對外開展反秦外交——合縱，即縱向地把秦國以外其他國家聯合起來，建立針對秦國的「聯合戰線」。透過使者的努力游說，齊國同意了趙國的反秦計畫，魏國與趙訂立了盟約，韓、燕兩國也被趙國拉攏，就連遠在江南的楚國，也與趙國交好。

秦昭王於西元前二五九年派五大夫王陵領兵攻趙，很快逼近趙都邯鄲。但由於邯鄲軍民早有準備，同仇敵愾，加強固守，秦軍歷時八、九個月仍然攻打不下；在趙國軍隊相機反攻的打擊下，秦軍的傷亡也很慘重。秦昭王相當惱火，責怪王陵無能，想到白起從前攻趙十分得力，就親自出面，要白起重新披掛上陣去打邯鄲。白起卻堅決不幹，原因是在這次攻趙戰役發動之初，他就持不同意見。他說，長平之戰勝利後，本來可以乘勝追擊大獲全勝，那時秦王卻聽信饞言，坐失良機。如今趙國得到喘息之機，加強了防務，又聯合了各個與秦爲敵的國家共同抵抗，這時再要他去打邯鄲，只會失敗，不可能成功。他寧願受重罰而死，不忍做敗軍之將。秦王爲了挽回自己的面子，眞的賜利劍命白起自殺。

秦王爲力圖避免本國疲師遠征久戰之不利，就催促前線加緊了對邯鄲的攻勢。趙國也在堅守城池的同時，積極爭取外援。趙國公子平原君趙勝帶著以「錐處囊中脫穎而出」自比、自薦出頭的毛遂等人遠赴楚國求援。毛遂以秦國曾攻破楚國郢都、逼迫楚國遷都的舊怨，說動楚王同意發兵救趙；平原君還致函他的姻親、魏國信陵君求救，信陵君竊得兵符，親自領

兵來救。當救兵要來沒來之時，邯鄲危在旦夕，平原君敞開家門，拿出所有財產，分頭送給守城士卒，並讓自己的妻妾奴婢全部爲守城服勞役，自己招募了三千勇士組成「敢死隊」，向秦軍發起反擊，打得秦兵後退三十里。正在這時，楚國的春中君、魏國的信陵君都率領救兵先後趕到，將秦軍包圍在邯鄲城外打得潰不成軍。邯鄲之圍既解，趙、楚、魏三國聯軍又乘勝追擊，把秦軍趕回黃河以西。魏國的失地河東、趙國的失地太原、韓國的失地上黨，又被從秦國手中奪回。邯鄲之戰以趙勝秦敗、聯軍得利而告結束。

這也是我國古代戰爭史上一次以弱勝強的著名戰例。趙國之所以能最終戰勝強大的秦國，在於他們「伐謀」、「伐交」、「伐兵」步步爲營；以守爲主，攻守結合；自衛爲主，輔以外援；「修道保法」，終於反敗爲勝。秦國失敗的原因則在於長平之勝後，沒有一鼓作氣地乘勝進兵，等再出兵時遠征疲憊，勞師久戰，陷於趙與盟國的圍困之中；秦王用將失察，意氣用事而斬殺勝將，也給自己帶來被動局面。

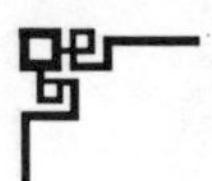

四、把握戰機

以迂為直，以患為利

《孫子兵法．軍爭》篇開頭就說：大凡用兵的策略，將帥接受君主命令，聚集民衆編合成軍隊，與敵人的軍門相對而駐紮，最難的莫過於爭奪制勝條件；爭奪制勝條件的難處在於，把彎道當做直路，將有害變成有利。孫子認爲，故意走些彎路，用小利誘惑敵人，比敵人後出發卻先到達有利的戰地，是迂與直互相轉化的計謀。

孫子說，兩軍相爭，可能得利，也可能有危險。全軍帶著軍需物資去爭利，可能因行動遲緩而趕不上；若丟掉一部分軍需物資，則損失了輜重。孫子舉例說，如果捲起鎧甲急行軍，日夜不停地加倍趕路，到一百里外去與敵人爭利，三軍將領有可能被擒；如果讓強壯的先行，老弱的士兵在後面走，那麼往往只有十分之一的兵員能夠按期到達目的地；如果要到

五十里以外的地方去與敵人爭利，先頭部隊的將領有可能會被挫敗，而且往往也只有一半的兵員能按期到達；如果是到三十里以外的地方去與敵人爭利，那麼將有三分之二的兵員能按期到達。孫武講了幾種到遠處爭利可能造成損失的情況，意在說明長途跋涉對軍隊是不利的；要爭奪制勝的條件，必須把這種不利因素化爲有利。

迂和直，是一對矛盾。常識告訴人們，走迂迴的彎路遠，到達目的地慢；而走筆直的坦途近，到達目的地快。可是在複雜多變的戰場上，在詭道叢生的戰爭中，迂和直又不是一成不變的。只要利用得好，可以化迂爲直，變遠爲近，轉慢爲快。敵人時時刻刻在盯著你，你如果只想走直路、超近道、圖快速，那直路、近道早已被敵人知曉，路上也許就埋伏著一支重兵，打你一個伏擊。相反，如果你假裝要走近路，實際卻選擇一條敵人預料不到的迂迴的遠路，這樣看起來慢了一些，但沒有敵人設置的人爲障礙，倒還可能搶先到達有利的作戰地點，給敵人一個意想不到的突然襲擊。這樣反而把迂迴之路的慢速轉化成了快速，達到了戰勝敵人的最終目的。

英國有一位軍事理論家叫做利德爾．哈特的，專門寫了一本書《間接路線戰略》。書中指出：在戰略上，往往那些最漫長、最艱難的道路，恰恰是到達目的地最短、最快的途徑。他所說的「間接路線」，就是避開敵人預防的進攻路線與目標，在進攻發起之前，使敵人喪失對你所選路線與目標的警惕性，從而達到出奇制勝的目的。

戰國時期，秦軍在閼與進攻韓國軍隊，韓國的盟友趙王派趙奢去救援。趙奢在離都城邯鄲僅僅三十里的地方就紮下營寨，並對軍中下了一道命令：「誰若是拿作戰的事情來勸說我，就要把他處死。」他這是故作姿態，裝出一副主將無能、兵無戰心的樣子。而秦軍則氣勢洶洶，不可一世。他們駐紮在武安城西，擂鼓吶喊之聲，把武安城的屋瓦都震動了，好生威風！這時，趙奢軍中有個士卒按捺不住了，提出要緊急救援韓軍，趙奢真的把他殺了。趙奢只顧堅守營壘，歷時二十八天按兵不動。秦軍不知趙奢在耍什麼把戲，派出間諜來趙營刺探。趙奢設盛宴款待了他，故意讓他了解殺死勸戰者的事與堅守不出的情況。秦軍主將聽說之後，哈哈大笑道：「趙奢如此無能，走出國都三十里就不敢進軍了，在距離戰場那麼遙遠的地方加固營寨，又有什麼用呢？看來，閼與這地方不是趙軍能夠到得了的。」正當他高枕無憂的時候，趙奢卻已命令部隊輕裝急行軍，只用兩天一夜就趕到了。秦軍聽說後，這才披掛上陣迎戰。沒等秦軍的部隊擺開，趙軍中一位士卒建議說：「先占領北面那座山頭，就能取勝。」趙奢馬上採用了這個主意，派一萬人占領了北山。可見他並不是聽不進下屬的意見，先殺那個士卒完全是為了麻痺敵人。這時，秦軍來爭奪北山，卻久攻不下。趙奢揮兵掩殺，大破秦軍，幫助韓國解了閼與之圍。

三國末期，魏國曾先後派出兩員大將去征討姜維，企圖一舉滅亡蜀國。鍾會帶著大批人馬浩浩蕩蕩地從近路直接向姜維統率的蜀國軍隊正面發起強大攻勢，沒能達到目的。鄧艾卻

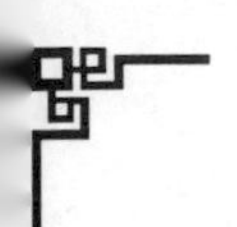

只帶領一支少數精兵組成的輕裝部隊，從陰平險道攀懸崖、越峭壁，披荊斬棘，涉溪渡澗，走了許多彎路，迂迴行軍，歷盡艱辛，從姜維預料之外的背後抄襲過去，使蜀軍陷入被動挨打的境地，一戰而滅其主力，終至擒阿斗而亡西蜀。

避其銳氣，擊其惰歸

《孫子兵法．軍爭》篇中有一段專門論述道：對敵人的軍隊，可以挫傷他的銳氣；對敵人的將軍，可以動搖他的決心。孫子認爲，軍隊的士氣早晨旺盛，白晝懈怠，傍晚則消沉思歸。他說，善於用兵的人，總是避開敵人的銳氣，在敵人懈怠思歸的時候攻擊，這是掌握士氣的規律；以自己的嚴整對待敵人的混亂，用我方的鎭靜對待敵方的嘩變，這是掌握軍心的規律；以我軍近處陣地等待敵軍遠道而來，用自己的安逸休整等待敵人的奔波勞累，用我軍的糧食充足對待敵軍的缺糧饑餓，這是掌握戰鬥力的規律；不要迎擊旗幟嚴正的軍隊，不要襲擊陣勢堂堂的敵人，這是掌握敵情變化的規律。

《司馬兵法》中也說，作戰要靠戰鬥力來堅持，要靠士氣來取勝。剛鼓足的士氣勝過原有的士氣，先下的決心最堅定，起初的銳氣可無敵。

《尉繚子兵法》則講得更加乾脆：士氣旺盛時就交戰，士氣低落時就要撤退。

古代兵家反覆強調士氣、軍心的重要性，可見一支軍隊的精神支柱對全軍的戰鬥力起著舉足輕重的作用。這可以從兩個方面來看，一方面是要加強對自己軍隊的管理教育，激勵鬥志，鼓舞士氣，凝聚軍心；另一方面，要想方設法打擊敵軍的士氣，動搖敵人的軍心。當敵軍士氣正旺的時候，不要去硬衝硬打，可以暫避其鋒芒，待到敵方士氣消沉之時，再行打擊。避，只是暫避一時，不是害怕怯陣；一時的暫避，是爲了更好地打，打在敵軍懈怠的點子上，打在對方顯露敗跡的火候上，以求取勝的把握更大。

魏晉之交，司馬師的部屬文欽反叛，叛軍駐紮在樂嘉。司馬師爲了平定叛亂，親自領兵悄悄地直逼樂嘉。文欽的兒子文鴦剛剛十八歲，武藝高強，英勇無敵；文欽又以老謀深算而著稱。文鴦向父親請戰說，趁著敵軍遠道而來，尙未安定，讓他帶一支年輕的敢死之士越過營壘，提前進攻，可以把敵軍打敗。文鴦領兵向司馬師的軍隊發動了三輪進攻，司馬師只是防守，沒有反擊。這時，文欽還沒有帶兵前來接應，文鴦就撤退了。司馬師說，文鴦這是敗退逃跑，我要帶兵追趕。他的部下卻紛紛發表不同意見，說文鴦年輕勇猛，文欽心機難測，這是佯裝敗退，定有詭計，不可輕易追趕，恐怕中他的埋伏。司馬師分析說，古人講：「一鼓作氣，再而衰，三而竭。」當文鴦以血氣方剛的青年敢死隊來進攻時，我只防不打，是避其銳氣。俗話說，事不過三，即使文鴦再勇敢，經過三次衝鋒都沒能把我軍攻破，他的士氣

一定低落了；其父又沒來接應，他已是心虛膽怯，兵無戰心，非逃跑不可了。我軍正好「擊其惰歸」，此時不追，更待何時？於是，他不失時機地領兵追趕，果然得勝。

唐初武德年間，唐太宗帶兵與竇建德交戰。竇建德的軍隊列成長蛇陣，綿延幾里，聲勢很大。唐太宗領著幾名部將，策馬奔上高坡，遠遠地觀察敵情。他對部下說，敵軍列陣時喧嘩吵嚷，可見敵軍的軍紀鬆懈；敵軍又逼近唐軍營壘列陣，可知竇建德輕敵。唐太宗認為，主將輕敵，士卒懈怠，即使聲勢再大，也不可怕；只要唐軍暫且堅守不動，等敵軍列陣久了，士卒饑餓，士氣必定低落；唐軍營壘堅固，敵軍一時又不敢貿然進攻；那時敵軍打又不能打，退又不好退，唐軍正好趁勢進攻。

竇建德指揮部隊從卯時列陣直到午時，太陽烤曬，士卒疲勞，時間拖長，肚子又餓，很多人坐在隊列裏爭奪飲水，陣勢就亂了。唐太宗抓住這個時機下令進攻，一舉殲滅敵軍，活捉了竇建德。

窮寇勿追與窮寇必追

《孫子兵法．軍爭》篇末尾告誡人們一些用兵的常規法則，概括起來就是七個「勿」、一

個「必」。即：敵人占據高山時，不要仰攻；敵人背靠山丘時，不要迎面攻擊；敵人佯裝敗退時，不要追趕；敵人的精銳部隊，不要去攻打；敵人用作釣餌的部隊，不要企圖吃掉它；敵人撤退歸國的部隊，不要正面阻擊；包圍敵軍，必須留個缺口；窮途末路的敵人，不要過分逼迫。

孫武這裏講的「窮寇勿追」，並不是宋襄公那種「蠢豬式的仁義」，而是從軍事上的「全勝」謀略考慮，避免敵人在被逼無奈的情況下，破釜沉舟決一死戰。困獸猶鬥，何況人呢！人有著求生的本能和智慧，在絕望中會做最後的掙扎，那時可能迸發出前所未有的力量，使其對手從原來的主動者變爲被動。

古代戰爭史上不乏這樣的例子。五代時，晉國將領符彥卿帶兵北伐，被十萬契丹軍隊圍困在荒漠野外，人馬缺水，糧食又少。士卒掘地很深，好不容易才滲出一點點混濁的泥水，只好把衣服浸潤，再擰出水滴來急救垂危的傷兵。晉軍人馬渴死不少，契丹軍隊仍然緊緊包圍著他們。他們不懂漢人兵家「窮寇勿追」的道理。符彥卿激勵將士說：「與其這樣束手就擒，不如拚死決戰，爲國犧牲！」他鼓起大家求生的勇氣，率領殘存的部隊向敵人的包圍圈奮力衝擊，這時正好刮起了大風，揚起的灰塵蔽日，晉軍順著風勢與契丹軍隊搏鬥，把對方打得大敗。

漢宣帝時，趙充國奉命領兵征討羌人，以優勢兵力擊退了羌人進攻。羌人逃跑時，趙充

國在後追趕，追到湟水邊，道路狹窄，趙充國命令部隊放慢速度。他的部下不理解，說要想全殲敵人，就得快速追趕，爲什麼要這樣慢吞吞的呢？趙充國說，飛鳥逼急了還要搏鬥，野獸逼急了也會咬人；如果我們過分逼迫，羌人就會回過頭來，背水一戰，盡力死拚；那樣一來，於我們不利。漢軍慢慢追到湟水，羌兵跳進水裏，企圖泅渡，被淹死大半。趙充國趁機掩殺，大獲全勝。

但是，古往今來，戰場情況變化多端，「窮寇勿追」也不是任何時候、任何情況下都鐵定如此。在具體的、局部的戰鬥中，它較爲適用，但在事關全局的戰略上，就不一定總是窮寇勿追。哪怕它是一條眞理，也只能相對一定的時空而言，世界上從來沒有什麼絕對眞理。牛頓被樹上掉下來的蘋果打了腦袋，打開了心竅，發現了地球萬有引力，形成了物理學上的一條定律。可是，當今人們飛向太空，超越了地球的地心引力，在太空中，這條定律就不起作用了。

兵不厭詐

《孫子兵法．軍爭》篇中說：如果不了解諸侯列國的計謀，就不能與它交兵；不知道山

林、險阻、沼澤等地形，就不能行軍；不用嚮導，就不能得到地利。孫子認爲，用兵詭詐多變才能成功，行動要靠利益驅動，權變要根據需要分分合合；軍隊行動要做到：快速時像疾風一樣橫掃一切，徐緩時像林木一樣慢慢搖擺，攻擊時像烈火一樣熊熊燃燒，防禦時像大山一樣巍然屹立，隱蔽時像陰雲一樣遮蔽日月，衝鋒時像雷霆一樣震耳欲聾；如果兵分數路去奪取敵人的鄉邑，開拓地盤，瓜分敵人的利益，都權衡利害然後行動。孫子說，首先明白以迂爲直計謀的就能勝利。

「兵以詐立」、「兵不厭詐」都是源於孫武所言：「兵者，詭道也。」要在複雜多變的戰爭中施行詭詐之術、權變之法，首先就得了解敵方將帥的心理特徵，知道他此時此刻最需要的是什麼，最渴望得到什麼，從而迎合他的需要，滿足他的欲望，麻痹他的警惕性，消磨他的意志力，達到牽著他的鼻子轉這樣一個目的。

三國赤壁大戰時，曹操帶來征討江東的都是北方軍士，不善水戰。他好不容易收留了荊州劉表手下兩個降將蔡瑁、張允充任水軍都督，得以操練水軍，準備渡江作戰。但是，東吳都督周瑜把蔡瑁、張允視爲眼中釘、肉中刺，必欲除之而後快。周瑜知道硬打硬拚是不行的，必須用詭詐之計設法除掉這兩個人。周瑜研究並掌握了曹操多疑的心理特徵，利用他派蔣幹來當說客的機會，寫一封假密信約蔡瑁、張允爲內應共同反曹，又故意讓蔣幹偷去當成寶貝「機密」告知曹操。曹操一見此信，頓時火冒三丈，疑心蔡、張二人勾結東吳企圖謀

反，把他倆給殺了。殊不知，正中了周瑜下懷，幫周瑜除掉了心腹之患。

接著，周瑜又設定了火燒曹營的總體策略。策略的關鍵是：要用船隊接近曹營去放火，才能一舉成功；要讓曹軍戰船連成一片，才能一次燒盡。設計這些詭詐之計，都是針對曹操軍隊不善水戰的。因爲他們不善水戰，士卒上船就會暈船，喪失戰鬥力。曹操正在爲此事著急，希望得到一個使士卒踏水面如履平地的好辦法。這就使東吳有空隙可鑽，使龐統獻上的「連環計」能迅速地被曹操採用，把戰船三五成群地用鐵鏈、鐵釘扭在一起，釘在一起。這樣操練起來倒是平穩多了，殊不知到時候縱火焚燒也拆不散，解不開，只有捆在一起等死。

爲了能有船隊接近曹營放火，東吳老將黃蓋又使出一條詐降之計。他故意在衆多將領面前輕慢、辱罵年輕的都督周瑜，激怒周瑜下令棒打自己，打得皮開肉綻、鮮血直流。曹操暗地派來的間諜當場目睹了這場「苦肉計」，偷偷地報與曹操知道。黃蓋派去向曹操密獻降書的東吳能言善辯之士闞澤，正是抓住曹操企圖分裂東吳的心理，抓住他喜好「宰相肚裏能撐船」、善於招降納叛的名聲這一特點，投其所好，攻心爲上，使得老奸巨猾的曹操也信以爲眞。結果在周瑜發動火攻之前，黃蓋先帶小股船隊去「請降」，船艙裏暗藏桐油火種，放火把曹營燒個精光。

「兵不厭詐」這個成語之所以久傳不衰，是因爲戰爭中需要使用詭詐的地方太多了。交戰雙方的將帥都有一定的識別能力，你用詐，他也會用，關鍵就在於誰用得不露痕跡，能不被

對方識破，反被信以爲眞。曹操平生使用詭詐之計難道還少嗎（僅在這次赤壁大戰中，曹操就使用過蔣幹與蔡中、蔡和做說客、探子、詐降的詭詐）？爲什麼卻接連不斷地中了東吳的詭詐之計呢？究其原因，一方面是曹操自己不太熟悉水戰，卻又急於征服江東，急於找到水戰之法；另一方面，東吳將帥也針對曹操的弱點，抓住了他的心理特徵，因其所喜施以詭詐之計，才得以成功。這也進一步證實了孫武攻心戰略的正確性：「三軍可奪氣，將軍可奪心。」

圍師必闕與圍師不闕

孫武講過「歸師勿遏，圍師必闕」；《司馬兵法》也強調，在用衆多兵力與少數兵力的敵軍作戰時，要遠遠地包圍它，並留下一個缺口，讓它逃跑時再追殺，以免敵人作困獸之鬥，冒死衝突。

歸師勿遏、圍師必闕與窮寇勿追出於同樣的道理，都基於全勝的思想。對撤退回去的敵軍不追、給被包圍的敵軍留個缺口，並不是不要消滅他們，而是欲擒故縱，欲滅故放。正像捕魚一樣，網開一面的缺口底下，張著一個暗藏的口袋，等著把那些「漏網之魚」全部裝進

去。歸師，也有眞正的敗歸與佯裝敗退而實有伏兵兩種可能性。只要審度明白、判斷準確了敵軍是眞正喪失戰鬥力、放鬆警惕性的敗歸，追之有何不可，遏之又怎麼不行呢？

《三國演義》裏有這樣一段故事頗能發人深思：建安三年，曹操親自率領軍隊征伐張繡，張繡聯合劉表共同抵抗，曹操引兵撤退，張繡就要引兵追趕。他手下謀士賈詡勸阻道，此時切不可追趕，追則必敗。劉表卻說，今日不追，便是坐失良機。他再三勸說張繡一同追擊。大約追了十多里，趕上了曹兵的後隊，曹兵反過頭來，拚力決戰，把張、劉聯軍打得大敗而還。張繡只得反省自己，悔不該不聽賈詡的忠告，以至遭受損失。這時，賈詡卻說，亡羊補牢猶未爲晚，若再領兵追殺，必能獲勝。劉表、張繡聽了，覺得好生奇怪——怎麼剛才不讓我們追，現在又勸我們追呢？這個賈詡，莫不是在故弄玄虛吧！劉表是說死說活也不肯再追，張繡於是獨自領兵追趕。追上曹兵，果然得勝，繳獲許多輜重，殺死殺傷不少曹兵。回來之後，張繡問賈詡，說他前番領精兵追敵人的退兵時賈詡說必敗，果然就失敗而回；此番他以殘兵追敵人的勝軍時賈詡又說必勝，眞的就得勝而歸，其中有什麼奧妙嗎？賈詡分析說，曹操熟知兵法，前番是詐敗而退，後面留有一支勁旅，等著我們去追，他好回頭截殺；此計既已成功，曹操必然得意，沒想到我們再會追趕，他也急於奔回許昌，因此後隊就不再精銳，也放鬆了警惕。我們乘其不備追殺上去，當然能夠得勝了。

前人使用「圍師必闕」之計也有許多成功的例子。如曹操打袁紹殘部高幹時，雖將高幹

圍困在壺關城內，但就是久攻不克。曹操的部將曹仁建議放開一條路，讓高幹認爲可從此路死裏逃生。高幹不知是計，果然就放棄城中可憑之險逃到城外，卻無險可守，反而被曹軍斬殺殆盡。

用兵之害，猶豫最大

《六韜．龍韜．軍勢》論述道：善於指揮作戰的人把握勝負徵候的決心難以動搖，他們看到可以制勝的徵候就打，看到可能失利的徵候就停。書中說，指揮作戰的人不能恐懼，不能猶豫，用兵時將帥猶豫不決害處最大；軍隊的最大災難莫過於將帥猶豫不定所帶來的災難。善於用兵的人，看到有利條件絕不放過，遇上有利時機絕不遲疑。如果失去有利條件，耽誤有利時機，反而會遭受災禍。書中認爲，聰明人抓住機會就不放過，靈巧人一旦決定就不猶豫；用兵要像迅雷不及掩耳、閃電不及眨眼一樣快，像驚濤奔湧、狂風橫掃一樣迅捷有聲勢，若有阻擋的必被擊破，若有接近的必遭滅亡，誰又能抵禦呢？

戰場形勢變化多端，若不及時抓住有利於己而不利於敵的條件與時機，它將稍縱即逝。敵方也會很快看清其缺陷，迅速採取措施予以彌補。如果將帥在這關鍵時刻猶豫不決，首鼠

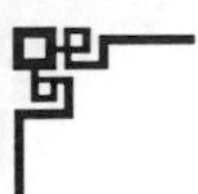

兩端，那就很可能坐失良機，反遭敵方算計。所以，古代兵家十分重視將帥抓住機遇、果斷決策的素養。「用兵之害，猶豫最大」，這可以說是一座千古鳴響的警鐘。

不僅中國兵家早有這樣的見識，俄國軍事家蘇沃洛夫也用一段警語高度概括了抓住時機的重要性。他說，戰爭的靈魂就在於軍隊適時的閃電般的衝擊，有時甚至「一分鐘決定戰鬥結局，一小時決定戰局勝負，一天決定帝國的命運」。有人評論法國著名軍事統帥拿破侖指揮作戰善於抓住戰機快速調兵，說他在當時的戰場上贏得一個又一個勝利，「不是靠士兵的刺刀，而是靠他們的雙腿」。

我們回顧、比較一下官渡之戰中曹操與袁紹的決策情況，將對「用兵之害，猶豫最大」的體會更加深刻。許攸曾向袁紹建議，趁著曹操率軍出征、許昌空虛之際去抄他的老窩，來一個釜底抽薪。這是一個很好的戰略，如果袁紹採用，曹操很可能陷於被動挨打的境地。可是袁紹卻猶豫不決，讓大好機遇從身邊溜過。後來，許攸一氣之下反投曹操，向曹操獻上火燒袁軍烏巢糧草的建議，曹操便毫不猶豫地採納了，並且親自領兵去實行這一戰略，終於取得了決定性的勝利。猶豫與果決，就是這樣在關鍵時刻的分水嶺上，涇渭分明地流向失敗的泥淖與勝利的河川！

漢中爭奪戰

三國赤壁大戰之後，劉備占領了荊州（今屬湖北省），又依諸葛亮《隆中對》的先期決策，以荊州爲基地，向西南發展。他留下義弟關羽守衛荊州，自己領兵入川，占領了益州（今成都市一帶），擁有了號稱「天府之國」的四川盆地大片地盤，從而結束了長期疲於奔命或寄人籬下的被動局面，可以與江東孫權、北方曹操抗衡，形成「三足鼎立」的態勢。

曹操當然不會眼睜睜地看著自己的對手發展壯大，他想把劉備的力量趁早予以扼殺，至少要扼制其發展。於是，他利用川陝交界之處「蜀道難，難於上青天」的地勢，親自帶兵攻占了可以扼控益州的漢中城。漢中今屬陝西，與四川臨界，在蜀道出川入陝的咽喉要衝之地，曹操據有漢中而虎視眈眈地遠遠俯瞰著四川盆地，近處也直接控制著四川的巴中地區。劉備好不容易爭得的地盤，「臥榻之側，豈容他人安睡」？漢中被曹操所控成了他的一塊心病，不奪漢中，他就像一隻羔羊，時時刻刻都有被捕獲獵殺的危險。

西元二一七年，劉備留下諸葛亮守衛益州，自己帶領主力部隊向漢中挺進，先攻途中一個重要關隘陽平關。曹操委派的漢中守備主將夏侯淵也是能征善戰、兼有權謀的人，他明白

陽平關對於扼守漢中的重要意義，因此全力防守。劉備僅攻此關就費了一年多時間，還未能得手。

如果這樣強攻硬打，曠日持久連一個小小關隘都解決不了，何時才能攻取漢中呢？劉備經過一番冷靜的思考，決定放棄陽平關，從不被曹軍注意的山區險道繞到前往漢中途中的另一處軍事要地定軍山。這樣看起來是捨近求遠，走了彎路，其實恰恰符合《孫子兵法》中所說的「以迂爲直，以患爲利」的戰略，透過繞道迂迴，更接近這場戰爭的主要目標漢中；而且定軍山地勢險要，向前可以進攻漢中，向後可以控制陽平關。這就變被動爲主動，把不利化爲有利了。

夏侯淵聽到劉備移師定軍山的消息，也感到了這個地方的重要性，便將原先留守陽平關的兵力迅速調動來加強定軍山的防守。他在此山的東、南兩面都加固了營壘，形成犄角之勢，以便互相照應。劉備針對這種情勢，採用了聲東擊西、使敵疲於奔命去兩頭救援、自己則在中途預設伏兵的戰法，首先趁著夜色昏暗、能見度差的時機攻打曹軍的南面營壘。夏侯淵命令部將張郃留守東營，他自己速去南營救援。劉備這時乘機又加強了對東營的攻勢，同時派武藝高強的老將黃忠帶領一支精銳部隊，在敵軍東、南兩營之間的險要地方埋伏著。曹軍東營的張郃抵擋不住蜀軍的凌厲攻勢，夏侯淵聞訊，只好回兵去救東營。這時，等候在中途的黃忠以逸待勞，對兩頭奔跑的夏侯淵部隊發動突然襲擊，打得曹軍四散潰逃，黃忠掄起

大刀，斬殺夏侯淵於馬下。後來有一曲京劇《定軍山》，就是搬演這段故事，它還曾被拍攝成電影。

劉備攻占了定軍山，就取得了這場戰爭制勝的主動權。曹操聞聽定軍山失守，也很著急，親自率領重兵趕赴漢中前線。劉備這時並不急於與曹軍決戰，而是守住有利地勢，派兵專門襲擾曹軍的後方，搶劫其運往前方的糧草，破壞其交通運輸補給線路。他自己的軍隊由於有諸葛亮源源不斷地從「天府之國」運送軍需，兵精糧足，士氣高漲。而曹操的人馬卻不堪其擾，久而久之，糧草匱乏，兵無戰心，不得不放棄了漢中，退回陝西關中地區去了。劉備占領了軍事要地漢中之後，迅速擴大戰果，派部將把漢中附近的房陵、上庸（今湖北省房縣、竹山一帶）也據為己有，以邊沿地盤的擴展來鞏固自己在四川的中心統治地位，為以後圖謀發展打下了牢固堅實的基礎。

這場戰爭的前前後後，重要的三次戰役——放棄陽平關而爭奪定軍山，輪攻東、南兩營而中途設伏突襲，正面扼險堅持而後路劫糧擾敵，都體現了古代兵家論斷：「兵以詐立，以利動，以分合為變」；「先知迂直之計者勝，此軍爭之法也」。

【戰術篇】

行軍布陣戰術
偵察間諜戰術
守衛突圍戰術
火攻戰術
利用地形戰術
其他戰術

一、行軍布陣戰術

四軍之利

《孫子兵法．行軍》篇的前段講述在山地、江河、鹽鹼沼澤、平原四種地形條件下行軍、駐紮的戰術原則。

——穿越山地，要靠近水草豐茂的山谷，駐紮在居高向陽而有生機的地方；若敵軍占領了隆起的高地，不要去登高仰攻，這是山地行軍布陣的原則。

——橫渡江河，要在遠離水道的地方駐紮，不要太靠近水邊；敵人渡水來戰，不要在江河中迎擊，要等到它一半已渡、一半未渡時攻擊才有利；駐紮也選居高向陽之處，不要迎著水流，這是江河地帶行軍布陣的原則。

——通過鹽鹼沼澤地帶時要迅速離開，不能停留；如果在鹽鹼沼澤地帶與敵相遇，必須

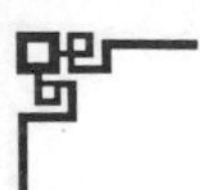

搶占靠近水草、背靠樹林的地方，這是鹽鹼沼澤地帶行軍布陣的原則。

——在平原駐軍，要選擇開闊平坦的地方，軍隊的側翼要背靠高地，宜前低後高，這是平原地區行軍布陣的原則。

以上四種原則運用得好，正是黃帝得以戰勝其他「四帝」的原因。

大凡駐軍喜好高處而厭惡低處，以向陽爲貴而以陰濕爲賤，駐紮在有利於養生而堅實之處，將士百病不生，因此必定能打勝仗。在丘陵、堤防上駐軍，必須選擇向陽的一面，而把側翼背靠著它。這樣對軍隊有利，得到了地形的輔助。江河上游下雨，洪水沖來，若想渡江河，要等到水勢平緩之後。凡是遇到絕澗（兩岸懸崖峭壁的溪澗）、天井（周圍高中間低的地方）、天牢（險山環抱如囚牢）、天羅（荊棘叢生如羅網）、天陷（低窪沼澤如陷阱）、天隙（兩山之間只有一線縫隙）等等不利地形，必須急速離去，不要靠近。要做到我方遠離它，讓敵人靠近它；我方面對它，讓敵人背靠它。部隊行軍可能有險阻，遇到蘆葦叢生的積水窪地、草木繁茂的山林之地，必須謹慎反覆地搜索，因爲這些地方是敵人設下伏兵與隱藏奸細的處所。

諸葛亮集平生領軍作戰的經驗，也總結出一套行軍布陣的辦法：在山地作戰，不要登高攻擊敵人；在水上作戰，不要逆水攻擊敵人；在草地作戰，不要深入腹地；在平地作戰，不要迎擊敵人（假裝）虛弱的部分。

部隊行軍、駐紮、布陣，常常會遇到各種各樣複雜多變的地形地勢，在各種情況下，要想克敵制勝，一個總原則就是趨利避害。首先自己要占據有利的地形地勢，避開不利的地形地勢；與此同時要想方設法把敵人驅趕、逼迫或引誘到不利的地形地勢之中，以便取得甕中捉鱉，籠裏抓雞，關門打狗，或放水淹敵的效果。

後漢時，朝廷派馬援去西部山區平定羌人造反，羌人駐軍於高山，馬援則選擇了谷地。一來山谷之中水草豐茂，自己可得生活的便利；二來奪走了羌人賴以放牧牛羊的地方，扼制了對方的後勤補給。羌人果然因生活處境艱難不戰而降。這就是孫武所說「絕山依谷，視生處高」行軍布陣原則在實戰中運用自如的成功戰例。

蜀、魏相爭時，魏將郭淮扼守漢水防線，劉備兵多將廣，郭淮如何守法呢？有部下建議，在緊靠漢水的岸邊列成陣勢，迎擊蜀軍。郭淮卻說這樣做好像魏軍軟弱無能，生怕敵軍接近漢水防線一樣，不如遠離漢水列陣，敵軍若敢渡江，魏軍等其半渡之際發起進攻，就能打敗蜀軍。劉備一看這樣的陣勢，知道郭淮深通兵法，他如果再強渡，必然陷入被動，便放棄了在此處交戰的想法。這就是《孫子兵法》中「絕水必遠水……令（敵）半濟而擊之」這一水路行軍布陣原則的實際運用。

楚、漢相爭時，韓信進攻齊地，項羽派主將龍且去救援，兩軍都面對濰水列陣，相持不下。韓信多了一個心眼，偷偷地派人到濰水上游用沙袋堵塞水流，然後自己渡過淺淺的河

水，向龍且挑戰，打了幾個回合，便詐敗而逃，再次涉淺水而歸；等到龍且軍隊渡水來追，他命人搬開堵水的沙袋，大水沖下來把龍且的楚軍淹得夠嗆。他再返過身來沿岸劫殺，大敗楚軍，並將龍且斬首。

十陣與十擊

古代戰爭所謂布陣，就是兵力部署的具體戰術。由於那時處在冷兵器時代，決定戰鬥勝負非要短兵相接不可，布陣就顯得十分重要。因此，兵家著作中對此很有研究，一般都以專門章節加以詳述。

《孫臏兵法．十陣》中列舉了十種布陣方法：方陣、圓陣、疏陣、數（密集）陣、錐行（直而銳利）之陣、雁行（橫而寬廣）之陣、鉤行（左右兩側弧形如鉤）之陣、玄襄（玄奧難測）之陣、火陣、水陣。並且說它們各有特長：方陣，主要用來攻擊；圓陣，主要用來防守；疏陣，用來抵禦敵人進攻；數陣，用來防止敵人分割自己的兵力；錐行之陣，便於用刀劍戈矛交戰；雁行之陣，便於用弓矢弩箭交戰；鉤行之陣，宜在改變作戰計畫時靈活運用；玄襄之陣，似有製造聲勢迷惑敵人的作用；火陣，用來焚燒敵軍；水陣，用作屏障鞏固自己。

孫臏還對每一種陣法作了詳細描述，這裏僅舉出土竹簡記述較爲完整的「水陣之法」爲例。布水陣的方法是，多布兵員，少要車輛。前進必須順遂，後退不能擁擠，依從水流之勢擺佈兵力，以敵人營寨爲攻擊目標。把便捷的船隻做指揮船（旗艦），快速的船隻做交通艇。敵人走了，船隻便疏散；敵人來了，船隻便密集。謹慎地整飭水軍，調度之中求變革，布陣之中有依仗，對敵方法有離間。水軍船隻要安排好駕駛人員，考察崗位的多少而設定；划船渡水時要告知士卒與民衆水上往來的法則。

《孫臏兵法．十問》則針對敵軍不同的布陣方式，提供了不同的攻擊破陣戰術。

把自己的軍隊分爲四、五支小隊，迫近敵人而佯裝失敗，表露畏懼的樣子，敵人見我方害怕，就會分心而不能顧及全陣了。這時我軍乘機衝亂敵人整齊的陣容，駟馬戰車上的進攻鼓點一齊敲響，五個小隊就會趁勢全部逼近敵人，這就是擊破圓陣的戰術。

兩軍對陣，若敵富我貧，敵衆我少，敵強我弱，它布的又是個方陣，怎麼擊破呢？答案是：我軍布陣之中要互相依仗，對敵人要用離間之計，交戰之後佯裝失敗，退卻時把英勇殺敵的將領留在後頭，不讓敵人知曉，回頭給它一個突然襲擊，這就是擊破方陣的戰術。

孫臏還敘述了其他八種擊破敵陣的方法：擊銳利之陣、擊抗衡之陣、擊車騎之陣、擊步兵之陣、擊爭奪之陣、擊強衆之陣、擊保固之陣、擊簸箕形敵陣等。其中「擊強衆之陣」一

節的出土竹簡文字比較完整，大意是：兩軍交戰，敵軍將領勇敢，兵強人多，陣地鞏固，三軍將士都英勇無畏，主將威嚴，士兵勇武，部將強而糧食足，諸侯中無人能對付。這樣的敵陣如何擊破？回答是：攻擊這樣的敵陣，要做出不敢攻的姿態，裝出無能的樣子，以笨拙的態度對待敵人，使敵人驕橫、懶惰，不能識破我方的假象。在敵人懈怠時掩擊，在敵人疑惑時進攻。敵人既嬌氣富貴又耀武揚威，軍隊的行止就會前後互不照應。我方從中擊破，就會像憑添了許多兵力一樣。這就是擊破兵強而人多的敵陣的戰術。

用陣三分

《孫臏兵法．八陣》中說：當將帥的人，如果智勇不足，又不懂戰爭規律和布陣之法，那就不能勝任。布陣要利用地形，注意八陣（天、地、風、雲、龍、虎、鳥、蛇）的適宜性。布陣時一般分爲三個部分，每陣都有前鋒、後衛，都應當待命行動。用三分之一的兵力與敵軍作戰，三分之二的兵力堅守待命。如果敵軍勢弱而混亂，就選擇它的精銳部分攻打、擊潰；如果敵軍勢強而嚴整，就選擇它的薄弱部分引誘其落網。車輛和騎兵參與戰鬥，也分爲三部分，一部分在右，一部分在左，一部分在後。戰地平坦就多用車輛，戰地險要就多用騎

兵，戰地狹隘則多用弓弩。根據地形布陣，必須知道「生地」與「死地」，自己一方要駐紮在高處的「生地」，攻擊敵方地勢較低的「死地」。

孫臏還在〈官一〉篇中列舉了不同情況下布置不同陣法的名目，這裏僅以出土竹簡文字較為完整的為例。如：攻打疲憊的敵軍用「雁行」（橫而寬廣）陣法，遇到危險情況用「雜管」（各自為戰）陣法，撤退的時候用「蓬錯」（外表雜亂而使敵人莫衷一是）陣法，環繞山林行軍用「曲次」（彎曲而有序）陣法，襲擊敵國都城邑縣用「水則」（規範性的水戰）陣法，夜晚撤退要辨明方位用「明簡」（燈光、火把）陣法，夜晚警戒用「傳節」（傳遞符節）陣法，埋伏在敵人內部可用「棺士」（用棺木裝進士卒，類似於西方古代的「特洛伊木馬」）陣法，遇到短兵相接則用「必輿」（輕便戰車）陣法，要燒毀敵軍糧草輜重用「車戰」陣法，排列兵刃鬥士用「錐行」（直而銳利）陣法，排列少數兵力用「合雜」（集合各類精兵）陣法。

集合各類精兵，是用來抵禦敵軍的包圍；長形而狹窄的連貫行軍，是為了列成陣勢；像雲彩一樣曲折錯雜，是為了便於權變；像疾風一樣振動塵埃，是為了乘敵人疑惑時出擊；像釣魚一樣隱匿謀詐，是為了引誘敵軍出戰；像長龍一樣擺成伏擊陣，是為了在山地戰鬥……

《孫臏兵法．威王問》篇章中也回答了不同敵情下所採用的不同陣法。

齊威王問孫臏，如果兩軍相當，兩將相對，實力都很強大，誰也不敢先動手，怎麼辦？孫臏回答說，如果先用輕裝的隊伍嘗試性地接觸，以探明敵軍虛實，再派勇猛將士衝擊，這

樣就只能期望打敗它，不要期望繳獲什麼；如果用隱蔽的陣法攻打敵軍側面，則可能有較大的收穫。

齊威王又問：如果我強敵弱，我衆敵寡，用什麼陣法？孫臏答道：可以故意把隊伍編制和行列搞亂，向敵人顯示虛弱；敵軍必定會來交戰，那時我就用強大的實力戰勝它。

齊威王問：如果敵衆我寡、敵強我弱，怎麼辦呢？孫臏說，這種情況下，可以用「讓威」（示弱）的陣法。要把我軍的後繼部隊隱蔽起來，以便於撤退回營；長兵器排列在前，短兵器排列在後，安排流動的弓弩手，以便救急；不要輕易行動，先待敵軍逞能，到一定火候，我軍再相機行事。

齊威王問：如果要迎擊勢均力敵的敵人，怎麼辦？孫臏說，先迷惑敵人，離間他們君臣、將士的關係，我方則集中兵力攻擊，不使敵人知曉；自己內部要安定，不要分離，不要攻打敵人布下的疑兵。

孫臏所說的各種陣法與戰術，其中「用陣三分」是一個總原則。「三」，這個中國古代看似神秘卻常被運用的數字，它相對於「一」來說，可視爲代表「多」的概數。例如「三人行，必有我師」、「三思而後行」、「三省吾身」、「三番五次」等等。相對於「九」這個極多的概數而言，「三」又可看做是一個確數。比如「三顧茅廬」、「三氣周瑜」、「三足鼎立」等等。「三」，源於道家鼻祖老子的「一生二，二生三，三生萬物」，它具有豐富的內涵與文

化色彩。僅就軍事而言，有「三軍」之說，古代指上、中、下三軍，現代仍用它指海、陸、空三軍；「用陣三分」的戰術，從「三軍」的概念衍化而來，上、中、下三軍又可稱之爲前（鋒）、中（軍）、後（衛）三軍。孫臏的「用陣三分」，實指用前鋒的一成兵力交戰，把中軍與後衛這兩成兵力作爲後備與增援力量，機動靈活地安排使用。這種軍隊部署、兵力擺佈原則，不僅古代適用，直到現代仍有它的使用價值。古今中外的許多戰例，都是先有前鋒部隊與敵交戰，然後根據戰場敵情的變化，再把其他兩部分兵力相機用上，或用於集團力量打攻堅戰，或用於增援前線。所以說，「用陣三分」看似簡單、原始，卻不失爲一種行之有效的行軍布陣戰術，以致從古到今流傳不絕，並以此爲基礎，不斷地被發揮、創新，形成無窮無盡的軍事藝術魅力。

二、偵察間諜戰術

軍事生物學的妙用

偵察與間諜戰術的使用，都是基於孫武所論「知己知彼，百戰不殆」的戰略思想。要想戰勝敵人，必先了解敵情，否則只能如盲人摸象、掩耳盜鈴、蹇驢行路一盤，百事無成。而要想了解敵情，就得用偵探手法，打入敵人內部的偵探也就是間諜。

在傳統戲曲舞台上，每每一場戰爭開始之前，主帥的中軍帳內，總會闖進一個手持小旗的「探子」高聲叫喊：「報！」然後將探知的敵情稟報一番，主帥便好與衆將議定作戰方案，部署兵力，誰誰誰往東，誰誰誰朝西，誰誰誰擔任先鋒，誰誰誰負責斷後，接下來才有短兵相接的戰鬥。藝術是生活的反映，真實的戰爭場面雖然沒有這樣集中凝煉地「戲劇化」，但基本程式大體如此。「兵馬未動，糧草先行」是一個重要方面，「兵馬未動，偵探先行」

也是同等重要的另一個方面。

《孫子兵法．行軍》篇中指出，敵人離我方近，卻十分安靜，是憑仗有險可守；敵人離我方遠，卻主動向我方挑戰，是想要引誘我方進兵；敵人駐紮在平坦地方，是想有利於展開兵力。很多樹木搖動，標誌著敵人來了；許多草木障蔽的地方，敵人可能布有疑兵。鳥兒飛起，標誌著埋有伏兵；野獸驚駭，標誌著有聲勢強大的敵人到來。塵土高揚，是敵人的戰車來了；塵土揚起但較低下寬散，是敵人的步兵來了；塵土飛散成細條條狀，是有敵軍在打柴；塵土少而時起時落，是敵人在紮營。敵人使者言行謙卑，而軍隊卻加強戰備，是要進攻了；敵人使者態度強硬，而軍隊又向我方進逼，是要撤退了。敵人的輕便戰車先出來居於右側，是在布陣；敵人沒有事先約定而來求和，是策劃著陰謀；敵軍奔走而擺列士兵、戰車，是期待與我方交戰；敵軍半進半退，是想引誘我方上當。敵兵拄著兵器站立，是饑餓無力；敵兵打水而搶著先喝，是乾渴缺水；敵兵見利不進，是因爲過度疲勞。飛鳥集聚在敵營上空，證明營中空虛；敵兵夜裏驚呼，證明他們恐慌；敵人軍隊紛亂，證明將帥缺乏威嚴；敵營旌旗隨意移動，證明軍紀混亂；敵人軍官發洩怒氣，證明已經倦怠。敵軍用糧食餵馬，或殺馬吃肉，軍營沒有吊著瓦罐炊具，軍人也不返回營帳，證明是準備拚死決鬥的窮寇。敵軍士卒交頭接耳，嘰嘰喳喳地議論，證明將帥失去了衆心；敵將過多地獎賞士卒，證明處境窘迫；敵將過多地懲罰士卒，則是陷入困境；敵將先對士卒暴怒而後又懼怕衆人，是最不精明

的表現；敵將派人來向我方送禮、說好話，是想要休兵息戰。如果敵軍盛怒相迎，卻許久不與我方交戰，又不離我方而去，我方必須審慎觀察他有什麼不測的意圖。

這一大段描繪式的論述，夾敘夾議，十分準確而又精闢。若非有實戰經驗的軍事家，很難寫得這麼具體而微，生動細緻。孫武透過草木、鳥獸的動靜，甚至塵埃飛揚的形狀，來判斷敵軍行止，細緻到什麼兵種、什麼動作，眞可謂「見微知著」、「由表及裏」。在精明的軍事家眼裏，一草一木，一鳥一獸，直至一線灰塵，一縷炊煙，都是偵察敵情的物證材料。這是把植物、動物等生物現象納入軍事學的範疇來加以詳盡考察，這是軍事生物學在偵察戰術上的實際運用。它巧妙得出神入化，又可信得有血有肉，眞令我們後代讀者不得不佩服！更不用說依據敵人將帥、士卒、兵營的各種徵象來判斷敵情的偵察術，由淺入深，由現象看本質，更加令人深信不疑。

而作爲一個讀者，或許我們對於前一部分更加喜愛。因爲從軍人行動來判斷軍情，可以叫做「以人察人」吧，它相對於「以物察人」而言，比較容易掌握；而「以物察人」則更加難能可貴。貴就貴在軍事生物學在兩千多年前的《孫子兵法》裏，就如此地運用自如，如此地被孫子瞭如指掌，如此地準確、鮮明、生動！

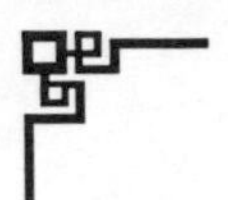

減灶之計

本書前面兵家故事中講過孫臏「圍魏救趙」之事，魏國主帥龐涓在桂陵（今山東荷澤）吃了一次大敗仗。龐涓對孫臏一直懷恨在心，總想除之而後快。魏惠王吞併鄰國的野心也不小，西元前三四二年，他又派龐涓爲主帥，攻打韓國。

韓國與齊國相鄰，便派使者向齊國求救。齊宣王召集群臣商議對策。宰相鄒忌主張不救，大將田忌主張速救，兩派意見相持不下。齊宣王見孫臏在一旁沉默，便問他應該怎麼辦。孫臏說不救與速救都不妥。齊宣王不明白了，這兩種意見正好針鋒相對，卻都被孫臏否定了，不知孫臏有什麼高見。孫臏認爲，韓國與齊國如唇齒相依，若韓被魏滅，則唇亡齒寒，不救當然是不對的。速救爲什麼也不好呢？孫臏認爲，魏軍剛剛出征，銳氣正盛；韓國剛剛受敵，元氣未傷；若齊速救，等於是代韓國承受魏軍的初期打擊，損失將很重，而韓國並未到最危險的時候，也不會十分感激齊的救命之恩；眼下之計，最好是緩救。孫臏說，應答應韓使，說齊國必定會去救援，讓韓國吃了定心丸，去與魏死戰，而魏軍也會拖得五癆七傷，到那時齊國再發兵拯救危急中的韓國，韓國將感恩不已；打擊疲憊中的魏軍，魏軍也更

易被打敗；這樣一來，齊國既得救韓的尊名，又收敗魏的重利，豈不是兩全其美嗎！齊宣王一聽，連連點頭稱許。

再說韓國得到齊國必救的許諾，便奮力抵抗，與魏軍進行了五場大戰，但終因兵力不濟，仍處於敗勢，危在旦夕，再派使者到齊國告急求救。齊宣王派田忌爲主帥，孫臏爲軍師，引兵救韓。田忌又一次聽從孫臏計謀，來了個「攻魏救韓」——不直接發兵往韓國，而是直奔魏國都城大梁。

龐涓聽到這個消息，只好放棄攻韓而回國撲救。孫臏就對田忌說，魏軍自恃強大，龐涓素來驕橫，看不起我們齊國軍隊，我們不如就勢來一個將計就計，示以弱形，養其驕氣，引他上當。當前可用「減灶之計」，今日挖灶十萬，明日減至五萬，後日再減至三萬。

龐涓領兵回到本國境內，心想，這回看你齊軍往哪裏逃！第一天看到齊軍離去的營地有十萬個埋鍋造飯的灶口，柴薪燒黑的痕跡猶在；第二天就只見五萬個灶口了。龐涓據此認爲，齊軍入魏境後，長途跋涉，疲憊不堪，果然是兵無戰心，逃跑了一半。於是他帶著人馬，逕直照著齊軍走過的痕跡追來。第三天一看齊軍灶口，又少了許多，忙叫士卒清點，只剩得三萬了。龐涓大喜，心中暗想，孫臏呀孫臏，不怕你這癱子再狠，這回定叫你死無葬身之地！他集中所有騎兵在前追趕，甩下步兵在後慢慢跟進，一心想迅速追上齊軍，殺它一個片甲不留！

田忌與孫臏領兵來到馬陵，這個地方兩面都是險峻的高山，中間一條狹窄的通道，非常有利於埋設伏兵。孫臏估算龐涓追兵的行程當天夜裏可以到此，便向田忌建議留下一支人馬隱蔽在通道進山之處，只等龐涓的隊伍過去，便緊緊封鎖「口袋」。其餘士卒將通道邊的樹木砍斷，橫在路上作為障礙物，只留一棵大樹，當面刮去樹皮，露出一塊白木，他親筆書寫幾個大字「龐涓死於此樹之下」。一切布置妥當，就將兵力埋伏在通道兩側的山上樹木叢中，只等夜晚樹下火起，便一齊放箭。

龐涓一心只想擒殺齊軍，一天趕兩天的路，傍晚時分追到了馬陵道口。一見道上樹木橫擋，就叫罵起來，說孫臏好沒主意，區區幾根小樹，豈能阻擋他的馬隊前進！他認為孫臏已成驚弓之鳥，就在當夜必死無疑。他讓部分士卒下馬移樹，其餘的只管躍馬而過，眼看天色晚了，隱隱約約見前面一棵大樹，留有一片白木，字跡看不清楚，忙命手下點燃火把來照，原來是「龐涓死於此樹之下」！龐涓這才驚呼：「上當了！」一句話沒說完，兩邊山上萬箭齊發，喊殺之聲震動山谷，魏軍馬隊立刻大亂。龐涓見大勢已去，敗局無法挽回，只得憤然自殺。

孫臏使用的「減灶之計」，是對前代兵家傳下的偵察戰術反其意而用之。《孫子兵法》中有一段論述，是說從對方行軍、布陣的蛛絲馬跡，可以判斷其兵力多少，軍情緩急，勢力強弱；孫臏則藉由減少埋鍋造飯的灶口，故意留下齊軍兵員減少、力量漸弱的痕跡，讓魏軍看

見，放肆來追，將其引入咽喉要道，以預設伏兵一舉殲滅。後來還曾有人用「增灶之計」，故意多留灶口，造成增加兵員、加強實力的假象，使敵方不敢來追。增灶與減灶，方式相反，道理卻相同，都是對偵察戰術的靈活運用。

渭曲之戰

南北朝時期，北方的北魏於西元五三四年分裂成東魏與西魏。東魏都城在鄴，西魏建都長安，高歡與宇文泰分別把持著東、西兩個魏國的朝政與軍權。東魏仗著兵員多，發動了企圖吞併西魏的戰爭。東魏先派一路人馬進攻西魏的潼關，被守軍擊退；高歡又親自領兵，到達西魏的許原，進攻軍事要地華州，攻打不下，只好駐紮下來。宇文泰得知高歡率兵西進，便調集人馬，進行抵抗。宇文泰當時駐軍於渭南，只有精兵七千，卻打算主動迎擊東魏的五萬進犯之敵。他的部下認爲，其他各路人馬尚未調集齊全就以少擊多，以弱抗強，可能要失利。宇文泰則認爲，高歡軍隊遠道而來，久攻不克，如今正屯兵觀望，不敢冒進，證明他們缺乏必要的戰鬥力，人數雖多，但不一定頂用，如果趁著敵人立足未穩，地形不熟，先行迎擊，反而有利。如果坐等敵人進犯，兵逼都城長安，那樣就一切都被動了。

十月初，宇文泰率領輕騎兵七千渡過渭水，在僅距東魏駐軍六十里的沙苑紮下了營寨。宇文泰首先派出一支偵察兵化裝成東魏駐地許原的老百姓，混入城中探聽虛實。探子回報說，東魏軍隊紀律不嚴，依仗人多勢衆，將士都有驕橫之氣，一副志在必得的樣子，戰鬥實力不是很強。偵察的結果與宇文泰的估計不相上下，他更加心中有數了。由於是在本國領域作戰，宇文泰十分熟悉地形，他知道在渭水河道彎曲的十里「渭曲」，有一大片沙丘沼澤，蘆葦叢生，是一個埋伏軍隊的好地方，可以用計將敵人引到那裏，打它一個措手不及的伏擊戰。

高歡聽說西魏軍隊剛剛駐紮不久就向渭曲方向移動了，以為對方是被嚇得開溜，便引軍前往追趕。追到渭曲附近，部將解律羌見此地沼澤陷足，又有蘆葦蔽地，便向高歡進言說兵書上說，「絕斥澤，唯亟去勿留」，「衆草多障者，疑也」。指出這樣的地方不可久留，得趁早離開，以免中了敵人的埋伏。並建議只留少數兵力在這裏拖住宇文泰，而以大部分精兵繞道奔襲西魏的都城長安。如果高歡聽從了解律羌這個建議，那戰場情勢可能會急轉直下，使西魏陷入被動。可是高歡一心只想尋找宇文泰的主力部隊決戰，以期靠自己的多數兵力來一個泰山壓頂，以石擊卵，速戰速決。他根本聽不進這個建議，狂妄地說他就是要宇文泰伏兵在此，好一把火把宇文泰燒個精光！如果他堅持用火攻之法，這蘆葦縱橫的地帶，一點就著，宇文泰也可能遭受慘敗。可惜，高歡是個好大喜功之人，聽信了另一個部將侯景的餿點

子。侯景提起高歡在進兵之前早就講過要活捉宇文泰，並說現在正是實現高歡的願望的好時機，認爲他們有五萬兵力，打幾千人，等於是以十擊一，占著絕對優勢，此時不活捉宇文泰，更待何時！

高歡求勝心切，也沒有很好地部署兵力，就急忙驅使部下競相衝進沼澤蘆葦叢中搜尋西魏部隊。宇文泰見東魏軍隊進入了設伏地帶，就按預先與部隊的約定，擊鼓爲號，指揮部隊從兩翼衝擊，向東魏軍發起猛攻。東魏軍陷入泥淖，行動艱難，又不熟悉地形，在高過人頭的蘆葦中分辨不清東南西北，就像一群沒頭的蒼蠅，盲目地東奔西撞。西魏軍卻越戰越勇，以一當十，把人數衆多的進犯之敵打得大敗。高歡的兵力死傷過半，元氣大傷，只得撤退回去。

宇文泰在渭曲之戰中大獲全勝，是因爲他重視了偵察戰術，事先了解到敵人的底細；根據敵軍主帥驕橫輕敵、急於決戰的心理特徵，因勢利導地把敵軍引入有利於設伏的沼澤蘆林之中，以己之長克敵所短。而高歡慘敗的教訓則在於利令智昏，盲目自大，在應當迴避的地形中卻貿然闖入；不聽正確意見，反而依從了順應自己心態的錯誤主張。兩相對比，可見戰場上偵察與判明敵情的重要性。

間諜、耳目、游士

《孫子兵法．用間》篇首先論述了預知敵情的重要性，然後闡明要用間諜來探知敵情。間諜有五種類別：因間、內間、反間、死間、生間。孫子認爲，如果五類間諜交互作用，就沒有誰能捉摸透用間的規律，這就是神奇的戰術，是國君的法寶。

因間，是順勢利用敵人的同鄉做間諜。內間，是利用敵人的官員做間諜。反間，是把敵方的間諜反過來作爲我方間諜。死間，就是故意在外面散布虛假情報，讓我方潛入敵人內部的間諜知道而在敵人中間傳播（敵方一旦識破，這間諜便難免一死，因此叫做「死間」）。生間，即活著回來報告敵情的偵探。

孫武認爲在軍隊中，沒有誰比間諜更值得親信，沒有誰比間諜更應當受重賞，也沒有誰比間諜更值得保密。不是高明的人不能使用間諜，不是仁義的人不能使用間諜，不是精細的人不能得到間諜的眞實情報。眞是無時無處不可使用間諜！如果間諜的計謀還沒有施行就先洩露出去，那麼間諜本人與知情者都得處死。

孫武說凡是我方想要攻擊敵軍，想要攻占城池，想要刺殺敵人，必須預先知道敵方守將

及其左右親信、傳令官、守門官及門客幕僚的姓名，指令我方間諜務必偵察了解它。一定要搜索敵人派來刺探我方軍情的間諜，用金錢利誘他，引導他為我所用，再放回去，這樣的反間就能發揮作用。要從反間那裏了解敵情，因間、內間就能選擇使用了。要從反間那裏了解敵情，死間也可以根據外面散布的假情報，在敵人內部傳播。要從反間那裏了解敵情，生間也可以避開危險，如期返回報告敵情。五類間諜的事情，國君都必須知道。掌握情報的關鍵在於反間，所以反間的待遇不能不優厚。

從前殷商的興起，是因為重用曾在夏朝掌握敵情的伊摯（伊尹）；周朝的興起，是因為重用曾在殷商掌握敵情的呂尚（姜子牙）。所以，明智的國君、賢能的將帥能夠使用智謀高超的人做間諜，以成就大功業。這是用兵的重要戰術，整個軍隊都靠間諜提供的情報行動。

《六韜．龍韜》中談到軍隊編制及人員分工時，有關偵察與間諜的就占兩項。其中所說的「耳目七人」，負責往來探聽言語、觀察變化、掌握四方事態和軍中情報。這實際上是一種布置在軍隊內部的特工人員。還有「游士八人」，負責偵查奸細、防止變異、替主帥收買人心、偵察敵軍的意向，把這些作為間諜的情報。這是與「耳目」有不同職責分工的對外、對敵發揮作用的間諜。有了這兩種特工互相配合，主帥才能耳聰目明，消息靈通，對軍隊內外及敵人營壘的情況瞭如指掌，遇事能作出正確的判斷和決策。

透過「耳目」、「游士」之類諜報人員報告的情況，主帥便可從敵我雙方的諸多現象表徵

中分析透視出本質內容，未戰之前，就能預料到兵力的強弱、預見到戰爭的勝負。《六韜》中說，勝負的徵象，先從精神上表現出來，高明的將帥審察到這些，就可以人為地造成敵人失敗。怎樣獲得這些徵象的情報呢？要派出肩負特別任務的士卒（偵探、間諜），去了解通報敵人的出入、進退，觀察敵人的動靜、言語、吉凶。

《六韜》中說，如果軍隊喜氣洋洋，士卒畏服軍法，遵守將令，以破敵為樂事，以勇猛相稱道，以威武相讚許，那就是強盛的徵象。如果軍隊時常驚恐，士卒不齊，遇到強敵就害怕，碰到不利情況就議論紛紛，說些不吉利的話，互相迷惑，不畏服軍法，不尊重主將，那就是衰弱的徵象。如果軍隊齊整，陣勢鞏固，深溝高壘，又憑藉著大風大雨之利，旌旗無緣無故地向前指，金鐸的聲音激揚清越，鼙鼓的聲音婉轉奏鳴，那就是大勝的徵象。如果行列陣勢不穩固，旌旗紊亂而互相纏繞，大風大雨又使軍隊陷於困境，士卒恐懼，上氣不接下氣，戰馬失驚而狂奔，戰車折斷輪軸，金鐸的聲音低沉混濁，鼙鼓的聲音像被雨淋濕了一樣，那就是大敗的徵象。

應當指出的是，《六韜》雖然也強調要從間諜報告的情況作出判斷與決策，但其中列舉的徵象多少帶有一些唯心成分與迷信色彩，如旌旗無故前指為大勝之兆，旌旗紊亂纏繞則成了大敗的象徵。特別是緊接本段之後，關於城中不可捉摸的「氣」象徵吉凶的說法（「城之氣色如死灰，城可屠；城之氣出而北，城可克；城之氣出而西，城必降；城之氣出而南，城不

可拔；城之氣出而東，城不可攻」等等），與孫武根據戰地揚起的「塵」來判斷敵情的論斷，有著唯心與唯物的思想方法的區別。相比之下，還是孫武的論述較為可信、可行。

鄉間與內間

鄉間（因間）與內間的一個共同點，就是利用敵方內部人員作為我方的間諜。鄉間，除了利用敵方的同鄉關係之外，諸如同學、同事、親屬、朋友等等相處熟悉的人際關係，都是可以利用的。內間，主要是指敵人內部握有一定權柄、了解軍政大事的官員。杜牧在注釋《孫子兵法》時，將可利用來作內間的人員作了較為具體的說明：敵國的官員，有賢能而丟了官職的，有因過錯而被判刑的，有受到國君寵幸而貪財的，有屈居下位的，有不受重用的，有因某事敗喪卻想要施展自己才幹的，有反覆無常、懷有異心的等等。這類官員，都可以與他們秘密結交，用金錢財帛拉攏，讓他們向我方報告情況，查清敵人針對我方的密謀，然後挑撥其君臣關係，使之上下不和，士氣低落，計畫失敗。

北周都督李遠，受朝廷委派，擔負義州、弘農等二十一地的軍事防務，防線長，敵情複雜，他就運用「鄉間」搜集邊境情報，經常厚禮優待境外的人士，讓他們做間諜。敵方一有

情況，李遠就能透過這些「鄉間」預先了解，事先採取防範措施。有些境外間諜爲向他報告軍情而被敵方殺頭，也不後悔，鐵心爲其所用。

晉朝的豫州刺史祖逖鎮守雍丘（今河南杞縣），經常派兵截擊北方敵國石勒的軍隊，屢屢獲勝，石勒不知是什麼緣故。原來是祖逖利用了石勒內部人員做「鄉間」與「內間」。祖逖派出的偵察兵曾抓獲了石勒部下一批濮陽（今屬河南）人，不但不殺，還以禮相待，放他們回去，這些人感恩戴德，就約齊了五百名同鄉一起歸降於祖逖。只要是石勒那邊過來的人，不管是俘虜、商人，還是普通百姓，祖逖無論親疏貴賤，一律善待他們。所以石勒軍隊的行動趨向，有各種不同的秘密管道及時向祖逖報告，他才能屢建奇功。邊地的老百姓感念祖逖的恩德，作了一首歌謠稱讚道：幸運的百姓免於當俘虜，就像遇到了日月星辰一樣的慈父，賜給慰勞的酒肉和果脯，用什麼感恩呢？用我們的歌舞。

西元前二〇〇年，漢高祖劉邦親自領兵抵禦侵犯北部邊境的匈奴，由於地形不熟，被冒頓單于圍困在白登山，一時無法突圍。謀士陳平獻計，要劉邦派人去走「夫人路線」。劉邦依從其計，秘遣使者帶著黃金白銀、珠寶翡翠，送給單于的夫人閼氏，收買其心。更爲巧妙的是，這位使者還拿出一幅漢族美女圖，說是漢皇唯恐單于不肯退兵，要把這個頭等的美女相送，先派我送此圖來，看單于是否滿意。閼氏一聽，醋意頓生，生怕美女來了會奪其寵幸。便對使者說：金銀珠寶我且留下，至於美女嘛，就不用送了。我去給單于說說，勸他退兵算

了。這位單于夫人無意之中就充當了漢高祖的「內間」角色，「枕頭風」一吹，單于果然解圍，使劉邦得以安然回返。

唐代初期，太宗李世民率兵征討竇建德，逼近武牢關竇建德的兵營。竇建德的謀士凌進建議道：敵方人多勢衆，我們不能在此硬拚，應捨此而去，渡過黃河，攻取懷州、河陽，過太行山，入上黨城，收復河東之地，那才是上策。李世民一心想把竇建德就地消滅，聽說他準備按凌進的建議行事，心中著急，擔心他撤離後夜長夢多。李的部下王世充出了個主意，派能言善辯的長孫安世秘送金銀財寶給竇建德的幾個老資格將領，要他們勸竇建德否定凌進的主張，就地決戰。他們受賄後對竇說：凌進不過是一個乳臭未乾的白面書生，並不懂得怎樣打仗。我們現在兵精糧足，難道還怕李世民不成？竇被他們一番話蠱惑，就對凌進說：老將們求戰心切，我軍士氣高漲，就在此地決戰，定能打敗李世民！凌進還要據理力爭，竇建德發火了，拂袖而去，不再理睬凌進。他帶兵迎戰，在武牢關前與李世民交鋒。由於李軍早有準備，以強大的攻勢擊潰了竇軍，使竇本人也中槍受傷，逃到牛口渚，被李的部將活捉。

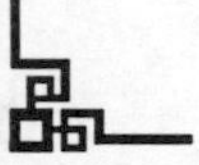

死間：借刀殺人或丟卒保車

按孫武文中講述死間的情況，可以從兩個方面理解。一種情況是，那個間諜是我方叛逃人員，他到了敵人那裏，如果洩露我軍秘密，將造成不可挽回的損失，於是，我方故意散布假情報讓叛徒在敵營中傳播，敵將偵知其假後，必定會殺死那個叛徒。這實際上是借刀殺人，巧除叛逆。另一種情況是丟卒保車，以我方個別間諜人員的犧牲，換取更大的勝利。兩種情況在間諜戰術的歷史上都不乏其例。

先說「借刀殺人」的戰例。三國後期，東吳駐守西陵（今湖北省浠水縣西南）的將領步闡，在晉國軍隊進攻面前貪生怕死，獻出城池，投降了晉國。東吳名將陸遜之子陸抗，迅速發兵趕到西陵，在晉軍營寨與西陵城之間修築了工事，前可抗晉軍，後能圍西陵。陸抗部下的俞贊，懾於晉軍的壓力，也逃亡投晉去了。陸抗分析道：俞贊熟知我軍佈防情況，薄弱點在於部分外族士兵的防區，他若將這些報告晉軍，豈不使我軍遭殃？於是，他迅速把防區兵力進行了調整，讓戰鬥力強的部隊換到原來外族士兵的防區。再說，那叛徒俞贊把陸抗部隊的薄弱點告知晉軍主將楊肇，楊肇果然在第二天一大早就帶兵攻打東吳軍隊中原外族士兵佈

防的陣地，結果適得其反，被陸抗部署的精銳部隊打得落花流水，抱頭鼠竄。陸抗只叫士卒吶喊、擂鼓，造出追趕的聲勢，並不眞正去追。楊肇更加疑心是俞贊故意提供假情報引他上當，一怒之下殺了俞贊。不久，陸抗又用計奪回了西陵城。原先守城的叛將步闡也被楊肇懷疑而誅殺。陸抗就這樣巧用「死間」之計，借敵人之手連殺了兩個叛徒。

再看「丟卒保車」的「死間」，這個故事出自《舊唐書．李靖傳》。唐太宗貞觀三年（西元六二九年），朝廷委派唐儉出使北方的突厥，安撫兵敗求和的突厥王頡利可汗。頡利可汗表面上答應臣服於唐朝，暗地裏還在擴軍備戰。原先打敗過他、並迫使他求和的唐朝大將李靖，認為這是全殲突厥軍隊的有利時機。部下提醒他說：皇上下詔書准許頡利投降，我國的使者還在突厥，此時不宜發兵進攻。李靖說：頡利雖然失敗，但他手下還有十餘萬軍隊，如果此刻放過他們，無異於縱虎歸山，日後必定養成大患。趁著我國使者正在與其談判，頡利肯定毫無戒備，我軍出其不意攻其無備，一定能大獲全勝。即使犧牲唐儉一行，換來邊境的長久安寧，也是值得的。他便帶領部下精兵連夜攻打突厥兵營，直到逼近頡利營帳十五里處，頡利才發覺，可是已經來不及了，結果被李靖斬首萬餘級。頡利被唐軍追趕，欲回本境，被另一個唐將俘獲，突厥從此滅亡。

還有一個類似的故事，出自《後漢書．班超傳》。班超率領於闐等北方少數民族盟國的軍隊進攻尚未臣服的莎車國，與莎車結交的龜茲王發兵五萬來救。面對著兩國聯軍的強硬守

勢，班超心生一計，當著從龜茲抓來的俘虜，與於闐王商議說：如今我們兵少，敵不過龜茲，不如各自解散。您往東去，我朝西行。接著，他讓部下假裝大意，把俘虜放走。俘虜逃回去，把這個消息報告龜茲王。龜茲王大喜過望，自帶騎兵一萬多往西邊阻擊班超，同時命左將軍率領八千騎兵追擊於闐王。班超先是領兵出走一程，然後勒轉馬頭，與於闐王的部隊會合，趁著夜深人靜，急速趕路，直奔莎車。敵方毫無準備，驚慌敗走。班超命部下緊追不捨，斬殺五千餘人，繳獲大量馬匹與財物，迫使莎車國王投降。龜茲王撲空而返，一氣之下殺了那個傳遞假情報的俘虜。但終因莎車降漢，他已是勢單力薄，又被班超領兵驅散。班超實際上是把那個俘虜當成「死間」加以利用，他善於用間，長於治軍，克敵制勝，威震邊關，使西北邊境得以安寧。

生間：大智若愚或深信不疑

生間要出入虎穴刺探敵情而不被發覺，不被逮住，其本領就得高出一籌。古人認爲，生間應能往來雙方通報情況，必選那些長相愚劣、心明膽壯、矯捷勇敢、能下苦力、能忍饑寒、忍辱負重的非凡之士。還有人認爲，生間在大庭廣衆之中，衆目睽睽之下，要鎭定自

若，身子在禮節客套，嘴巴在應付敵人，心裏還在揣摩敵情，眼睛還在觀察事態，耳朵還在聆聽動靜，不被敵人知曉，安然無恙地歸來，的確要大智若愚，大勇若怯。有人提出：生間必須有賢才智謀，能與敵方的權貴、親屬交往，觀察他們的動靜，了解他們的心計，見其表象便能知其實質。

《左傳》記載，魯宣公十四年（西元前五九五年）九月，楚莊王派申舟出使齊國，他經過宋國而沒有向宋表示禮節性的借路（當時稱「假道」），宋國官員認爲申舟輕慢了他們國家，便把申舟抓住殺了頭。楚莊王一聽，大發脾氣，拍案而起，率領大批人馬攻伐宋國。

楚軍一口氣把宋國包圍了九個月，宋國都城糧食已絕，甚至到了交換孩子當吃食、砸開枯骨作柴燒的淒慘境地。楚軍自己糧草困難，難以爲繼，連楚莊王也想打退堂鼓算了。這時楚國的大夫申叔正在爲楚莊王駕車，勸莊王堅持下去，他說：我們要造起房子，讓種田的人都回到農田，多輸送糧食，一拚到底，宋人就會唯命是聽了。楚莊王採用了他的建議，使宋軍更加害怕。宋國派華元設法使楚國退兵。華元眞是藝高人膽大，他趁著夜色朦朧，偷偷地潛入楚營，登上了楚國大將子反的床，把他叫起來，說：國君命我把我國民衆的困苦告訴你，現在已是「易子而食，析骸而炊」，儘管如此，楚國若想逼迫我們訂立亡國滅種的城下之盟，無論如何辦不到！如果你們不想與宋人同歸於盡，就請退兵三十里；那麼我們國君將唯命是聽。子反被華元的忠魂義膽震懾了，內心恐慌，就與他盟誓，然後報告楚莊王。莊王也

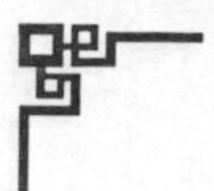

擔心宋國作困獸之鬥，造成兩敗俱傷，便答應退兵，把華元作為人質。宋楚達成協議，雙方盟誓：「我無爾詐，爾無我虞」（「爾虞我詐」這句成語，即出自這個典故；不過，去掉兩個「無」字，就成了貶義詞）。兩國和平之後，華元得以生還，這就是春秋戰國時期一個驚心動魄的「生間」故事。華元為了宋國國家和人民的生存，置個人安危於不顧，敢於夜入敵營心臟，向敵軍主將慷慨陳詞，曉以利害，又甘當人質，眞可謂俠肝義膽，智勇雙全。

但有的生間卻不一定這樣「高標準嚴要求」，只要選擇敵軍高層人士的親友故舊，使敵軍將帥深信不疑。即使他們是門人走卒、凡夫俗子，沒有什麼大勇大智，也往往能鑽敵人粗心大意的漏洞，出乎意料地達到目的。

元朝末年，陳友諒派遣使者與張士誠約定，共同攻打朱元璋占據的金陵（今江蘇南京）。朱元璋當時還沒有制勝的絕對優勢，就與部將康茂才商議對策：若他們兩軍聯合一併進攻，我軍不好對付；如果能引誘他們中的一部分先來進攻，我預先設下埋伏，那就便於各個擊破了。康茂才說：我家有個看門的老頭，以前侍候過陳友諒，陳對他這樣一個老實的憨厚人不會起什麼疑心。我可以派他去送信，假裝與他約定作為攻城的內應。朱元璋一聽，大加讚許，說陳友諒本是個粗心大意的魯莽漢，派個憨老頭去再合適不過；如果派個精明人去，反而容易引起他的懷疑。康茂才就賞給了看門老頭許多銀兩，派他去送這封信。老頭一到陳友諒營中，就以僕人身分去拜見他，遞上那封信，只說是康茂才叫他送來的，其他並無多言。

陳友諒一看信的內容，是對朱元璋發洩不滿，並約定攻城時在江東橋防區接應。陳友諒問老頭：江東橋在哪裏？老頭答：在城郊，護城河邊。陳又問：是什麼樣的橋？回答說是木橋。陳友諒見確有其橋，又是出自一個老實人之口，就深信不疑了。他又打發給老頭一些銀子，讓他回去告訴康茂才，等進攻的部隊趕到會合地點，以喊一聲「老康」爲接頭暗號。老頭平平安安回轉，把情況原原本本告知康茂才。朱元璋事先設好圈套，等陳友諒領兵前來，立即縮緊包圍圈，把陳軍打得大敗。

反間與離間

孫武認爲，五種間諜之中「反間」最爲活躍，他可以爲其他幾種間諜提供「行間」的基礎。反間在實際運用中有兩方面的情況：一是敵方間諜被我捕獲或識破後，不把他作爲罪犯公開審理，而是用金錢或其他手段收買，使他在我方控制之下，給敵方提供假情報，或爲我方提供眞實可信的情報；二是我方識破了敵方間諜，但不明確地道破，也不用收買，只是將計就計地給這間諜透露一些假情報，讓他報告敵方後反而對我方有利。

戰國時，樂毅受燕昭王委派攻打齊國，連破齊城七十餘座。這時，燕昭王死，燕惠王

立，惠王與樂毅原有隔閡。處在危急之中的齊國將領田單，利用燕國間諜捎回去一些假情報，說樂毅以前可以連破七十餘城，現在卻攻打不下即墨城，不是軍事上的原因，而是因為他對燕惠王不滿，想自己占有齊地後南面稱王，暫緩攻打即墨是企圖收買人心，以便順利地稱王。現在齊國人所怕的不是樂毅，而是別的燕將。如果別的將領攻打即墨，即墨指日可破。燕惠王本就對樂毅不信任，聽信了這些情報後，便派自己的寵信之人騎劫代替了樂毅。良將一去，愚將主持，田單的勁敵不在了，又進一步使用計謀，讓敵方激怒本國將士，最後用「火牛陣」大破燕軍——這段後事，我們留待「火攻戰術」再講。

宋代名將岳飛也曾成功地使用反間計。他在奉命征討曹成時，部下抓住了一個曹軍的間諜，綁送到中軍帳。當時岳飛正在議事，見那間諜被綁進帳，便心生一計，裝作沒看到的樣子，對軍中來報缺糧的部下說：既然軍糧不足，那就暫時退到茶陵（今屬湖南省）去吧！等後方運來糧草，再……話沒說完，他裝作突然看到敵軍間諜、生怕失言洩密的樣子，連連跺腳，並裝出一副著急後悔的模樣，轉入帳後去了。此後，他又密囑部下，給那曹軍間諜留下逃跑的機會，讓他偷偷溜走。

那個間諜自以為得意，連忙跑回去報告了曹成。曹成便乘機帶領本部人馬往茶陵方向追趕。岳飛估計曹成追兵已經走遠，就親自率領部隊從山路繞到曹營側後，出其不意地發動猛攻，把曹成的大本營給「一鍋端」了。接著，又往茶陵方向追著曹軍的「屁股」猛打，打得

曹成節節敗退，最後瀕於絕路，不得不接受招降。

至於收買敵方間諜爲己所用，這種「雙重間諜」的故事，直到當代，美國中央情報局與前蘇聯的相應機構「格別烏」之間，都還時有發生。有的「格別烏」成員爲金錢利誘所迷惑，利用自己的職務之便，出賣機密情報給美方，獲取高額報酬。美國中央情報局內部人員，也時有類似醜聞披露於報章。

離間，雖然沒有納入孫武所述五種間諜之中，但它也是間諜戰術中重要的一環。離間計通常是利用敵方內部君臣之間、主副將之間的矛盾或隔閡，散布一些挑撥性的言論，採用一些厚此薄彼、親此疏彼的手段，擴大敵人內部的裂痕，使其互相猜忌，互相嫉妒，互相鄙視，甚至產生敵對情緒或採取扼殺手段，將敵方頑固的堡壘從內部攻破，以達到「不戰而屈人之兵」的目的。

南北朝時，西魏（後歸北周）的大將軍韋孝寬奉命駐守玉壁（在今山西萬榮之西）。他善於帶兵，深得人心，使用間諜也很得法。他派出的間諜到敵國北齊，都盡心盡力，出色地完成任務，給他傳遞回不少可用的情報。與此同時，他也廣泛結交北齊內部的有用人士，贈送金銀財寶，收買他們做間諜。只要北齊方面一有軍事動靜，他安排的這兩類間諜就會送信來報告。他在自己內部安排的「耳目」也很靈通，手下有個大將叫許盆的，韋孝寬任爲心腹，派他出外鎮守一座城池。許盆不守軍令，孝寬聽人稟報後，嚴格執法，派間諜去取他的頭

顱，很快就斬首而還。

這些是韋孝寬使用「生間」、「鄉間」以及「內部間諜」的例子，他運用得最爲成功的還是離間計。當時北齊有位名將叫做斛律光，勇敢善戰，是他的心腹之患。韋孝寬想方設法要除掉他，就叫手下謀士編造歌謠，暗示、影射斛律光要取代北齊王而南面稱王。歌詞中說：「高山不推自潰，槲樹不扶自豎」（北齊王姓高，「高山」一句暗指他要崩潰；「槲、斛」二字同形，影射斛律光要擁兵自立）；還有一句「百升飛上天，明月照長安」（升是古時容量單位，百升爲一斛；斛律光又號稱「明月」），也是隱喻斛氏要當皇帝。韋孝寬派出本國間諜把這些歌謠寫成傳單，潛入北齊都城廣爲散發，並教城中小兒傳唱。北齊的宰相祖孝與斛律光有私仇，聽到這些童謠後，派人搜集傳單，白紙黑字，可算抓住了斛律光的「罪證、把柄」，他把這些情況向北齊王高緯稟報，說斛氏居心不良，圖謀造反。高緯剛剛繼位不久，生怕江山不穩，他爲人又生性多疑，不能明辨是非，就下令把斛律光斬首。

三、守衛突圍戰術

守不失險

決定戰爭勝敗的因素很多，除了政治、經濟、後勤的強弱之外，主要是將帥用兵的奇正、戰略的虛實、戰術的攻守等範疇。這些範疇都是矛盾的對立統一。如果只片面地強調一個方面，而忽視另一方面，就稱不上一個高明的軍事家。作爲指揮軍隊作戰的將帥，尤其應當全面地掌握運用好奇正、虛實、攻守的辯證關係。在戰術上，如果只會一味地進攻，不擅適當地防守，那充其量只是個有勇無謀的武夫。當然，任何戰役的最終勝利，還是要靠進攻來擊潰敵人而取得；但是，當受敵我雙方情勢或戰場條件限制，使你不得不採取守勢的時候，你還是莽撞地進攻，那就只能加速自己軍隊的滅亡。有時候，守是爲了等待時機與條件（如援兵的到來、敵人的疲累、季節與氣候的變換等等）；一旦時機條件有利於我，再發動進攻，便能取得決定性的勝利。

《尉繚子兵法．守權》一章專門論述守衛的戰術，其核心觀點是「守者，不失險者也」，就是要加強城池、工事的構築，或憑藉有利的險要地形來積極地守衛。

他論述守衛的辦法說：城牆一丈，由十人守衛，分工明確，責任落實，其他的事務就不要讓守城士卒去做。這樣就能以一當十，以十當百，以百當千，以千當萬。這樣的城郭，就不會白白浪費老百姓的錢財、勞力與土地。這才是眞正的守衛。

依此類推，千丈的城牆，就由萬人守衛。護城河深而廣，城牆堅而厚，士卒與民衆準備充足，糧草柴薪保障供給，強弓硬弩武器精良。這樣的守衛戰術，可以抵擋不少於十萬的進攻部隊。

有了必定來援救的部隊，才會有必定守住的城池；如果沒有必來援救的部隊，就沒有必能守住的城池。如果城池堅固，救援又誠實可靠，那麼即使是愚夫蠢婦也無不捐盡資財守護家園，甚至血染城牆。這樣的城池哪怕守過週年，也會在敵人進攻之餘、援軍救助之後保存下來。

城池雖然堅固，但救援卻不可靠，那麼愚夫蠢婦無不守著殘垣斷壁而淒然淚下，這本是人之常情；即使把庫存的糧食錢財都用來救撫百姓，也不能防止敗勢。

救兵與守軍互相配合的方法是：救兵鼓動其英雄豪傑帶堅甲利兵、強弓硬弩，一併排列

在前；老弱病殘、破損兵器排列在後，十萬大軍兵臨城下，衝開敵軍的包圍，幫守軍殺出一條血路，占據要塞。這時救兵就只須救援守軍的後路了，源源不斷地供給糧草，內外相應。也就是說，救兵向圍敵裝出不誠心救援的樣子，一旦與敵遭遇，則倒過陣勢來，老弱病殘在前，而精兵強將在後，待敵人追來時就能以精兵強將抵擋而一往無前，成功地守住我方城池與陣地。

堅守馳援

《六韜．虎韜》的「金鼓」篇中，周武王問姜太公：帶領軍隊深入諸侯之地，兵力與敵人相當，而氣候變化多端，或寒冷，或酷熱，或日夜淫雨不止，壕溝與營壘都被破壞，關隘要塞難以防守，這種情況下應當怎麼辦？姜太公回答說：軍隊作戰，應當以戒備求得穩固，若懈怠就會招致失敗。如果出現上述情況，應當令我軍壁壘森嚴，嚴加防守，軍人手持旌旗，內外相應，用號令互相傳達資訊，不要讓傳令之聲斷絕，要一致對外。軍隊駐紮，以三千人為一屯，用軍令紀律訓誡約束他們，各部嚴守崗位。敵人如果來侵犯，我軍以嚴格的警戒和守備對付，使它無能為力，敵人力量耗盡，士氣懈怠，必定會撤退。這時，派出我軍精銳部

隊，追趕襲擊他們。

武王又問：如果敵人知道我軍追趕，在側面埋伏一支精銳部隊，正面卻佯裝失敗，等我軍追到其伏擊地帶，其正面部隊回過頭來還擊，側面埋伏部隊又夾擊我軍，我軍腹背受敵，營壘被侵，三軍驚恐，紛亂而失去秩序，這又怎麼辦呢？姜太公說：要分爲三隊追擊敵軍，不要越過它的伏擊地帶。三路一齊追到，也有分工，或攻擊它的前後，或攻擊它的兩側。審度形勢，明確號令，快速向前衝擊，敵軍必定失敗。

以上講的是堅守之後追擊敵人後撤之兵的戰術。在守戰的實際運用之中，往往還要派出兵力前去支援守軍。這時，一方面堅守的部隊要上下一心，深溝高壘地嚴加防範；另一方面，馳援的部隊要根據敵我雙方的情勢採取靈活多樣的援救方式。如果敵人包圍我方的兵力不是十分強大，可以直接對敵採用反包圍戰術，即用馳援部隊的優勢兵力將敵軍再行包圍。這樣一來，周邊援軍與被敵所圍的部隊就對敵形成了內外夾攻之勢，好像「夾心餅乾」一樣，可以互相配合將敵人擠壓並消滅掉。

如果包圍我方守軍的敵人勢力強大，則不宜採取上述方式。一種可供選擇的戰術就是，馳援部隊另外攻擊敵人的要害城池或陣地，用間接的方式解除圍困。孫臏最善於用這種馳援方式，他認爲，要解開一團亂麻，不能用手直接去撕扯拉拽；要排解別人打架，也不宜直接參與混戰；派兵解圍，要選取圍敵的要害予以攻擊，使敵不得不解圍來撲救其要害。在與龐

涓的兩次較量中，他都是施行此法。一次是桂陵之戰中「圍魏救趙」，另一次是馬陵之戰的「疾走大梁（魏國的都城）」。這可以稱之爲側面解圍之法。

側面解圍中這個攻擊點的選取十分重要。正如孫武所論：「我欲戰，敵雖高壘深溝，不得不與我戰者，攻其所必救也。」攻其必救，關鍵在於一個「必」字。如果馳援部隊選取的攻擊點對於敵人無關重要，不痛不癢，那就達不到解圍的目的，一定要選取敵人至關重要的地方進行致命性的打擊，它才會解圍來救。

西元一八五八年，清軍的強大兵力包圍了太平天國首都天京（今江蘇南京市），統領清軍的朝廷命官是能征慣戰的「湘軍」頭子曾國藩，如果太平軍沒有高明的馳援方法，他是不會輕易解開天京之圍的。這時，太平天國的洪仁玕和李秀成根據敵軍情況，共同商討制定了一個解圍計畫，必須向敵人的後方相對空虛處實行猛烈打擊，摧毀清兵的江南大本營。江南大本營正是敵人的致命之處，是它必定要去撲救的地方。

一八六〇年一月，洪仁玕和李秀成率領所部，從浦口渡過長江來到蕪湖，與太平天國的左軍主將李世賢等部會合，一同攻打「湘軍」的後方糧倉湖州、杭州。經過一段時間的苦戰，終於攻下了杭州城，斷了清軍的後方糧餉補給。包圍天京的清軍果然十分驚慌，抽出了五分之二的兵力，企圖奪回杭州城，以延續其糧餉補給線。

李秀成命部隊在杭州城上插了很多番號的軍旗，讓敵人認爲有許多太平軍在城內駐守。

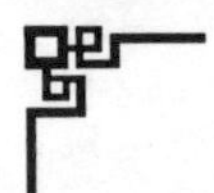

其實他這是虛設疑兵，主力部隊卻已經暗中撤出了杭州城，因爲他攻占杭州並不是主要目的，只是一種救援天京以解其圍的手段而已。李秀成與洪仁玕的主力部隊哪兒去了呢？他們從山區小路潛行，晝夜兼程地向天京方向北返了。當清軍衝進杭州空城時，才知道上當受騙了，但他們仍然沒有摸清太平軍的眞實去向。此刻，太平軍已在距天京僅僅一百八十里處的建平（今郎溪縣）會合，緊接著兵分東西兩路，從剩下不多的包圍天京的清軍背後實行突然襲擊，天京之圍就這樣解除了。

絕處求生的突圍戰

《六韜．必出》篇，對突圍戰術有專門的論述。武王問道：敵人從四面合攏包圍我軍，斷絕我方糧道。敵軍兵力又多，糧草又足，險阻又鞏固，我軍必須突圍而出，怎麼辦？姜太公回答說：突圍戰術，器械固然十分寶貴，勇敢戰鬥還應放在首位。透過偵察，了解敵人相對空虛之地，無人之處，可以從這裏突圍而出。將士們手持黑旗，操縱器械，人銜枚，馬勒口，悄然無聲，趁著夜靜更深之時衝出。行動快捷、勇猛敢死的將士衝在前面，掃平敵軍營壘，爲全軍開路；靈活應變的將士與弓弩手作爲伏兵居於後面；實力較弱的士卒與車騎居於

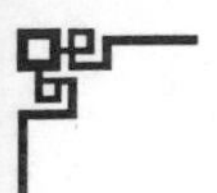

中部，排好隊列慢慢行進，千萬不要驚慌失措。用輕便靈活的戰車前後拒守，用武力強大的戰車防備左右。敵人若是驚起來追，行動快捷、勇猛敢死的部隊就要快速攻擊，衝鋒向前；中部的弱卒與車騎緊跟其後；靈活應變的將士與弓弩手，則隱伏在後面的兩側。等敵人的追兵來到，這些伏兵一起發起攻擊，多用火把與鼓號，以壯聲威，好像突然從天上降下、從地底鑽出一樣，勇武戰鬥，沒有誰能抵禦。

武王又問：前有大河深塹，我軍想要渡過又沒有準備好舟楫；敵人屯駐營壘，阻擋在我軍前頭，又堵塞了我軍退路，守衛很警覺，關塞又險要，車騎阻擊我軍前鋒，勇士追擊我軍後部，這種情況下怎麼辦？姜太公說：大河深塹，敵人以爲是天然屏障，一般不會嚴加防守，或者即使防守，兵力也不多。在這種情況下，我軍可用橫跨水上的索道飛越，或用竹筏木排渡過。軍中的勇將與智士，聽從主帥指揮，衝鋒陷陣，都要有敢死的決心。首先燒毀我軍輜重和糧食，明確地告誡我軍將士：勇敢戰鬥則能求生，貪生怕死只有等死。先衝出去的，爲後繼部隊作準備，必須選擇草木茂盛的山丘、險阻之處，燃燒高入雲天的火陣，遠遠地守候，敵人的車騎必定不敢長驅遠追。用這火陣爲標記，衝到爲止，集合部隊，再列陣勢，絕處求生，必有餘勇，三軍都會精銳勇猛，沒有誰能阻擋。

後來的軍事家談到突圍路上遇到敵人阻擊時，有一句話叫做「狹路相逢勇者勝」，就是基於姜太公所述「必出」的信心與勇氣。

必出的「必」字，本身就含有決死拚搏的意思。為了衝出敵人的圍追堵截，首先要有精銳的敢死隊作為前鋒；其次，要捨得丟棄輜重糧秣，主動打破「罈罈罐罐」，輕裝前進，以免作繭自縛。這就類似項羽的「破釜沉舟，決一死戰」。

四、火攻戰術

火攻破敵之法

戰爭，與火有著緊密的聯繫，甚至它本身就可以用「戰火」一詞來指代。「兵火、兵燹（戰爭之火）」也可以起到同樣的作用。漢語中火力、火藥、火伴（古時兵制，十人爲一火，取共火炊煮之意，後演變爲夥）、火頭（古時軍隊中掌管伙食的人，相當於現今的伙房）、火攻、火炮、火鐮、火銃、火箭、火牌（清代軍中的一種兵符印信）、火器、烽火等等，都是戰爭中的專用詞語。焚燒、爆炸、狼煙（狼糞燃燒而起烽煙）等因火而起的詞語，也屬於此類。在科學技術不夠發達的「冷兵器」時代，兩軍對陣近距離作戰，適時適地縱火助攻，往往能取得決定性勝利，所以兵家對火攻格外重視，《孫子兵法》十三篇中專門有一篇論述火攻。

孫武說，大凡火攻有五種方式：一是焚燒敵軍人馬，二是焚燒糧草積蓄，三是焚燒輜重裝備，四是焚燒敵人倉庫，五是焚燒交通設施。實施火攻必須具備條件，發火的器材一定要平素預備好，放火要選準有利時機，縱火要擇定有利日期。時機，要選在乾燥氣候；日期，要定在月亮運行到「箕、壁、翼、軫」四個星宿的時候，凡是月亮運行到這四個星宿的位置時，就是起風的日子。

凡用火攻，必須根據五種火攻方式造成的情況變化而用兵力策應。從敵人內部放火，就要及早派兵在外面接應。火已燒起而敵軍仍然鎮靜時，要稍加等待觀察，不要急於進攻，待到火勢極旺，可以進攻時就組織進攻，不可進攻時就停止不動。火也可以從敵人外部發起，無須等待內應，只要時機成熟便可放火。在上風放火，不要在下風進攻（那樣等於燒自己）。白天風刮久了，夜晚風就會停。凡是指揮作戰必須懂得這五種火攻的變化，掌握各種不同的火攻戰術方法。

用火來輔佐進攻，效果十分明顯；用水來輔佐進攻，威勢必會加強。水路進攻可以隔絕敵人，卻不如火攻能直接奪取與毀滅敵人的生命和物資。

關於「月在箕、壁、翼、軫四宿，風起之日也」的判斷，是古代星象學的一種推算方法。古時沒有發達的氣象預報，就靠推演天干、地支與日月、星辰的變化來預測天氣。因火攻需要風勢相助，故而何時會有什麼風向，對於軍中火攻十分重要。道教的《玉經》說：用

月份加上日期數，從營室（星宿名）順數十五就到了翼星，月亮運行到這個位置，就有風起。

《三國演義》中把諸葛亮「祭東風」描寫得神乎其神，魯迅認爲這破壞了人物的塑造，把一個智慧之星寫成了近乎妖道的形象。若依我從赤壁古戰場附近搜集到的民間傳說來看，諸葛亮是從漁民那裏了解到一句氣象諺語「冬至泥鰍翻肚皮，不等天亮東風起」，才預測到風向的，他是把民俗氣象學運用到軍事決策學的智者。小說中描寫的「祭東風」，不過是他設計擺脫周瑜控制的「金蟬脫殼」而已。

如果他直說了風向預測源自漁夫諺語，而不故弄一番玄虛，一則周瑜不可能深信不疑，二則自己也不可能順利地回歸劉備身邊去部署兵力截擊曹軍。

由此看來，老百姓常說的「江湖一點訣，識破不值半文錢」，於此事也可見一斑。

五種火攻

先看「火人」，即焚毀敵軍營寨而燒死敵人。吳起也說過：凡是敵軍駐紮在荒涼的草澤，草木密集幽暗，就可以焚燒而消滅他們。最早運用火攻的戰例，載於史冊的是《春秋·公羊

傳》：魯桓公七年（西元前七〇五年）二月，魯國用火攻之法，在咸丘（今山東巨野縣南部）焚燒滅絕了一個小小的諸侯國邾婁。

五代時梁太祖朱溫於乾甯元年（西元九一一年）二月領兵從鄆州（今山東鄆城）北至魚山（今山東東阿境內），與宋將朱宣、朱瑾兄弟所率鄆州、兗州守軍交戰。初時，東南風起，梁軍旌旗翻捲，士卒面有懼色，因兩軍所駐之地都在草澤之中，梁軍位於西北方向，如果此時宋軍縱火，梁軍便要被燒。朱溫命騎兵揚鞭呼嘯，以壯軍威，安定軍心。過了一陣，風向變化，轉為西北風，朱溫抓住這個有利時機，命令軍士一齊放火，趁著風勢，火焰沖天燒往東南方向的宋營。朱氏兄弟猝不及防，被燒殺一萬多人，大敗虧虛。

《舊唐書．康延孝傳》記載，後唐同光三年（西元九二五年），工部尚書任圜領兵伐蜀，康延孝迎戰。任圜命部將董章領東川的弱勢兵力抵擋康氏的鋒芒，把精兵強將隱伏在後面。康延孝沒費什麼力氣就擊退了東川弱兵，急忙追趕，遇上了任圜布置的伏兵，吃了敗仗，退入漢州，閉關不出。漢州營寨四面豎起竹木作為柵欄，本意是想防備後唐兵襲擊，誰知卻自己栽下了引火的根苗。任圜派人偵知這一情況，決定採用火攻戰術。三月的一天，任圜率領本部人馬，與前來會合的西川孟知祥二萬兵馬一起鼓噪而進，到漢州營寨四面縱火，風助火勢，烈焰張天，康延孝處於危急之中，步卒撤退已經來不及了，只好引騎兵捨命衝出，跑到金雁橋，又被任圜軍追殺。任圜用火攻取得此戰的全勝。

再看「火積」，即焚燒糧草積蓄。楚漢相爭時，劉邦在成皋（今河南榮陽）被項羽圍困，幸得部下紀信假扮他的模樣，乘坐他的戰車出東門假裝降楚。紀信被項羽燒殺，劉邦則得以從西門逃出，但仍被項羽追趕，一直處於被動。好不容易逃到修武（今屬河南），暫且安頓下來。郎中（古代官職名）鄭忠勸他深溝高壘，愼勿交戰，可伺機燒毀楚軍糧草，以絕其食，挫其軍心。劉邦聽從了他的建議，派堂兄劉賈和部將盧綰率領步卒二萬，騎兵數百，從白馬津渡過黃河，深入楚軍後方，燒毀項羽積蓄糧草的地方，使楚軍缺糧而兵無戰心。劉邦乘機引兵渡河，收復了成皋。成皋一地，在劉邦手上失去是因爲火攻，復得也是由於火攻。火攻的重要作用，於此可見一斑。

第三，「火輜」，即焚燒敵軍的輜重裝備。《晉書．苻堅載紀》中說：前秦建元六年（西元三七〇年）四月，秦王苻堅派將軍王猛等十人統領步卒與騎兵共六萬，分爲兩路進攻燕國。八月，王猛攻克壺關（今山西長治市東南）；九月，又攻下晉陽（今山西省會太原）。燕王命太傅（官職名）慕容評領兵四十餘萬救復這兩座城池，慕容評懼怕王猛，不敢進兵，屯駐在潞川（今山西長治北部）。王猛留下部將毛當守衛晉陽，自領大軍與慕容評對峙。他派出游擊（軍中官職名）郭慶帶領精銳部隊五千人，趁著夜色，從秘密小路繞到慕容評的軍營背後，傍著山林放火，焚燒燕軍屯積在山中的輜重裝備。山林草木繁茂，火光沖天，遠在燕國都城鄴都可以望見。燕軍輜重裝備全部付之一炬，元氣大傷，戰鬥力喪失殆盡。王猛趁勢激

勵士兵，帶著騎兵衝入燕營，橫衝直撞，旁若無人，砍旗斬將，殺傷衆多，俘敵五萬。慕容評節節敗退，王猛乘勝追擊，又殲敵十萬餘人，進軍包圍了燕國都城鄴。十月，秦王苻堅親率增兵十萬，殺奔鄴城，俘獲燕王，滅了燕國。

第四，「火庫」，即焚燒敵人倉庫。古代軍隊的倉庫比較簡單，無非裝些糧草、輜重之類。現代戰爭的「倉庫」，其涵蓋範圍要廣大得多，所有軍事後勤供給，包括軍需工廠和軍用資源的生產廠礦，都在軍庫範疇之內。火攻，也不僅是步兵放火焚燒，包括炮火轟炸、飛機投彈焚燒等等。在第二次世界大戰中，英國空軍曾炸毀德軍的燃料油化工廠，聯軍的空軍部隊也曾炸毀德軍的飛機製造廠。一九九四年波灣戰爭中，以美國爲首的「多國部隊」也派出空軍戰機對伊拉克的導彈發射基地進行多次轟炸，從而破壞了伊拉克的反攻能力。

第五，「火隊」，隊，通「隧」，道路的意思，火隊即是焚燒交通設施。元朝末年，朱元璋與陳友諒在洞庭湖區以水軍交戰，陳的戰艦多而大，交通與作戰都很便利。朱元璋趁著東南風起，自己處於上風的優勢，派出部將俞通海、廖永忠駕著滿載火藥與蘆葦的七隻小船，快速接近陳軍水寨，放火焚燒敵人戰船。陳軍船大而笨，又密集而難以分開，很快被燒毀大半。大船終敗在小船之手。愛國將領鄭成功收復台灣之時，曾派善於泅水的將士帶著火種，潛近荷蘭入侵者的軍艦，放火燒毀敵艦兩艘，並最終打敗了荷蘭占領軍。

破敵火攻之法

火攻，與其他戰術一樣，既有焚敵進攻的一面，又有防備與對抗敵人焚燒的一面，正反兩面，相輔相成。作爲指揮的將帥，一定要全面地掌握火攻破敵與破敵火攻的攻防兩手，才能運用自如，在火攻這個領域遊刃有餘。《六韜．虎韜》的「火戰」，就是專門講述對抗敵人火攻的戰術。

武王問道：引兵深入諸侯之地，遇到草木蓊鬱幽深，環繞我軍前後左右，我方三軍已經遠行數百里，人馬疲倦，在此休息。敵人利用氣候乾燥、大風猛刮，在我方上風放火，車兵、騎兵、精銳士卒埋伏在我後頭。我方三軍恐怖，散亂奔走，這種情況下應當怎麼辦？姜太公回答說：要登上雲梯飛樓，遠望前後，觀察左右，保持鎭定，切勿慌亂。敵人若引兵殺來，我方要逆風衝去，占據已經過火的黑地，堅決站穩腳跟（這樣就可避免再被火燒，不要跑到沒有過火的綠地，那樣等於是自投火網）。敵人殺來，在我軍占據黑地之後，看見火起，以爲我軍被燒，就會退兵。我軍占據黑地，要派強弓硬弩、精明將士護衛左右，索性把沒有過火的前後綠地燒斷火路，這樣一來，敵人再也不能加害於我。

武王又問：敵人縱火焚燒我軍前後左右，煙霧瀰漫我軍，他們的大軍照著黑地殺來，怎麼辦？姜太公說：這種情況下，要擺列從四面進行武力衝鋒的陣勢，用強弓硬弩像羽翼一樣護衛左右，這種方法可保不勝也不敗。

漢將李陵在與匈奴對陣時，就採用過這種破敵火攻之法。西漢天漢二年（西元前九十九年），李陵所領五千兵士被敵追趕，到了一個蘆葦叢生的湖澤，敵人在上風放火，李陵見勢不妙，先下手爲強，命士卒搶先放火把自己周圍的蘆葦燒光，斷絕火路，待敵人所放的火燒到附近，就不會再燒人了，由此得以逃脫於一時。

古代將領深知火攻的厲害，所以時時處處加以防備。三國時，魏將滿寵領兵征討吳軍，告誡衆將說：今夜風勢很猛，敵人必定會來焚燒我軍營寨，應當早作防備。於是三軍警惕，戒備森嚴。半夜時分，吳軍果然來燒魏營，滿寵早已分派兵力，掩擊吳軍，打敗了敵人。

赤壁縱火

東漢末年，曹操在官渡之戰取勝並統一北方後，便乘機揮戈南下，企圖消滅劉表、孫權兩大軍事集團，以確立他在全國的統治地位。他首先奪取了軍事要地荊州（今屬湖北省），擊

敗了劉表。建安十三年，劉表病死；依附於他的劉備，也被曹操在當陽（今屬湖北省）長阪坡打敗，曹操的主要對手就是孫權了。

孫權的謀士魯肅進言道：當今之計，宜與劉備結盟，共同抗禦曹兵。孫權派他去與劉備接觸，在長阪坡會面了。劉備進駐到樊口（今湖北省鄂州市郊），派諸葛亮與魯肅一起去見孫權。

諸葛亮在柴桑（今江西九江市）見到孫權並對他說：如果您能以吳越的人力、物力與曹操對抗，不如早日與他絕交以爭奪天下；如果您沒有力量，那就放下武器，解散軍隊，北面侍奉曹操。現在您卻外表服從曹操，內心猶豫不決，事態緊急而不能決斷，不久將會大禍臨頭！孫權被他的「激將法」給激怒了，說：我不能拿著整個東吳土地、十萬軍隊，去受別人的控制。我的計畫已經決定！但我知道，除了劉豫州之外，沒有一個人能同我一起對付曹操。然而劉豫州最近敗於曹操，又怎能抗擊這場戰禍呢？諸葛亮說：劉豫州手下陸續回來的士兵，加上關羽的水軍，合起來還有精兵一萬；劉琦（劉表之子，與劉備聯合）集合他的江夏兵也不少於一萬。曹軍遠從北方而來，已是疲憊不堪，而又輕兵冒進，就像強弩之末，連一層薄紗也不能穿過，他犯了兵法的忌諱，這樣要損失主將的。曹操的北方軍隊，一向不習水戰，荊州降卒也各懷異心。您若能任命猛將帶領數萬精兵，與我主結為同盟，齊心協力，一定可以打敗曹軍。曹軍一破，必定返回北方，東吳與荊州的勢力就會強大起來，三分天下

的形勢也就形成了。成功或是失敗，時機就在今天！孫權聽了，很高興。孫、劉聯盟就在諸葛亮與魯肅兩位謀略之士的「穿梭外交」中達成了協定。這時，曹操派人送給孫權一封挑戰書，聲稱自己是奉皇帝的命令討伐有罪之人，要以八十萬軍隊與孫權「會獵」（實際上是會戰）。孫權手下老派的謀士張昭等人主張投降，很令孫權失望；他想起兄長孫策的臨終遺囑：內事不決問張昭，外事不決問周瑜。他便把在鄱陽湖操練水軍的青年將軍周瑜請來問計。周瑜分析說：曹操的兵力實際上沒有八十萬。他所帶北方士兵，不過十五六萬，而且經過遠道奔襲荊州，已是疲憊不堪；他所俘獲的劉表軍隊，也只有七八萬人，還心存疑慮，對曹操不大信服。曹操手下都是疲兵與降卒，人數雖多，並不可怕。您只要給我五萬精兵，就足以制勝。孫權大喜道，只有你和魯肅與我同心，這眞是天賜你們二位來輔佐我啊！五萬軍隊，一時很難調集，但我已經選好了三萬，船隻、糧食與作戰器械，也都辦理齊全。你與魯肅、程普等人先出發，我當繼續調集人馬，作爲你的後援，一定要與曹操決一死戰！

周瑜領兵與曹操在赤壁（今屬湖北省蒲圻市）相遇。這時，曹軍因一些士兵不服水土，已發生瘟疫。首次交戰，曹軍就不利，於是曹操引兵退駐長江北岸的烏林，周瑜屯兵於南岸的赤壁，兩軍隔江相峙。東吳部將黃蓋向周瑜獻計說：現在敵人兵多，我軍兵少，難於同它長久相持。曹軍因不習水戰，把船隻連鎖起來，首尾互相銜接，擠在一起；如果我軍用火攻，燒毀它的戰船，就可以打敗曹軍。

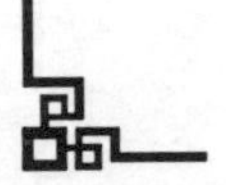

黃蓋的建議使周瑜深受啓發，他確定了讓黃蓋詐降接近曹營、然後放火燒船的作戰方略。黃蓋於是寫了一封降書，派人送到江北曹營，曹操正在爲難之際，接到這封言辭誠懇的降書，以爲自己制勝有了轉機，便深信不疑，還與黃蓋約定了前來歸降的時間與信號。

西元二〇八年十一月的一天，到了曹操與黃蓋預約的日子，東吳各路人馬以及劉備聯軍都做好了充分的戰鬥準備。黃蓋事先預備的十條大船，裝滿了蘆葦與乾柴，裏面浸透了油液，外面用布幔蓋上作爲僞裝，插了預約的信號旗幟，趁著當地「十月小陽春，冬至一陽生」的季節性東南風，往對岸駛去。每條大船的後面還繫上快船，以便起火後換乘與敵交戰。黃蓋的大船開過江中心，扯起了風帆，乘著風勢飛快地駛向曹營。曹營官兵遠遠望見，指手劃腳地說：這是黃蓋投降來了！眼看快要接近曹營了，黃蓋命令各條大船的士兵一齊點火，立即跳上後面的快船。那十條大船滿帆疾駛，風助火勢，火仗風威，呼啦啦地燒著，頃刻之間，把曹操的連鎖戰船全部燒毀，火勢飛快地蔓延到陸上營寨，整個江北曹營火光沖天，熾熱烤人。曹營人馬被火燒死、被水淹死的不計其數，剩下的兵馬也在慌亂中很難集中形成戰鬥力。周瑜指揮東吳軍隊駕駛戰船迅速過江登岸，擂響戰鼓大舉進攻，衝進曹營，刀砍馬踏，乘亂攻擊，大獲全勝。

曹操帶著部分殘兵敗將，從華容道逃跑，又碰上道路泥濘，無法行走。曹操命令全部老弱士卒背草來塡路，大隊人馬求生心切，又把塡路的老弱士卒踩死不少。周瑜與劉備的軍隊

水陸並進，追擊曹軍，一直追到南郡（今湖北省荊州市境內）。曹軍官兵饑寒交迫，加上又染疫病，死去大半。曹操遭受這場大敗，只得留人守衛襄陽等地，防止孫劉聯軍再向北進，自己引兵回到北方去了。

曹操之所以敗給弱旅東吳軍，一是因爲遠道征伐，軍隊疲憊；二是北兵不習南方水土，不善水戰；三是接受黃蓋投降時沒有戒心；四也是最重要的一條，他沒有防備火攻，用北方的氣候特徵來衡量南方，以爲冬季不會有東南風，燒不到自己所駐的西北方向。而孫權得勝就在於周瑜等人促使他下定了與曹操交戰的決心。周瑜在決定火攻之前，做好了充分準備，他明白當地氣候特徵「十月小陽春，冬至一陽生」，會有東南風起；他掌握了「行火必有因（黃蓋詐降），煙火必素具（浸油乾柴），發火有時（東南風起），起火有日（約定詐降）」；按照《孫子兵法．火攻》篇中關於「上風、下風」的論述，自己占據在上風的東南方向，有利於縱火焚燒對岸下風方向。放火之後，又以主力部隊配合詐降的黃蓋先頭部隊，水陸並進，亂中取勝，做到了兵法所論的「火發於內，則早應之於外」。

彝陵戰火

西元二二一年六月，劉備爲報東吳殺害其義弟關羽之仇，要舉兵進攻孫權。趙雲勸道：篡奪漢朝天下的是曹操而不是孫權，不應把大敵魏國放在一邊而先去與東吳交戰。戰爭一起，是不能很快結束的。伐吳不是上策！劉備報仇心切，聽不進去。

七月，劉備親自率領軍隊去攻孫權，孫權請諸葛亮之兄諸葛瑾寫信議和，劉備仍然不聽。他先在巫山（今屬四川省）打敗了孫權的守將，把軍隊推進到秭歸（今屬湖北省），兵力達到四萬餘人。

大敵當前，孫權起用了青年將軍陸遜，任命他爲大都督，率領朱然、潘璋、韓當、徐盛等東吳名將，指揮五萬人馬抵抗劉備。

到了第二年二月，劉備又要向江南挺進，他的手下將領黃權進言道：吳國人勇敢善戰，而我們的水軍順流而下，前進容易，後退困難。請允許我作爲先鋒，在前面抵擋敵人；您應當在後面坐鎭指揮，以防萬一。劉備只想親自替關羽報仇，又一次拒絕了部下的好意，派黃權統領江北軍隊，作「鎭北將軍」；他自己卻帶著其他將領，從長江南岸翻山越嶺，一直進

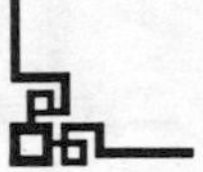

軍到彝陵（今湖北省宜昌市境內）一帶。

這時，吳國的將領都主張立即迎戰，陸遜卻堅守不出。有人議論他膽小怯敵，他分析道：劉備率領大軍報仇心切，沿江東下，士氣正旺，又居於高處，扼住險要地方，我們不可能一下子攻破；即使攻下一些，也不能全勝。萬一我們失利，就會影響全局，這就不是小事了。現在我們必須加強守備，鼓舞士氣，觀察敵情的變化，待到有利於我們的戰機出現，再一鼓作氣地攻取敵人。部下以爲這是膽小鬼的自圓其說，沒有明白他「先爲（己方）不可勝，待敵之可勝」的兵法謀略，對這位年輕的大都督心懷不滿，甚至產生怨恨情緒。

到了這年夏季，劉備見陸遜堅守，一時難以攻克，兩軍相持不下，就命令部隊從巫峽的建平（在今四川境內）到彝陵之間，七百里區域內，接連設立幾十座大營，號稱「連營七百里」。他又派吳班帶領數千人在平地立營，以此引誘吳軍決戰。陸遜部下見吳班兵少，又想說動主帥去交戰。陸遜說：這是以小利誘我，劉備肯定另有圖謀，我們不能上當。他又一次堅守不出，也又一次遭到非議。

轉眼相持到了秋天，陸遜認爲反攻的時機已經成熟，就要組織攻擊。將領們卻說：要攻就要在劉備初來時進攻，現在他已深入我國境內五六百里，扼住了險要地帶，再去進攻，恐怕沒有什麼好處。陸遜分析道：劉備與我軍相持日久，又沒能抓住我軍的空隙，想不出什麼打敗我軍的主意，士卒都很疲憊，士氣已經低落；我們用計破敵的時候到了！他先派部分兵

力試探性地攻擊劉備一座軍營，沒能成功；將領們又生怨氣，說這是白白地浪費兵力。陸遜卻說：我已知道破敵大軍的方法了！眼下氣候乾燥，山區草木枯黃，劉備連營駐紮七百里，都在容易著火的地方，我們用火攻之法，定能攻破敵人的連營。將領們這才心服口服，明白了他韌性堅守、待機火攻的良苦用心。

陸遜命令所有士卒，每人準備一束乾草，點火焚燒劉備營區的山林草木。火起之時，東吳大軍在陸遜率領下，憋足了一股勁，向劉軍同時發起猛攻。一時間，彝陵山區大火燒成長長的巨龍，七百里連爲一片火海，四十多座大營全部燒著。劉備的部將與士卒被燒死一萬有餘。其他的也潰不成軍，被陸遜指揮部隊連追帶殺，死傷過半。劉備連夜逃走，依靠沿途的驛站，把輜重、器械焚燒，擋住山路上狹窄的隘口，這才阻止了東吳的追兵。劉備逃進白帝城（今屬四川奉節），命人扼住長江瞿塘峽的險要關口，這才暫得安身，不久即憂鬱成疾，命喪於此。

這次兵敗，劉備先是聽不進部下勸告，爲了報仇而冒險輕進，又沒有速勝的策略；接著犯了兵家大忌，連營紮寨，戰線蔓延七百里，分散了兵力；最要命的是沒有防備陸遜的火攻，全軍被付之一炬。陸遜的成功在於首先避敵鋒芒，堅守不戰，不管部將如何議論，主帥心中自有主張；其次善於以逸待勞，等待與捕捉有利於己的戰機；最後在火攻之時，做好了一切準備，全面發起反攻，奪得了徹底勝利。

「火牛陣」

周赧王三一年（西元前二八四年），燕昭王以樂毅爲上將軍，率兵伐齊，連下七十餘城，攻到即墨（今山東省境內），齊將田單使用間諜戰術，讓燕王撤換了樂毅（這一節已在前面講過）。

儘管如此，即墨城仍然面臨著燕軍大兵壓境，田單又讓人散布說：我最怕燕人把俘獲的齊兵割去鼻子，放到進擊部隊的前頭做炮灰，那樣，即墨城就難保了。燕軍聽到，就照此辦理，即墨軍民見自己人被燕軍如此虐待、羞辱，非常氣憤，發誓死守城池，生怕被抓住做了俘虜還要受割鼻之苦。田單又派出間諜說：我最怕燕人去挖城外的墳墓，那樣就會使即墨人傷心喪氣。燕軍又信以爲眞，把城郊的即墨人祖墳全部挖掘，焚燒屍骨。即墨軍民在城上見此情形，都痛哭流涕，咒罵燕軍滅絕人性，大家要求與燕軍決一死戰！田單連用兩計，從反面激怒自己的士卒，鼓足高昂的士氣；與此同時，他也從正面引導軍民，自己身先士卒，將妻妾也編入作戰的行列，家中吃的、穿的、用的，都拿出來與人們分享。

經過一段時間堅守，田單又故意向敵人示弱。他命令穿著盔甲的士兵都隱蔽、埋伏起

來，只剩些老弱病殘與婦女登城看守，派人向燕軍請降，燕軍個個歡呼勝利，鬥志更加鬆懈了。他又從民間募集黃金千鎰（一鎰等於二十四兩），派即墨城裏的富豪送給燕軍，言辭卑怯地說：即墨馬上就要開城投降了，請大軍進城後不要擄掠我們的家族。燕軍越發信以爲眞，完全喪失了警惕性。

田單在這段時間內，抓緊準備以拚死反攻。他在城裏收集了一千多頭牛，在牛身上披掛著紅色的絲織品，畫上五彩龍紋，牛角上紮緊鋒利的尖刀，牛尾上綁好浸透油脂的蘆葦。考慮到大開城門放出牛去會引起燕軍注意，他就命人在城牆腳下挖了幾十個洞，只等洞門挖穿，就讓五千壯士趕著這些牛群，乘著夜色朦朧，放火點燃牛尾上的蘆葦。牛尾被燒疼痛，牛群就像瘋了一樣直往前衝，闖進燕軍營寨。燕軍在火光中看見牛身上的龍紋，以爲是「火龍」來了，嚇得大驚失色，屁滾尿流。擋在前面的，被火牛撞死；縮進兵營的，又被引火燒死。緊隨「火牛陣」之後的五千壯士，個個同仇敵愾，拚死決鬥，砍殺驚慌之敵。即墨城裏的老百姓，也都敲著銅器吶喊助威，殺聲震天動地，火光瀰漫夜空。「火牛陣」衝過的地方，所向披靡，壯士們乘機追亡逐北，所經城鎮盡數收復。田單的軍隊日益增多，燕軍卻日益敗亡，一直退到黃河邊上，原先占據的齊國七十多座城池，被田單全部收復。於是田單來到莒城，迎接齊襄王回歸都城臨淄，重新安定了齊國，他本人也被封爲「安平君」。

田單之所以能在齊國命繫垂危之時反敗爲勝，關鍵在於他善用謀略：離間計套著反間

計，使燕軍換帥，並激起齊軍鬥志；反間計又套著詐降計，使敵人完全喪失警惕；間諜戰術緊接著火攻戰術，火攻中利用城中的牛群，出敵意料地掘城而出，衝向敵營，乘機長驅直入，收復了所有失地。「火牛陣」也因此而成爲我國古代著名的戰例。

五、利用地形戰術

六類地形及對策

古代兵家對於利用地形戰勝敵人這種戰術十分重視，幾乎所有兵家著作中都談到地理與地形，最明顯的還是《孫子兵法》。作者在十三篇兵法中用〈地形〉、〈九地〉兩篇中對此專門加以論述，還在〈行軍〉、〈九變〉等篇章中成段地論及。我們先來看〈地形〉篇：

孫武說，地形有「通」形、「掛」形、「支」形、「隘」形、「險」形、「遠」形六大類。我軍可以去，敵軍也可以來的地域，叫做「通」形。在「通」形地域交戰，應當搶先占領開闊向陽的高地，保持運送糧草的道路暢通，這樣作戰就會有利。我軍可以進入，但難以返回的地域，叫做「掛」形。在「掛」形地域交戰，敵軍如果沒有防備，我軍進入可能獲勝；敵軍如果有了防備，我軍進入不能獲勝，還難以返回，這樣就不利。我軍進入不利，敵

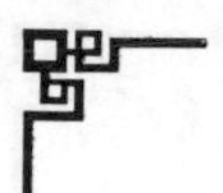

軍進入也不利的地域，就叫做「支」形。在「支」形地域交戰，敵軍即使用小利引誘，我軍也不要出擊；可以引領部隊佯裝撤離，誘使敵軍出擊，等他們出來一半時突然發起攻擊，這樣就有利。在「隘」形地域交戰，我軍應當搶先占據關隘，並派重兵堵塞隘口，等待敵軍；如果敵軍先期占據了關隘，堵塞了隘口，我軍就不要去攻；如果他們沒有堵塞隘口，那就可以進攻。在「險」形地域交戰，我軍應當搶先占領，控制開闊向陽的高地，等待敵軍；如果敵軍先期占據，我軍就得引兵撤離，不要進攻。在「遠」形地域，敵我相距遙遠，雙方勢均力敵，難以挑戰，即使遠道去求戰也不利。這六個方面，是利用地形的原則，也是將帥的重大責任，不得不認真地考察和研究。

地形，是用兵的輔助條件。正確地判斷敵情，把握制勝的主動權，權衡地形的險厄，計算道路的遠近，這些都是主將的職責。懂得這些道理並用於指揮作戰，必定能夠取勝；不懂這些道理而盲目地作戰，必定要失敗。所以，依據戰爭規律分析，有把握打勝仗時，即使國君說不戰，也可以堅決地打；按照戰爭規律判斷，不可能取勝的時候，即使國君說一定要打，也可以不戰。因此，進攻不是為了求得個人的功名，撤退也不迴避違抗君命的罪責，只求保全民眾，合乎國君的利益，這樣的將帥才是國家的寶貴財富。

將帥指揮作戰時，只了解自己的部下可以進擊，而不了解敵軍不可攻擊，取勝的可能性只有一半；只了解敵軍可以攻擊，而不了解自己的部下不能進擊，取勝的可能性也只有一

半；既了解敵軍可以攻擊，又了解自己的部下可以進擊，但卻不了解地形條件不利於進擊，取勝的可能性仍然只有一半。因此，眞正懂得用兵的將帥，行動起來不至於迷誤，指揮的舉措變化無窮。所以說，了解對方，了解自己，奪取勝利才會沒有危險；懂得天時，懂得地利，勝利才會無窮無盡。

勝也地形，敗也地形

按照孫武的上述剖析，正確了解並利用地形指揮作戰，是決定戰爭勝負的極其重要的因素。如果我們借用一句成語「成也蕭何，敗也蕭何」來說，那就是「勝也地形，敗也地形」。孫武的後人孫臏同樣非常重視地形，他在《孫臏兵法．地葆》篇中專門論述道：大凡地形的規律，向陽的一面爲「表」，背陰的一面爲「裏」；平直的地域爲「綱」，曲折的地域爲「紀」。明白了「陰陽綱紀」，布陣作戰就不會迷惑。平直的「綱」地可以生存，曲折的「紀」地可能半死。了解戰場地形，是把握戰機的精髓，對四面八方的地形與風向的來勢，一定要牢記不忘。

橫渡江河、面向高山、逆流而行、居於險地、面向森林，這五種地形條件下，都不大可

能獲勝。列陣在山丘南面（向陽的一面），可以生存；列陣在山丘西面，可能死亡。向東流的江河，是「生水」；向北流的江河，是「死水」。向北流的江河冬季結冰而不流動，所以叫「死水」。

軍事上有五種地形：高山勝過丘陵，丘陵勝過山包，山包勝過土堆，土堆勝過平地。利用五種草木叢生的地形，可能獲勝。這五種地形是：藩（可做籬笆的雜草灌木）、棘（荊棘）、椐（又名靈壽木，枝多腫節，便於做手杖）、茅（茅草）、莎（莎草，草藥名，又叫香附子）。有五色土壤，依次迴圈相勝：青土勝過黃土，黃土勝過黑土，黑土勝過紅土，紅土勝過白土，白土又勝過青土。有五種地形可能遭敗：溪澗、冰川、沼澤、鹽鹼地（出土竹簡漏寫一種）。有五種地形暗藏殺機：天井、天苑、天羅、天隙、天陷（這五種地形名號與《孫子兵法．行軍》篇所說大體相通，前面已有解釋）。

孫臏還在〈雄牝（鳥獸的雌性，屬陰，爲劣勢；反之，雄性屬陽，爲優勢）城〉一篇中論及城堡地勢的優劣：城堡建在小湖小澤之間，雖沒有高山深谷，卻有丘陵隆起在四方，這就是雄城，不可輕易攻打。城中駐軍飲用的是流水；城堡前有深谷，後有高山；城堡的中間高聳，外邊低下；城中有丘陵的，這些都是「雄城」，不可攻打。部隊行軍、紮營，不要繞著大江大河走，這樣會使士氣挫傷，意志削弱，可能被對方擊破。城堡背後是深谷，左右又沒有高山，這就是虛城，可能被擊破。軍隊飲用積而不流的死水；城堡建在大湖大澤之間，又

沒有深谷、沒有背靠山丘；或建在高山之間，沒有深谷與丘陵；或前有高山後臨深谷，前高後低的；這些都是「牝城」，都有可能被擊破。

《吳起兵法．治兵》篇中談到，行軍與紮營，不要在「天灶」、「龍頭」這樣的地方停留。「天灶」是指深谷的谷口，「龍頭」是指高山的峰顛。即將開戰的時候，要審視風向，順風就高呼口號出擊，逆風則堅決紮營等待。〈應變〉篇中，吳起在回答關於敵眾我寡時如何用兵時說：要在平易的地域迴避強敵，在險要的地域截擊敵軍。所以，以一擊十，沒有比險厄地域更好的；以十擊百，沒有比險要地域更好的；以千擊萬，沒有比險阻地域更好的了。如果有個少年在險厄小路上突然鳴金擊鼓，即使有一大群人，也會被驚動。所以說，所帶的兵員多，務必占據平易地域；所帶的兵員少，就要占據險隘地域。

《六韜．虎韜．絕道》一章說：凡是深入敵人占領的地域，必須觀察地形地勢，務求方便有利，依據山林、險阻、水泉、林木來決定部隊的行止。要嚴謹地把守關隘、橋樑，利用城邑、山丘、墓地等地形條件。如果做到了這些，那麼敵人不可能絕斷我軍的運糧道路，也不可能超越我軍的前鋒與後衛。又說：率領部隊作戰的方法，應當遠遠地派出偵察人員，了解敵人所在地域的地勢。如果地勢對我不利，就要用武裝力量自衛。在前方營建堡壘，在後面駐紮兩支側翼部隊，相距遠的上百里，相距近的五十里；即使有了緊急情況，前後可以互相救援。這樣一來，我方三軍經常保持完備與堅固，必定沒有什麼損毀與傷害。

《六韜．豹韜．分險》論及敵我雙方都占據了險要地形時的戰術：我軍駐紮在山的左側，就要緊急防備山的右側；同樣，駐在山右就要防備山左。如果遇上大江大河的險阻，又沒有船隻，就用天然竹木紮成排筏渡過；渡水之後，迅速拓寬我軍的道路以便開闢戰場。用戰車為前鋒，後面排列強弓硬弩，行軍布陣都要穩固，交通要道、山谷峽口都用大型戰車攔截，高高地豎起旌旗，這就是利用地形的「車城」戰術。利用險阻的「險戰」戰術是：用大型戰車為前鋒，中型戰車為後衛，壯士強弓護衛左右，三千人為一屯，列成衝鋒的陣勢，便於部隊行動，左、中、右三軍協同作戰，已經打過一仗的回歸屯兵之處，其他的接著打、輪流休息，一定要大獲全勝才罷休。

巧用地形滅南燕

東晉義熙五年（西元四〇九年）正月，占據三齊（今山東省）的南燕國主慕容超不聽部下勸阻，執意挑起邊界衝突，派出騎兵部隊進擊東晉的宿豫（今江蘇省宿遷縣東南），一舉攻拔，掠奪而還。他從被俘獲的東晉百姓中挑選青年男女兩千餘人，作為宮中音樂歌舞班子，派專人訓練，以供自己驅使、享樂。

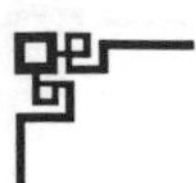

握有東晉軍政大權的劉裕，上表晉安帝請求征伐南燕。四月，劉裕率領步、騎、舟師共十萬兵力，從東晉都城建康（今江蘇南京市）出發，由淮河進入泗水，五月抵達下邳（今江蘇省邳縣東），將船隻與輜重留在這裏，改由陸路到達郎琊（今山東臨沂）。部下有人進諫道：如果燕人堵塞大峴（今沂山）險要路口，在山下平原堅壁清野；我軍深入敵境，一無糧草，二無退路，恐怕不利呀！劉裕分析說：慕容超生性貪婪，爲了補足宮中樂師竟然大肆擄掠，可見其目光短淺，不會有什麼驚人之舉。我軍深入敵國之後無路可退，正好激勵士卒拚死決戰。

再說南燕方面，慕容超召集群臣商討對策，公孫五樓道：晉軍遠來，意欲速戰，我們偏不中他圈套。應當憑藉大峴山勢險要，堵塞關隘，重兵扼守，使其不能深入。拖延日久，晉軍必然疲憊，然後派兵從海岸繞到南邊斷敵糧道，晉軍自敗，這是上策。命令各地將領憑險自守，除留必需物資外，其他全部燒毀，將田裏禾苗全部割去，使敵人來時無可掠奪，久而缺糧，必然撤軍，這是中策。放縱敵人深入，我軍再出廣固（山東益都縣西北）城迎戰，這是下策。慕容超卻說：我今據有并、徐、兗、幽、青五州之地，精銳騎兵數萬，何必勞師遠戍去堵什麼大峴山？更沒有必要割禾焚物削弱自己。就讓晉軍進入大峴山，我以精銳鐵騎來一個關門打狗，豈不痛快！太尉慕容鎮勸阻道：自古兵家說過，兵不失險。千萬不能放棄大峴山的險要地勢而縱敵深入呀！慕容超仍然不肯改變主意，慕容鎮退朝後長歎道：陛下既不

肯據險卻敵，又不肯堅壁清野，就這樣坐等晉軍深入腹心，這不是自取滅亡嗎！有人將此言告密，燕主大怒，將慕容鎮投入監獄。

劉裕領兵長驅直入，輕易翻過大峴山，又見遍野莊稼沒有收割，喜形於色地說：這眞是天助我也！他讓部隊就地割麥儲糧，免除了長途運輸之難。六月，劉裕順利地進入東莞（今山東莒縣），慕容超才讓九萬步、騎軍隊分批進到臨朐（今屬山東省）迎戰。他先後派出幾批兵力與劉裕軍交戰，雙方各有勝負。這時，劉裕部下獻計道：燕軍主力都已出去，臨朐城內必定空虛，可用輕騎兵從小路趕去攻城。劉裕依計出兵，東晉軍繞到燕軍背後突襲臨朐，迅速將其攻拔。慕容超逃回廣固。劉裕乘勝進擊，攻克了廣固的外城，迫使慕容超退而死守內城。

慕容超一面派人向友鄰的後秦請求援兵，一面赦免了入獄的太尉，讓慕容鎮出來指揮作戰。慕容鎮說：後秦正在對夏國用兵，恐怕無力前來助我。我們不能坐等救兵，請陛下把全部財產拿出來賞賜將士，鼓勵大家決一死戰。慕容超仍然聽不進他的建議，卻加派尙書令韓范去後秦求救。

後秦正與夏國交戰，確實派不出兵力來救援南燕。慕容超久盼不見援兵，派人向劉裕請求割讓大峴以南的土地給東晉，並願稱臣，以求退兵。劉裕沒有允許。後秦國主又派使者來見劉裕，說：我國已派十萬大軍進駐洛陽，如果你們還不退兵，我軍將長驅直入，救友鄰而

擊晉軍。劉裕卻回答說：請你回去告訴主子，我本欲掃滅南燕之後，息兵三年，再去奪取你們的國都！既然你們送上門來，那就快點來吧！

劉裕根據形勢判斷，後秦這是訛詐之法，他也就以牙還牙，其結果是未見後秦兵力來援。廣固城內有些將領憤於慕容超驕橫無能，見大勢已去，便投降了劉裕。公孫五樓等人從內城向外挖掘地道出擊晉軍，也未能奏效，又返回城內。劉裕乘機集中全部兵力猛攻內城，南燕尚書開門接納晉軍。慕容超逃走後又被晉軍追獲，送往建康斬首，南燕從此滅亡。

決定這場戰爭勝敗的一個關鍵點，就在於大峴山區的險要之地。如果慕容超據險堅守，晉軍也許連南燕的國門都進不去，而驕橫自大的慕容超卻放棄了這一上策，採用了坐等敵人深入的下策。劉裕深知險要地勢對於戰爭的重要性，也對敵國君主的性格瞭如指掌，他率兵不僅搶先占領大峴險要地勢，而且能取糧於敵，故而奪得了最後勝利。

到什麼山上唱什麼歌

如果說《孫子兵法．地形》篇是對於地形學的專門論述；那麼〈九地〉篇則超出了地形學的範圍。它不僅列舉了九種地勢，而且進一步論述了各種地勢條件下用兵的方法，是從地

勢而論及兵勢，由地形學而擴展到軍事地理學範疇。

孫武說：依照用兵的原則，軍事地理上有散地、輕地、爭地、交地、衢（四通八達之路）地、重地、圮（坍塌）地、圍地、死地。諸侯在本國領土上與敵作戰，士卒遇到危險時容易逃散回家，這種地區叫做「散地」；進入敵方地區還不深入，我方負擔尙輕的地區，叫做「輕地」；我方先占對我方有利，敵方先占對敵方有利的地區，叫做「爭地」；我方可以進去，敵方也可以進來的地區，叫做「交地」；多個國家接壤的地區，搶先占領能得天下民衆，這樣的通衢要地，叫做「衢地」；深入敵國境內，背後越過了許多城邑的地區，叫做「重地」；行軍進入山林、險阻、水網、沼澤、道路坍塌難以行走的地區，叫做「圮地」；進去的道路狹窄，回來的道路曲折，敵方用少量兵力可以打擊我方多數兵力的地區，就叫做「圍地」；迅疾奮戰能夠生存，不迅疾奮戰就要滅亡，這樣的地區叫做「死地」。所以，在「散地」不宜作戰；在「輕地」可以前進，不能停留；在「爭地」，如果敵人先占，則不要強攻；在「交地」，行軍、宿營要前後聯繫，絡繹不絕，以防敵人襲擊；在「衢地」，要注意交合友鄰，占領通道；在「重地」，要掠取物資，就地補給；在「圮地」，要迅速透過，避免深陷；在「圍地」，要巧用計謀，以求解脫；在「死地」，則奮勇決戰，死裏求生。

作爲進入敵國境內的「客軍」，其作戰的常規是：進入敵境越深，軍心越是鞏固專一；進入敵境越淺，軍心越易渙散。離開本國，越過國境作戰的地區，就叫做「絕地」。處於「散

地」，我方要統一士卒的意志，不使他們逃散；處於「輕地」，我方要使部隊之間緊密相連；處於「爭地」，誰先占領誰就得利，我方要搶先，而讓敵方落後；處於「交地」，我方要謹慎地防守；處於「衢地」，多國交界，四通八達，我方一定要鞏固與友鄰的結盟；「重地」（絕地）已經深入敵境，我方要保證糧食源源不斷地供給；「圮地」道路難行，我方要迅速前進；「圍地」的進出口都很險要，我方要堵塞關口，不使敵軍進入。「死地」不戰則亡，我方要顯示不活的決心，拚命決戰。依據士卒的心理，陷入包圍就會協力抵禦，迫不得已就會冒死決鬥，過分危險就會聽從指揮。

孫武的「九地」之說，實際上是指在不同的地區採用不同的戰術，也就是俗話所說的「到什麼山上唱什麼歌」，一切從實際出發，而不能拘泥於某種定法。他所展示的多種方法，具體運用中還要具體發揮，因「地」制宜。以「衢地」爲例，這是多國交界的戰略要地，交通四通八達，周圍的國家都想占領，都想透過，都想利用它來控制別的國家，因而「衢地」也往往是兵家必爭之地。不僅在春秋戰國交通尚不發達之時，中華大地上衆多的諸侯小國之間存在許多的「衢地」；就是當今世界海、陸、空交通十分發達的形勢下，國際上也存在不少這種屬於戰略要地的「衢地」。如地中海地區的三個交通要道：直布羅陀海峽、蘇伊士運河、博斯普魯斯海峽；東南亞地區印尼與馬來西亞之間的馬六甲海峽；中美洲的巴拿馬運河；以及東西方兩個著名的海灣——波斯灣和墨西哥灣等等。美國和前蘇聯兩個超級大國爲

了控制這些交通要道，使出種種外交手段，或以重金拉攏沿岸國家，或以援助親近其主權所屬國家，最終都是為了達到一個目的：讓他們的軍艦、貨輪能夠順利地通行這些水域，以達到其軍事的、經濟的目標，也就是孫武所說「衢地則合交」，「衢地，吾將固其結」。

置之死地而後生

關於「置之死地而後生」的戰術，孫武在〈九地〉篇中有三段專門論及，其中有一些合理的成分，也有一些不可取的糟粕。他說，將軍隊部署在無路可退的境地，死也不會敗退。既然士卒死都不怕，就會盡力作戰。士卒深陷危地，就會無所畏懼；無路可退，就會軍心鞏固；深入敵國，就不易渙散；迫不得已，就會拚死決鬥。因此這樣的軍隊不待整頓就能戒備，不待要求就會完成任務，不待約束就能親密協同，不待申令就能遵守紀律。禁止迷信，消除疑慮，即使戰死也不會逃退。我方士卒沒有餘財，並不是厭惡財物；不怕犧牲，並不是厭惡長壽。當決戰命令頒發的時候，坐著的士卒淚濕衣襟，躺著的淚流滿面，把他們置於無路可退的境地，就會像專諸、曹劌（兩人都是春秋時代的勇士）一樣勇敢了。

統率軍隊這種事情，要沉著冷靜，幽深莫測，嚴肅認真，有條不紊。能夠蒙蔽士卒的耳

目，使他們一無所知；改變任務，變更計謀，使人們無法識破；改變駐紮地點，迂迴行軍，使人們無法推斷我軍意圖。將帥給士卒限定完成任務的日期，就像登高而撤去梯子，使他們有進無退。將帥帶領士卒深入諸侯之地，發動戰機，焚燒船隻，砸破飯鍋，表示必死的決心；像驅趕羊群一樣，趕過來，趕過去，讓他們不知究竟要到什麼地方。聚合三軍士卒，置之於危險境地，使他們拚死決鬥，這就是將軍的責任。各種地形條件及其對策的變化，或屈或伸的利害關係，士卒情緒的心理活動，所有這些，都不得不認眞考察。

「霸王」的軍隊，攻伐大國，可以使敵人的軍隊來不及集聚。施加威力於敵國，可以使它的外交得不到別國的合作。因此，不必爭著與別的諸侯國建交，也不必在別的諸侯國培植自己的權勢，相信自己的力量，敵國的城池可以攻克，國家可以毀滅。施行超常的獎賞，頒發超常的命令，調動三軍兵衆，就像驅使一個人一樣。驅使士卒行事，不要告訴他們有什麼意圖，只告知他們有利的一面，而不要告知有害的另一面。把士卒投入亡地，然後才能保存；把士卒置於死地，然後才能求生；士卒陷於危險境地，然後才能奮力死戰反敗爲勝。所以，指揮作戰，關鍵在於佯裝順從敵人意圖，然後集中兵力攻擊敵人的一個方向，長驅千里，擒殺敵將。這樣的將領才是施用巧計能成大事的將帥。

「投之亡地然後存，陷之死地然後生」，這是一種相反相成的樸素辯證法在軍事戰術上的具體運用。是一種把量變推到極端，而促使事物產生質變，並使矛盾向著相反方向轉化的手段。在殘酷的戰場上，對自己的士卒施用此法，是不得已而爲之的，這也無可厚非。古今中外戰爭史上，也確實有一些「置之死地而後生」的成功戰例——項羽破釜沉舟，背水一戰，而大獲全勝。但是，孫武主張使用此法，有些「矯枉過正」，主要是「愚兵政策」有些過分。他說，將帥要「愚士卒之耳目，使之無知」；「帥與之期，登高而去其梯」；「若驅群羊，驅而往，驅而來，莫知所之」；「犯之以事，勿告以言；犯之以利，勿告以害」。這種「愚兵政策」的思想基礎，就是過分相信與依賴將帥的統治力量，極端輕視士卒的作用。說到底，還是一種封建統治階級的思想。儘管他也主張「視卒如嬰兒」即「愛兵如子」，但正如「愛民如子」一樣，是以「父母官」的身分，高高在上地施捨其愛，這種愛的目的最終還是驅使士卒爲將帥建功立業而不惜犧牲性命。難怪古人用一句警語道破了其中的奧秘：「一將功成萬骨枯！」作爲現代讀者，我們今天重讀《孫子兵法》，一定要取其精華（這是該書的主流），去其糟粕；而不能囫圇吞棗，食古不化。譬如說，在現代軍隊與工作單位裏，軍官、幹部對於士兵、群眾，千萬不能「愚其耳目，使之無知」，不能「登高去梯」、「若驅群羊」；而必須尊重群眾，相信群眾，與群眾同心同德，把群眾智慧與力量充分調動起來，爲人民群眾的根本利益而共同奮鬥。

秦晉崤函之戰

崤山、函谷關，是春秋時期位於西北的秦國出入中原的必經之地，地勢險要。周襄王二十四年（西元前六二八年），位於中原的鄭、晉兩國的國君相繼去世，秦穆公得到戍鄭大夫杞子的密報，說鄭國人讓他掌管都城北門的鑰匙，如果秦國派一支軍隊襲擊，就可以趁著喪亂奪取鄭國。秦穆公準備興兵襲鄭，把自己的實力發展到中原地區。謀臣蹇叔勸阻道：調動軍隊到遠處去襲擊別國，別國早已做好準備，我軍要長途跋涉上千里路，鄭人還有不知道的嗎？秦穆公聽不進去，派百里奚的兒子孟明視、蹇叔的兒子西乞術和白乙丙三人為將，領兵向東前進，要去攻打鄭國。

百里奚和蹇叔是兩位經驗豐富的老臣子，又不好違抗穆公的命令，只得囑咐自己的兒子：函谷關以東的崤山一帶，地勢最為險惡，你們進進出出都要多加小心才是啊！出兵那天，兩位老人為兒子送行，淌著老淚說：我們都是風燭殘年了，看著你們出去，只怕看不到你們回來呀！

孟明視等人率領部隊過了崤山，經過洛邑，抵達滑國國境（相當於今河南省偃師縣）。這

時，有一個以販牛為生的鄭國商人弦高，得知了秦兵前來偷襲的消息，他出於對自己國家的熱愛，見國內正在為鄭文公治喪，可能沒有準備，便靈機一動，冒充鄭國的使者，趕著他手邊正在販賣的十二頭牛，求見秦軍主將孟明視，說：我國的新君聽說貴軍要來，特派我先出國門迎候你們，並送這十二頭牛作為犒勞之禮。弦高同時也派人趕回鄭國去報告秦軍的消息，讓國君做好迎戰的準備。孟明視見鄭國已有準備，料想再遠途征戰，又沒有後援，必定難以成功。但是軍隊既然已經出發，就這麼空手而回，又覺得面子上太過意不去，他與西乞術、白乙丙商議之後，便就近夜襲滑國。滑國本是個弱小的諸侯國，經不起一打。他們把滑國的子女玉帛和一些有用的財物擄掠一番，滿載兵車，準備撤回秦國。

再說，晉國是與鄭國同姓的諸侯國，他們也在為晉文公舉辦國喪。他們從邊境獲得情報，說秦軍從他們的國土桃林、崤山一帶東進來犯中原，打擊的目標對準了同姓的鄭國，而且有乘機吞噬中原的野心，久而久之必然危及晉國。大夫先軫對新君晉襄公說：秦穆公不聽蹇叔勸告，興兵伐鄭，又擄掠小小滑國，這是上天賜給我們打擊秦國實力的機會，一定不要錯過。另一個謀士欒叔卻認為秦穆公曾嫁女給先君晉文公，兩國結成「秦晉之好」，如今卻興兵擊秦，會對不起先君。先軫說：秦軍不顧及我們的國喪，興兵攻伐我同姓國家，是他們無禮在先。再說，秦國早就意在進兵中原，若不討伐它，一日縱敵，後患無窮。我們為子子孫孫著想，也是無愧於先君的。晉襄公認為先軫之言有理，便決定截擊秦軍。

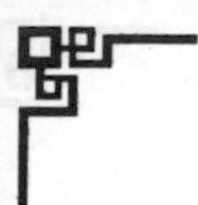

第二年（西元前六二七年）三月末，晉軍部隊悄悄地進入險要之地崤山、函谷關一帶，在山谷兩邊的高地預設了埋伏，只等秦兵返回時路過此地，就要阻斷他們的後路，予以殲擊。四月初，秦軍從滑國返回，兵車載重而行，動作遲緩，隊伍綿延上十里；主將也把臨行前老一輩的告誡丟到了腦後，以爲擄掠了滑國，總算不虛此行，因而毫無戒備。當這支懶洋洋的「長蛇陣」進入崤山裂谷的晉軍埋伏範圍之內，兩邊的晉軍突然發動攻擊，秦軍前後不能互相救助，被晉軍分割成幾截，各個擊破，全殲於山谷之中，孟明視、西乞術、白乙丙三名將領都被俘獲。後來幸得晉襄公的母親文嬴看在娘家人的份上，請求襄公釋放了這三個無能的將領，他們才得以返回秦國。秦穆公悔恨自己沒有聽信蹇叔的勸阻，以致遭受失敗，他也沒有責罰孟明視等人。

但這場戰爭的教訓卻足以讓後人警醒。行軍、打仗，凡是經過地勢險要之處，必須小心謹慎，加強防備，否則就要吃虧上當。晉軍之所以能一戰而獲全勝，關鍵在於選擇了崤函山谷的險要地形預設埋伏，在對方沒有戒備的情況下分割圍殲。其中還要特別點明一下鄭國商人弦高的愛國之舉與機智靈活，如果他不假冒使者送牛阻師，而聽任秦軍攻進鄭國，那後果就不堪設想了。

六、其他戰術

遭遇戰、伏擊戰

《六韜．虎韜．疾戰》中說，戰場上突然遭遇敵軍，被敵包圍，這就叫做天下的「困兵」。在這種情況下，快速作戰則勝，慢慢吞吞則敗。可用衝鋒陣勢對付敵人，用威武的戰車、驍勇的騎兵，驚亂敵軍，疾速進擊，這樣就能暢行無阻。衝出包圍之後，左軍、右軍各司其職，分別進擊，與敵人爭奪交通要道；中軍忽而前忽而後，與敵決鬥。敵人雖多，也可以擊退它的主將。

遭遇戰，是指我軍在意料之外與敵相遇。「狹路相逢勇者勝」，這是對付遭遇戰的總體戰術原則。古今戰場有許多這樣的情況出現，特別是兩軍大部隊全面擺開戰場，在大地域作戰，往往會有意料之外的局部遭遇戰發生。這時的指揮官容不得半點猶豫遲疑，應該在偵知

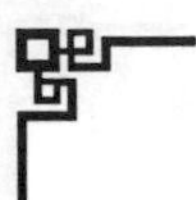

敵情的前提下先於敵人占據有利地勢，先向敵人開戰，在聲勢、軍威上壓倒敵人，使敵以為我方是有準備之戰而懼怕三分。開戰就要發動凌厲攻勢，氣勢領先，鼓舞士氣，使敵人聞風喪膽，在我軍速戰速決的突然打擊下迅速地土崩瓦解。

《六韜．虎韜．動靜》一章中專論伏擊戰。姜太公說，在敵我力量相當的情況下，我軍若想先占主動，把握勝機，就可以採用伏擊戰術。調動我軍將士，在距離敵軍遠處的必經之地，兩旁險要山勢埋伏人馬，引誘敵人前來，多準備旌旗與金鼓，等到敵軍進入我軍伏擊範圍，就搖旗吶喊，金鼓齊鳴，以壯聲威，使敵人將帥恐懼、士卒驚駭，兵多處也救不了兵少之處，高貴的指揮官也管不了低賤的小兵卒，必然要吃敗仗。如果地勢不允許預設埋伏，敵人又知道我軍的計謀而有所準備，那麼，就先跟它相持戰鬥四五天，好像不打伏擊戰的樣子，卻暗地裏遠遠地派出偵察人員，觀察敵軍動靜，算計敵軍來往的路線，預設伏兵等待他們。我軍則要避免在形勢不利的「死地」與敵糾纏，把旌旗拉得遠遠的，隊伍散得開開的，在合適地方與敵軍打一仗，交戰不久就要敗走，不斷地鳴金表示收兵。敵軍見我一副遭敗的樣子，就會隨後來追，走過一段路程，進入了我軍的伏擊範圍，前面的「敗兵」（也是誘兵）回過頭來。伏兵突然發起攻擊，攻敵兩旁，誘兵則可以截斷敵軍退路，三軍協同，快速作戰，敵人必敗。

對抗戰、偷襲戰

《六韜．虎韜．臨境》一章中，周武王問姜太公：我軍與敵人相拒，他可以來，我也可以往，陣勢都相當堅固，誰也不敢先採取行動。我方想要前往襲擊，他也可能來襲我，這種情況下該怎麼辦？姜太公回答說：可以分兵三處，命令前鋒部隊深溝高壘，堅守不出，擺列旌旗，敲響戰鼓，完全處於守備狀態，與敵對抗。命令後備部隊多積糧草，不使敵人知道我軍眞實意圖，派出我軍精銳部隊，偷偷地潛入襲擊敵人，出其不意，攻其無備。敵人不了解我軍眞實情況，就不敢來襲擾我軍了。

武王又問：如果敵人知道我方情況，了解我軍計謀，掌握了我軍的行動路線，他們派出精銳部隊埋伏在深草叢中，在狹隘的必經之路打擊我軍要害，這樣怎麼對付？姜太公說：命令我軍前鋒部隊每日出去挑戰，拖住敵人，使他們疲於應戰。命我軍中老弱士卒拖拽柴草，揚起灰塵，敲響戰鼓，呼喊口號，來來往往，有時在左邊，有時在右邊，離敵軍不過百步，不停地騷擾他們。敵軍將領必定疲勞，士卒必定驚駭。這樣一來，敵軍就不敢前來侵犯我軍；而我軍卻不停地襲擾他們，或者襲擊他們的中軍，或者打擊他們的周邊，三軍快速作

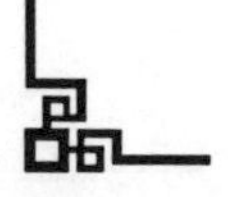

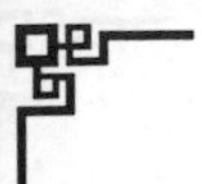

戰，必能打敗敵人。

這裏講述的作戰方法，是在兩軍實力相當、陣勢互不相讓的情況下，與敵人打一場對抗戰。對抗戰的要義在於，不讓敵人有打擊我軍的機會，我軍則需要不斷地襲擾敵人，把敵軍拖疲勞之後，乘機給予致命的打擊。姜太公所說的前軍深溝高壘堅持守備也好，老弱拖柴揚塵以布疑兵也好，總而言之就是不讓敵軍打我，反而造成「敵駐我擾」的局面。而我軍在初期的對抗中所出的兵力只是一小部分，用這小股兵力拖累大股敵軍，就在對抗中贏得了主動，造成「敵疲我打」的有利態勢。在最後階段則把握機會猛打一番，取得對抗戰的決定性勝利。

《孫子兵法．九地》篇的最後一段，論述的是古代偷襲戰術：當決定戰爭行動的時候，要封鎖關口，廢除通行符證，禁止與外國使節來往。要在廟堂之上反覆秘密策劃，制定作戰方案。一旦發現敵方有隙可乘，就迅速地乘機而入。首先奪取敵人要害地方，而不與敵軍預約交戰日期。實施作戰方案，要根據敵情變化，靈活行動，以奪取決定性的勝利。所以，開始時要像處女一樣沉靜，使敵人放鬆戒備，暴露出弱點；然後像逃脫的兔子一樣迅速敏捷，發動突然襲擊，使敵人來不及抵抗。

偷襲戰的前期準備一定要周全而縝密，外鬆內緊，一切作戰方案和兵力調運，都必須在秘密狀態下進行，不露一點蛛絲馬跡，把敵人完全蒙在鼓裏。這就是孫武形象化表述的「始

如處女」。一旦發起突然襲擊，那就要一反前期的常態，用泰山壓頂之勢，牛刀宰雞之力，用迅雷不及掩耳的快速——也就是孫武所說的「後如脫兔」，給敵人以毀滅性的打擊。

據《戰國策》記載，晉國主將智伯，仗著自己國家實力強大，逼迫韓、魏兩國國君出兵共同進攻趙國的晉陽（今山西太原）。趙王在緊急情況下派張孟談秘密會見韓、魏兩國的國君，對他們說：我聽說嘴唇沒了，牙齒就會感到寒冷。眼下，晉國要你們共同攻打趙國，如果趙國滅亡，你們兩個國家也爲時不遠了啊！韓、魏二君也知道其中利害，不願助晉攻趙，但卻沒有制勝的辦法，問張孟談該怎麼辦才好。張孟談出了一個決堤放水淹沒晉軍的主意，並且一再叮囑：同意實施這一計謀的話，出於兩位國君之口，聽進臣的耳朵，其他人一個也不讓知道。他們共同秘密地約定了三軍行動的日期，對晉軍嚴密封鎖消息。他們共同殺掉守堤的官吏，決開河堤，放水淹沒晉軍，活捉了智伯。這場偷襲戰雖然主要憑藉的是堤內之水，而不是三個諸侯國的聯軍，但戰前的保守秘密仍然十分重要。決堤放出的滔滔洪水，不正像逃脫的兔子一樣，以極快的速度、極猛的聲勢沖向敵人，使敵猝不及防、束手就擒嗎？

山地戰、水澤戰、叢林戰

《六韜．豹韜》中有兩章專論山地與水澤的戰術，篇名爲〈鳥雲山兵〉、〈鳥雲水兵〉。爲什麼要冠以「鳥雲」二字呢？意思是說要像鳥兒飛翔、雲彩飄忽那樣，聚散難料，變化無窮，使敵人捉摸不透。這是一種靈活機動的戰術，需要指揮官根據地形情況與敵軍情勢作出正確判斷，從而決定自己所應採取的制勝辦法。

武王問姜太公：引兵深入諸侯之地，遇到高山磐石，上面光禿禿地沒有草木，四面受敵，我方三軍恐懼，士卒迷惑。我方如果想要達到堅守則鞏固、戰鬥則取勝的目的，怎麼辦？姜太公回答：大凡軍隊作戰，駐紮在山峰上就容易被敵軍包圍，駐紮在山谷裏又容易被敵人囚禁。宜於選擇背靠高山的地方駐紮，必須擺設像鳥散雲合一樣變化多端的陣勢。這樣的陣勢，陰陽兩方面都很完備（山的南面爲陽，北面爲陰）。有時屯留在陰面，有時屯留在陽面。處在山的陽面，就要防備山的陰面；處在山的陰面，就要防備山的陽面；處在山的左邊，則需要防備山的右邊；處在山的右邊，則需要防備山的左邊。如果那座山是敵人可能爬上去的，就要在山體表面做好迎戰的準備。在交通要道與通行的山谷路口，要用武力雄厚的

戰車阻截，高高地設置旌旗。謹愼地約束三軍，保守機密，不使敵人知道我軍的情勢。這就叫做「山城」（把高山作爲堅固城池的一種戰術）。行列業已配定，士卒業已上陣，法令業已施行，奇與正的戰法業已設計，各部隊就要在山體表面擺開衝鋒的陣勢，根據所處地勢便宜行事，分爲車兵、騎兵，採取靈活戰術，各部隊疾速發起猛攻，敵人即使再多，它的主將也可能被我擒獲。

武王又設想另一種情況來問姜太公：如果與敵人臨水相拒，敵人富足而兵多，我軍貧困而人少，想要渡水打擊敵人又不可能，想要長久相持糧食又少，我軍駐在鹽鹼沼澤地帶，四旁沒有城邑，又沒有草木，部隊無處奪得糧食，牛馬無處得到草料，怎麼辦呢？姜太公說：在這種情況下，要尋找方便的時機，用詭詐的計謀騙過敵人，趕快離開這樣的地方，並且埋設伏兵在退路的後部，以防敵人追擊。

武王繼續設難道：如果敵人不中我軍的詭詐之計，我方士卒迷惑，敵人在我軍前後衝擊，我方三軍敗亂而逃走，那又怎麼辦呢？姜太公說，這就要用「求取退路」的方法，以金玉爲主去行賄買通，借用敵人的使者作爲內間，這樣的方法必須以精細微妙爲貴。

武王又問：如果敵人知道我軍埋設了伏兵，大部隊不肯渡水，而用另外的將領、分散的小隊越過水流，突然出現在我軍面前，使我三軍大爲恐懼，這種情況下怎麼辦？姜太公說：這時要分兵列爲衝鋒陣勢，各部隊根據所處的地勢便宜行事。必須出擊時要全體出擊，同時

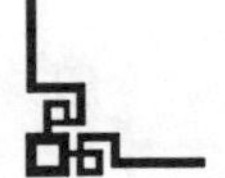

擺設好伏兵，快速襲擊敵人的後路，安排強弓硬弩，射殺敵軍左右，車兵、騎兵分別列爲變化多端的陣勢，防備著前頭與後頭，三軍疾速作戰。敵人見我方擺開了與它合戰的架勢，大部隊必定渡水而來與我決戰。這時發動我方伏兵，快速攻擊敵軍的後部，車兵、騎兵衝擊它的左部與右部，敵人雖多，它的主將也可能敗走。

武王又設想叢林之中的敵情，說：如果遇到了大森林，與敵人分別在叢林中相拒。我方想要堅守則能鞏固，想要交戰則能制勝，怎麼辦？姜太公回答：安排各部隊分別列爲衝鋒的陣勢，根據所處的地勢便宜行事，周邊用弓弩手，內裏用戟盾兵。要斬除駐地周圍的草木，使我軍的通道極爲寬廣，以便擺開戰場。高高地設置旌旗，謹慎地約束三軍，不要讓敵人知道我軍情況。叢林戰術的方法是：將我軍全部執矛執戟的士卒，編爲行伍；叢林中草木稀疏的地方，安排騎兵作爲輔助；戰車居於前列，看到便利的戰機就打，不便利時就停止。叢林中多有險阻，必須安置衝鋒陣勢，防備前後，一伺時機成熟，三軍快速作戰，敵人雖多，它的主將也可能敗走。我方輪番作戰，按照部署，一部分打仗，一部分休整，這樣一來，戰鬥力就會十分充沛。

車戰、騎戰、步兵戰

《六韜．犬韜》中〈戰車〉、〈戰騎〉、〈戰步〉三章，武王與姜太公分別探討了車兵、騎兵、步兵作戰的戰術。姜太公說：步兵戰術貴在熟知變化與機動，車兵戰術貴在了解地形，騎兵戰術則貴在探明人所不知的奇特路徑。

車戰的情勢，有十種是「死地」，八種是「勝地」。出發前往而沒有回來的道路，是車戰的「死地」；翻越險阻，遠遠地追擊敵人，是「竭地」；前半截容易，後半截險阻，是「困地」；陷入險阻難以出來，是車戰的「絕地」；坍塌地帶，泥淖滿地，黑土黏連，是「勞地」（黏陷車輪，疲勞難行）；左右兩邊一險一易，向著山陵仰面爬坡，是「逆地」（迎山爬坡戰車難行）；茂密的深草遍布田野，進入深陷的沼澤，是「拂地」（違背了行車之便）；戰車太少，地形雖平坦，但車輛配置達不到與步兵協同作戰的要求，是「敗地」；後面有溝壑，左邊有深河，右邊有峻嶺，這是「壞地」；日夜淫雨，上十天不停，道路崩潰，向前不能進兵，退後又不能解圍，這是車戰的「陷地」。這十種情形，是車戰的「死地」，拙劣的將領可能被擒，聰明的將領則可以避開。

八種可能用車戰制勝的情勢是：其一，敵軍前後行列與陣勢沒有設定，就可以攻陷；其二，敵軍旌旗擾亂，人馬屢屢騷動，可以攻陷；其三，敵軍士卒或前或後，或左或右，可以攻陷；其四，敵軍陣勢不堅固，前頭的士卒依賴後頭，後頭的又指望前頭，可以攻陷；其五，敵軍向前則疑惑不定，向後又恐懼膽怯，可以攻陷；其六，敵軍各部隊猝然驚駭，我軍都能接近他們發起攻擊，這樣可以攻陷；其七，敵軍與我軍在平坦地形交戰，到日暮時分仍不能解圍，可以攻陷；其八，敵軍遠行而日暮時分宿營，各部隊恐懼，可以攻陷。這八種情形是車戰的「勝地」。

將領對於「十害」(即前段所列「死地」)、「八勝」的情勢有了明確的了解，哪怕敵軍將我軍團團圍住，我軍千乘戰車，上萬騎兵，向前方衝鋒，向兩旁馳騁，即使戰鬥一萬次也必定能打勝仗。

騎兵作戰分別有「十勝」、「九敗」的不同情勢。「十勝」之一是：敵人初來乍到，行列陣勢沒有擺定，前後脫節；我軍襲擊它前面的騎兵，攻擊它的左右兩翼，敵人必定失敗。二是敵人行列陣勢整齊堅固，士卒做好了交戰準備；我軍騎兵像鳥翼一齊列陣，在敵陣中往來馳騁，疾速如風，暴烈如雷，捲起戰塵，使白天像黃昏一樣，多次更換旌旗與著裝，以使敵人不知我軍究竟有多少騎兵部隊，敵軍就可被我攻克。三是敵人行列陣勢不夠穩固，士卒不思戰鬥；我軍逼近它的前後，打擊它的左右，從兩翼攻擊，敵軍必定害怕。四是敵人在日暮

時分想要回去宿營，各部隊軍心恐懼；我軍騎兵從兩翼發起進攻，快速打擊它的後部，逼近它的營壘門口，不讓它進入，敵人必定失敗。五是敵人沒有險阻保障，深入我軍境內；我軍騎兵斷絕它的運糧道路，敵軍必定饑餓。六是地勢平坦，四面都可看清敵軍情狀；我軍用車兵、騎兵攻陷，敵人必定紛亂。七是敵人奔跑逃走，士卒散亂；我軍騎兵或從兩翼打擊，或掩擊它的前後，敵人將領可能被我擒獲。八是敵人日暮返回，兵卒衆多，行列陣勢必定紛亂；命令我軍騎兵十騎爲一隊，百騎爲一屯，戰車五輛爲一聚，十輛爲群，多設旌旗，夾雜著強弓硬弩，或者打擊它的兩旁，或者截斷它的前後，敵人將領可以俘虜。這就是騎兵作戰的「十勝」（原文無序號，但只論述了八種情況）。

「九敗」的幾種情況是：第一，大凡用騎兵攻陷敵人，卻不能擊破它的陣勢；敵人佯裝敗退，卻用車兵、騎兵反擊我軍後部，這是騎兵的「敗地」。第二，追擊敗敵，逾越險阻，長驅直入而不停歇；敵人伏擊我軍兩旁，又斷絕我軍後路，這是「圍地」。第三，我軍前往而沒辦法返回，進入而沒辦法出來，這就像陷在「天井」困在「地穴」，是「死地」。第四，進入的道路狹隘，出來的道路遙遠；敵人的弱兵可以攻擊我軍的強兵，少數可以打擊我軍多數，這是「沒地」（被淹沒、被消滅之意）。第五，大澗深谷，林木茂密，遮天蔽日，這是「竭地」。第六，左右有水流，前面有丘陵，後面有高山，三軍在兩條河流之間作戰，敵人卻居於內外包圍我軍的地勢，這是「艱地」。第七，敵人斷絕我軍糧道，我軍前往卻沒辦法返回，這是

「困地」。第八，地勢低下、潮濕的沼澤，進退的道路逐漸被泥淖淤塞，這是「患地」。第九，左有深溝，右有坑道與土堆，地上高低不平，無論進退都可能被敵人誘殺，這是「陷地」。這九種情勢是騎兵作戰的「死地」，明智的將領遠遠地避開，糊塗的將領卻陷入其中而遭失敗。

步兵與車兵、騎兵交戰，必須依仗丘陵險阻，長兵器和強弓硬弩居於前列，短兵器與弱弓弩居於後隊，輪換著出擊與休整。敵人的車兵、騎兵即使來得再多，我軍用堅固的陣勢與敵快速作戰，加上勇士與強弓硬弩防備著後部，也可與敵一戰。

武王設難問道：如果我軍沒有丘陵險阻可以依仗，敵人來得又多又猛，車兵、騎兵攻擊我軍兩翼，打擊我軍前後，我軍各部隊恐懼，紛亂敗走，這種情況下怎麼辦呢？姜太公說：命令我軍士卒多造阻擋車馬的「行馬」與「蒺藜」。我軍擺開威武的衝鋒陣勢，遠望敵人車、騎將要到來，在其必經之地置放蒺藜，挖掘陷阱，蒙上偽裝，這種陷阱深、寬各五尺，叫做「命籠」（索命的地籠）。我軍步兵手持「行馬」，阻攔敵軍戰車，結成堅固堡壘，向前推進，建立營寨。智勇戰士與強弓硬弩，防備著前後左右，然後命令我三軍將士，快速作戰，不獲全勝絕不收兵。

關鍵在於出奇兵

戰場情勢千變萬化，敵人也會想方設法給我軍製造麻煩，戰術的運用不能拘泥，一定要根據戰局、敵情的變化而靈活多變，不論處在山林、水澤，還是處在平坦、險阻地形，也不論是用步兵、騎兵或車兵作戰，最爲關鍵的一點就是要出奇制勝。謀略、計策，在戰爭中是不可須臾或缺的。懂得了這一點並能在實際中加以靈活應用，就算把握了戰爭的總體神貌。正如《六韜．龍韜．奇兵》中姜太公回答周武王關於「用兵之道，大要如何」的問題時所說：古代善於指揮作戰的人，不是能升天入地去打仗，其中的成功與失敗，都在於「神勢」。神勢，即是謀略的神算與戰局的情勢。正確判斷情勢和使用謀略，就能昌盛，否則就會敗亡。

接著，姜太公分別論及不同情勢下採用不同的謀略。兩軍交戰，擺開陣勢，出動軍隊，操縱一方士卒衝亂另一方的行列，首要一條就是戰術靈活多變。深草蓊鬱，遮掩路徑，可以用來逃遁。溪澗峽谷，險阻地形，可以用來抵禦敵方車騎。狹隘的要塞、險峻的山林，可以用來以少勝多。山坳、沼澤，迷茫莫測，可以用來隱匿部隊的行狀。坦蕩之地，明明白白的

無所隱藏，可以用來憑勇力作戰。快速作戰，像流水奔騰，像發射弩機一樣，是用來擊破敵軍精銳部隊的戰術。詭詐埋伏，預設奇謀，放長線釣大魚，誑言誘敵，是用來破軍擒將的戰術。四處分兵，五路破敵，是用來擊破敵人方圓陣法的戰術。趁著敵軍驚駭，將它圍困，是用一成兵力擊破敵人十倍兵力的戰術。趁著敵軍勞累倦怠，夜晚宿營之時，突然襲擊，是用十成兵力擊破敵人百倍兵力的戰術。強弓硬弩、長兵器，是用來渡水作戰的武器。長途設置關隘，遠道派出偵察兵，抓住敵軍突發疾病或錯誤逃遁的戰機適時進攻，是用來降服敵人城邑的戰術。猛擂戰鼓，大肆進攻，喧鬧吵嚷，甚囂塵上，在這種表象的背後，是施行奇謀的戰術。趁著狂風暴雨，是搏擊敵軍前鋒、擒殺敵軍後隊的大好時機。假裝敵人使者，深入敵人後方，是斷絕敵軍運糧道路的戰術。假冒敵軍號令，穿著與敵軍同樣的服裝，是在特殊情況下準備逃走的辦法。

交戰必須有正義的理由，這是用來激勵民衆、戰勝敵人的策略。對於有功之臣給予重賞，委以尊貴的爵祿，是用來勉勵將士服從命令的方法。施用嚴厲的刑罰，是用來促使疲乏倦怠之人前進的手段。有時高興有時憤怒，有時給予有時剝奪，有時文靜有時威嚴，有時徐緩有時疾速，這是協調三軍、統一臣下的管理方法。

駐紮在高敞向陽的地方，可以警惕地守備。保衛險阻地勢，可以鞏固陣地。山林茂盛的地方，可以潛行往來。深溝高壘，糧食準備充足，可以打持久戰。總而言之，要根據戰場形

勢與敵情變化，採用靈活多樣的戰術。所以說，不知道戰術攻防策略的人，不可以與他談什麼敵情；不能根據實情分兵移動的人，不可以與他談什麼奇謀；不能精通治、亂對策的人，不可以與他談什麼靈活應變。而所有用兵奇謀，關鍵在於主將對它的掌握與運用，主將是戰爭勝負的要害人物。主將不仁義，則三軍不親和；主將不勇敢，則三軍不精銳；主將不明智，則三軍更疑惑；主將不明察，則三軍無正義；主將不精微，則三軍失去戰機；主將不警惕，則三軍失去戒備；主將缺乏強力，則三軍喪失職守。所以主將掌握著軍人的命運，三軍的治與亂都與他緊密相關。得到賢明的主將，就能使軍隊強大、國家昌盛；得不到賢明的主將，就會使軍隊孱弱、國家滅亡。

◎餘論：兵家無窮盡

以孫武爲代表的先秦兵家，之所以能影響到兩千多年之後的當代中國，甚至遠及海外，絕不僅僅是因爲他們的戰爭謀略。先秦兵家不但是卓越的軍事家，也是傑出的思想家、管理專家、人才學家，甚至那準確、鮮明、生動的文章風格，也使得他們堪稱語言文學大師。仰之彌高，鑽之彌深，思之彌廣，兵家的智謀像一座三度空間無限延伸的理論寶庫，像一座取之不盡、用之不竭的思想富礦，隨著時代的推移、研究的深入，兵家智謀將會散發出無窮無盡的魅力。這本小書，限於篇幅，也限於作者的學識水準，不可能將其思想寶藏全部發掘出來，有關戰爭之外的兵家思想內涵，就只好在這裏作一番浮光掠影式的介紹了。

哲理的思辨

先秦兵家都是一些注重實用、重視實踐的思想家，他們的哲學思辨不是那種玄而又玄、

不著邊際的空中樓閣，而是建立在治軍、治國謀略基礎之上的有用的理論。他們在繼承前人思想精華的同時，更爲注重用自己的實際感知來豐富兵書中的哲理思辨成分。這主要表現在他們的樸素唯物主義和原始的辯證法思想，全面地聯繫地看問題，認識和掌握事物的發展規律並實用於戰爭謀略之中，在此基礎上發揮人的主觀能動性和靈活機動性。

從哲學意義上來說，唯物主義是人們在社會實踐的基礎上發展起來的對客觀世界的實事求是的認識；辯證法則是人們對客觀事物發展變化規律的正確認識。我曾經把運用唯物主義和辯證法思考問題的方法，形象地比喻爲「十字思考法」：唯物主義好比是「十」字的那一横，横向地看問題，它幫助人們樹立正確的世界觀，即世界是物質的，物質是第一性的，這是區別唯物主義與唯心主義的分水嶺；而辯證法好比是「十」字的那一豎，縱向地看問題，它幫助人們樹立正確的發展觀，即事物的發展變化是由於其內部既對立又統一的兩個方面的矛盾相互鬥爭而從量變到質變的結果，它螺旋式上升、波浪式前進，這也是區別辯證法與形而上學的分水嶺。遠在兩千多年前的先秦時期，人們對於唯物與唯心的哲理區別的認識，還處在萌芽階段，其突出表現就在於「無神論」與「有神論」的區別。

由於古人尙未具備今天這樣全面而準確的科學知識，對於一些暫時不可理解的事物，往往認爲其中有一個冥冥之中的「神」在主宰著。戰爭勝負的規律在尙未被人們認識之前，人們對它是十分敬畏的，要想贏得一場戰爭，在出兵之前，往往要敬神、祭神，要用龜甲或著

草占卜來預測勝負、吉凶與禍福。古代出土的甲骨文和金文中就有戰前占卜的記載。而孫武卻是反對用占卜預測戰爭勝負的。他說：「明君賢將，所以動而勝人，成功出於衆者，先知也。先知者，不可取於鬼神，不可象於事，不可驗於度，必取於人，知敵之情也。」他既不相信鬼神，也不占卜問卦，不憑星象之說去推測吉凶禍福（象於事），甚至不憑老經驗去照套照搬（驗於度），一切依靠人的力量，依靠對敵情的偵察了解，依靠自己的實力。

孫武的這種樸素唯物主義的哲學思想，是植根於實事求是的基礎之上的。這裏的所謂實事，就是敵我雙方政治、經濟、軍事及後勤保障的實力。現在有些學者認爲，我國古代理論家們偏重於對事物進行定性分析，而忽視了定量分析；認爲東方文化是「大而化之」，因而不夠精確，缺乏科學的可操作性等等。如果他們精讀了《孫子兵法》，我想，也許會改變這種籠而統之的看法。

《孫子兵法．始計篇》中關於「五事」（道、天、地、將、法）和「七孰」的對比分析，可以說是古代文化遺產中定性分析與定量分析交融結合非常成功的範例。這裏的所謂「天、地」，不是泛神論者所尊崇的天公、地母，而是具體可感的物質化的「陰陽、寒暑、時制」等氣候、季節，是「遠近、險易、廣狹、死生」等地形、地貌、地勢、地理。「七孰」中還具體地對比敵我雙方的君主、將帥、天時地利、法令、兵衆、士卒、賞罰各個方面實力的強弱。這樣全面而準確的定性與定量分析，被孫武稱之爲「廟算」，也就是在出兵之前的朝堂之

上進行預測預算，有了勝利的把握才可以開戰。因此孫武在這裏自豪地宣稱：「吾以此知勝負矣。」我們再進一步研讀〈作戰篇〉以及孫武和其他兵家關於軍事經濟、後勤裝備等方面的論述，就會更加明確地看到他們所預算的「明細帳目」了。這裏包括國家經濟實力，軍隊的兵員、糧草、裝備、器械、輜重，甚至外交使節來往的招待費用，都計算得相當精細：「日費千金，然後十萬之衆舉矣。」爲了節約開支，他們還主張「因糧於敵」，「兵貴勝，不貴久」，「勝敵而益強」（越是打了勝仗，越是繳獲敵人武器糧草多，自己的實力就越強）。所有這些，都是建立在唯物主義思想基礎之上的實事求是的運籌與謀劃。我國遠在兩千多年前就有這種思想，這是多麼的難能可貴！

先秦兵家的原始辯證法思想，貫穿在他們的全部兵書之中，尤以《孫子兵法》的〈虛實篇〉和〈九變篇〉展現最爲充分。他把一組組對立而又統一的矛盾，進行了深入淺出的對比分析，在一定條件下（這些條件，要靠人去正確地認識、掌握或有意地培育、創造），矛盾對立的雙方還可以互相轉化，既X可以變爲Y，此物可以轉化爲彼物。這些矛盾的組合在兵書中列舉出很多：如敵與我、主與客、治與亂、奇與正、虛與實、迂與直、強與弱、勝與敗、優與劣、利與害、患與利、攻與守、進與退、分與合、衆與寡、生與死、眞與假、隱與露、變與常、逸與勞、飽與饑、安與動、靜與嘩、遠與近、得與失、安與危、勇與怯、有形與無形、致人與致於人等等。

先秦兵家在這一系列矛盾組合中，善於抓住主要矛盾，從整體上、宏觀上把握戰爭態勢，掌握戰勝敵方的主動權，因而特別注重奇正、虛實、攻守這幾組矛盾。孫武說：「戰勢不過奇正，奇正之變，不可勝窮也。」「三軍之衆，可使必受敵而無敗者，奇正是也。」在虛實關係上，他主張實中有虛，虛中有實，實則虛之（本來是實的，卻示敵以虛的假象），虛則實之，甚至故意地實而實之，虛而虛之，虛虛實實，假假眞眞，如迴圈無端（像轉動圓環一樣看不見首尾），變化無窮，使得敵人眼花撩亂，不知就裏，糊裏糊塗地陷入我方布置的虛實「怪圈」之中。

《三國演義》中「諸葛亮智算華容道」一節，把這種虛實相生的軍事哲理發揮得淋漓盡致。曹操在赤壁之戰失敗之後，打算退回南郡。岔道口有兩條路，一條是大路，要遠五十里，一條是華容小道，卻近五十里。曹操命人探察，回報說：小路山邊有幾處起煙，大路卻沒有什麼動靜。衆將認爲，煙起之處必有伏兵。曹操卻引用兵書上常講的「實則虛之、虛則實之」，對部下說：諸葛亮足智多謀，故意派人在小路邊燒煙，讓我不敢走這條近路；實際上他是在大路邊埋伏了兵馬。我卻偏不中他的計，從這條小路去反倒平安無事。結果呢？諸葛亮這回是針對曹操多疑的性格與熟讀兵書的特長，反其道而行之，來了一個「實而實之」，就在燒煙的小路邊預伏了關羽的兵馬，讓曹操上了一大當！

在錯綜複雜的矛盾組合之中，孫武等先秦兵家力主觀察事物、判斷情況要全面地、聯繫

地看問題，對矛盾組合的兩個方面進行辯證的綜合分析：「智者之慮，必雜於利害。雜於利而務可信也，雜於害而患可解也。」也就是說，聰明人考慮問題，必須兼顧到事物的有利與有害兩個方面。在困難情況下，考慮到有利的因素，就能鼓足勇氣，使任務可以如期完成；在順利的情勢下，考慮到有害的因素，就能防患於未然，使禍患得以排解。我們回過頭來看看孫武在幫助吳王闔閭滅楚之後，功成身退，不辭而別的故事，就可體察到他將這種全面看問題的哲學思想運用發揮得多麼精妙。那時，他作爲吳王的軍師，助吳滅楚，大功告成，在常人看來，形勢對他是何等地有利；但是，這位絕頂聰明的智者，卻看到歷代君王因臣下功高蓋主而屠殺功臣的不利的一面，因而他選擇了全身遠禍的人生道路，大智若愚，飄然而去，不知所終。孫武之後，又有越國的范蠡走了與他同樣的人生之路。

歷史的經驗教訓，足可作爲我們爲人處世的前車之鑑。我們在研討了先秦兵家關於世界觀、發展觀的哲理思辨後，再看他們關於戰爭規律的認識論範疇。我認爲，兵家在樸素唯物主義、原始辯證法基礎上把握戰爭規律的認識論，最爲精到的表述莫過於孫武的一句名言：「知己知彼，百戰不殆。」這是孫武軍事哲學思想的精華。這裏的「知」，就是對於客觀事物的認識；這種認識不是憑主觀想像產生，而是建立在對敵我雙方政治、經濟、軍事、外交、後勤形勢，乃至具體而微的行軍布陣揚起的灰塵、驚動的草木禽獸等等情況的詳細了解基礎之上的。只有既知敵情，又知我情，才能做到心中有數，有的放矢，才能克敵制勝。所以孫

武強調：「知彼知己者，百戰不殆；不知彼而知己，一勝一負；不知彼，不知己，每戰必殆。」這裏闡明了認識論的基本問題，可以說是一條經得起歷史檢驗的普遍規律。不僅戰爭中如此，在人們的所有社會活動中，都可以看到這條規律在發揮著內在的作用，都可以運用這條規律來指導工作、生活、學習與爲人處世。因爲任何人的社會活動都會有一個對應物，這個對應物可以是人，也可以是物，還可以是事，你把這個對應物看作是「彼」，把本人看作是「己」，只有充分了解雙方的情況，才能以己之長克彼之短，才能達到你進行那項社會活動(工作、生活、學習、交際)的預期目的。當然，這條規律在軍事上運用起來更是如魚得水，如虎添翼。

先秦兵家強調在敵我雙方交戰中掌握戰爭的主動權。最著名的一句話就是孫武所說的「致人而不致於人」，這個「致」就是招致、調動的意思，要掌握主動權，就要善於調動敵人，牽住敵人的「牛鼻子」，讓敵人圍著我軍轉，而不能被敵人牽著走。《孫子兵法．虛實》篇中說：「故善戰者，致人而不致於人。能使敵人自至者，利之也；能使敵人不得至者，害之也。故敵逸能勞之，飽能饑之，安能動之。」爲了達到「致人而不致於人」的目的，讓敵人自行到達我方想要他到達的地方，就要以小利去引誘他；要使敵人不可能到達他想去的地方，就要設置障礙妨害他。掌握了戰爭主動權，就能不斷地擾亂敵人陣腳，把他們的安逸變爲疲勞，把他們的飽暖變成饑寒，把他們的安定變爲騷動。總而言之，使敵人處於被動挨打

的狀況，只有招架之功，沒有還手之力。

關於主動權問題，孫武還有兩句名言——「形人而我無形」、「使人備己而不備人」。這個「形」就是顯形、暴露的意思，這個「備」，是指消極防備。《孫子兵法．虛實》篇中說：「故形人而我無形，則我專而敵分；我專爲一，敵分爲十，是以十擊一也，則我衆而敵寡；能以衆擊寡者，則吾之所與戰者約矣。吾之所與戰之地不可知，不可知，則敵所備者多，敵所備者多，則吾所與戰者寡矣。故備前則後寡，備後則前寡，備左則右寡，備右則左寡；無所不備，則無所不寡。寡者，備人者也；衆者，使人備己者也。」

在這裏，孫武所講的「致」是主動的，「形」與「備」則是被動的，兩者之間形成對立統一的辯證關係。只有想方設法調動敵人，叫敵人聽我指揮，隨我所欲而到達預計的地點，我方才能掌握主動權。我方掌握了主動權，就能集中兵力，以十擊一，以衆擊寡，而且不使敵方知道我方將要與之作戰的地點，這樣一來，使敵方顯形而暴露、處於被動挨打的境地，兵力分散，處處設防卻防不勝防，處處挨打而招致失敗。

關於用兵的靈活性原則，在《孫子兵法．九變》篇中有著相當集中的論述，爲便於記憶，我們不妨把它概括爲「五地」、「五利」與「五危」。

「五地」是「圮（難行的地帶）地無捨，衢地交合，絕地無留，圍地則謀，死地則戰」。這是說針對不同地形、地勢與敵情，採取不同的行軍作戰方略，其中含有「實事求是」、「具

體情況具體對待」的哲學思想。

「五利」是「塗（與途相通）有所不由，軍有所不擊，城有所不攻，地有所不爭，君命有所不受」。這裏含著「有所不爲而後有所爲」的辯證哲理。說的是在行軍作戰中，不要被一時一地的小利所動，更不要被敵人故意製造出來的表面看來對我有利而實際對我有害的現象所迷惑。有些好走的路不要去走，有些能夠「吃掉」的敵人小股部隊不要去打，有些城鎮不要去攻，有些地方不要去爭，有時上級的指示與戰場實際情況不符，特殊情況下可以先斬後奏。但是這裏的五個「有所不」，都應以我軍總體的、根本的利益爲準則、爲目標，爲著這個「大利」，才可以放棄一時的「小利」，所謂「丟卒保車」、「丟車保帥」，說的就是這種原則。特別是其中「君命有所不受」這一條，與「服從是軍人的天職」有些矛盾，如何適當地處理好二者之間的關係，古今中外戰史上都不乏其例，關鍵在於戰場指揮官是否具有「實事求是」的態度與敢擔責任的膽識。如果只是「明哲保身」，那麼你只管「奉命行事」好了；但是一個眞正的好將帥、好指揮，是不會放過有利於全軍「大利」的戰機的，哪怕一時違了「君命」也在所不惜；更應看到，一個眞正明智的上級、「君主」，是不會、也不應該給這種優秀指揮官穿「小鞋」的，他會給你「便宜行事」的實權，他應當鼓勵你在特殊情況下「君命有所不受」的靈活處理，不僅不會責罰，反而應該表彰。所以孫武強調說：「將通於九變之地利者，知用兵矣；將不通於九變之利者，雖知地形，不能得地之利矣。治兵不知九變之術，雖知五利，不能得人之用矣。」這裏的「九」，並非確數，只是極言其多，「九變」就是靈活多變；只有善於靈活多變的將帥，才能眞正算得上是擅長用兵的指揮官。

《孫子兵法》中所說的「五危」，原文是「必死，可殺也；必生，可虜也；忿速，可侮也；廉潔，可辱也；愛民，可煩也。」按照常人的理解，必死、必生、忿速、廉潔、愛民，這是軍人可貴的品格，是好事；但是作爲指揮千軍萬馬、身繫國家民衆安危的將帥，如果這些個人品格過分執著，就會走向自己的反面，變成有害於軍隊、國家大局的壞事。這是因爲，將帥如果只知拚死蠻幹，就可能被敵人誘殺；如果只顧保全生命，就可能被俘虜；如果急躁易怒，就可能中敵奸計而遭致侮辱；如果過分廉潔求全名節，就可能陷入敵人污辱的圈套；如果不分利弊地「愛民」，就可能被敵利用來煩擾而不得安寧。這裏含著「凡事有度、過猶不及、物極必反」的哲理，充滿了樸素辯證法。因爲事物的發展變化，總是循著從量變到質變的客觀規律在運行，其中的臨界點稱之爲「度」，超過了這個「度」，事物就可能走向反面，從好事變爲壞事。

《三國演義》中「劉玄德攜民渡江」，就是具體的一例。劉備爲了沽名釣譽，不分利弊地一味「愛民」，把破城之後的難民隨軍帶著，其結果是行動遲緩，被曹軍追擊，不但隨軍的難民難以保全，就連自己的軍隊也被追殺殆盡，在當陽（今屬湖北省）境內吃了一次大敗仗。所以孫武在羅列「五危」現象之後，進一步警告說：以上五種危害，是將帥的過失，也是用

兵的災難。大凡造成軍隊覆沒、將領被殺，往往是因這五種危害所引起，對此不能不予明察。

管理的嚴明

先秦兵家在精研對敵作戰的戰略戰術的同時，也很注重研究軍隊內部的教化管理。教化方面，強調愛兵如子，官兵一心；恩威並用，賞罰必公；管理上則注重軍隊編制，責權分明；兵制先定，管理從嚴；總體認爲「兵不在多，以治爲勝」。

《孫子兵法．行軍》篇的篇末，有兩段關於軍隊教化管理的專論。他說：兵員並非越多越好，只要不輕敵冒進，而足以集中兵力、明辨敵情、取得部下擁戴就行了。那些既無深謀遠慮、又輕敵冒進的將帥，必定會被敵軍所擒。在管理教化方面，士卒尚未親近依附於將帥之時，就急於施行責罰，他們就不會服從，不服就難爲所用；而當士卒已經親近依附之時，還不施行嚴明的責罰，部下也不能爲之所用。所以，要用溫文親切的方法去教化他們，用武斷嚴厲的法紀去管理他們，這樣必定能取得部下衷心的擁護。將帥的命令能經常得以施行去管教部下，他們就會服從；將帥的命令若是不能經常得以施行，這樣的管教就會使部下不服。

而將帥的命令之所以能夠經常地貫徹實施，是因為他與部下的關係融洽。

孫武強調，在教化管理中要注意「令之以文，齊之以武」兩個不同的側面，使之相輔相成。他還認為，將帥對待士卒，要如同嬰兒、愛子，切不可如同嬌子。對士卒如同嬰兒、愛子，士卒就可以與將帥同生死、共患難。對士卒要親愛，不要溺愛。如果厚待他們卻不能使用，溺愛他們卻不加教化，他們就會違法亂紀而不能懲治，這就像嬌慣了的孩子一樣，不可用他們去打仗。這裏強調的寬嚴結合、恩威並用、親愛而不溺愛的教育管理法則，不僅對軍隊的管理與教育可行，擴而廣之，對於任何一個學校，任何一個單位，甚至任何一個家庭的師生之間、上下級之間、長輩與晚輩之間，都是可以適用的。

孫武還在〈九地〉篇中形象地比喻論證道：善於帶兵打仗的人，就像傳說中的「率然」這種常山靈蛇一樣，打牠的頭部，牠的尾巴就來救助，打牠的尾，頭就來救助，打牠的中部，頭尾都來救助。試問，帶兵可以使部隊像「率然」一樣嗎？回答應當是肯定的。譬如說，吳國人（孫武當時是幫助吳王用兵的，故而常用吳人、越人來打比方）與越國人相互敵視，但是當他們同船過渡，遇到風暴時，也會相互救助，就像一個人的左右手一樣。所以想用綁縛馬匹、深埋車輪這種表示決死拚鬥的辦法來約束部隊，是靠不住的；只有使部隊上下齊心、奮勇戰鬥像一個人那樣，才是正確的治軍之道；只有在優勢、劣勢條件下都能運用自如，才是正確利用地形的道理。因此，善於帶兵打仗的人，能使全軍上下攜手團結如同一

人，這種力量是不可阻擋的。在這裏，孫武強調的是依靠軍隊內部的教化管理，使官兵團結，上下齊心，互相照應，融爲一體，產生強大的凝聚力與戰鬥力。

其他的先秦兵家也很重視官兵一心，鼓舞士氣。《孫臏兵法．選卒》篇中說，軍隊的勝利在於挑選精壯的士卒，勇敢在於健全軍紀制度，巧妙在於把握戰場態勢，有利在於賞罰信用，有德在於遵循規律，富庶在於速戰速決而不耗費軍需，強大在於使民衆休養生息，挫傷則在於頻繁交戰。他還在〈延氣〉一篇中強調不同情勢下鼓舞士氣的相應方法：部隊聚結之初，重在激勵士氣；再度行軍，重在理順士氣；上陣近敵，重在高漲士氣；約定了交戰日期，重在向士卒預告戰期，使士氣得以休整；即將交戰的當日，重在延續高漲的士氣。

《尉繚子兵法》論述士氣的極端重要時說：兵衆賴以奮戰的就是士氣，士氣鼓足了就能戰鬥，士氣如果消洩了就會失敗。要鼓起士氣，就得官兵一致，上下一心。他說身爲統帥者，必須先遵循禮信而後賞賜爵祿，先使部下知曉廉恥而後施行刑罰，先對士卒親愛而後嚴格要求他們。所以帶兵作戰必須率先垂範以鼓勵士卒，就像心臟驅使四肢一樣。將帥好比心臟，士卒如同四肢，心臟搏動得誠實，四肢必定有力；心臟跳動得疑惑，四肢必然背反。要使士卒之間團結得像親戚朋友一樣，靜下來就像堅固的城牆，動起來如同疾厲的風雨，這才是帶兵作戰的根本法則。

《六韜．龍韜．勵軍》一篇，具體闡述了怎樣做到官兵同甘共苦、激勵士卒士氣：將帥應

從三個方面激勵士卒，從而樹立威信。一要成爲「禮將」：冬天不穿裘皮，夏天不操涼扇，雨天不張傘蓋；如果不這樣，就無從知道士卒的寒暑。二要成爲「力將」：出入狹隘的關塞，通過泥濘的險途，將帥必須率先下馬步行；如果不這樣，就無從知道士卒的勞苦。三要成爲「止欲將」：全軍都已宿營，將帥才能就寢；全軍的飯都煮熟，將帥才能就餐；全軍若不做飯，將帥也不能舉火；如果不這樣，就無從知道士卒的饑飽。將帥與士卒共寒暑、同勞苦、共饑飽，所以三軍之衆聽到進軍的鼓聲就高興，聽到後退的金聲就憤怒；城牆再高，護城河再深，箭簇、石塊像雨點一樣落下，士卒也會爭先登城奮戰；白刃格鬥剛一開始，士卒就會搶先拚殺。士卒並不喜歡死傷，是因爲將帥感同身受地體恤他們的寒暑、饑飽和勞苦。

《吳子兵法．治兵》篇認爲，治兵之道應以「四輕、二重、一信」爲先。所謂「四輕」，就是「地輕馬、馬輕車、車輕人、人輕戰」。吳起解釋說：明確地了解地形的陰陽、險易，就能使戰馬輕鬆（地輕馬）；按時餵給草料，則戰馬不怕拖拉重車（馬輕車）；油膏、車具裝備有餘，則戰車不怕載負多人（車輕人）；武器鋒利、甲冑堅韌，則軍人不怕惡戰（人輕戰）。所謂「二重」，是針對軍人而言：勇敢前進則給予重賞，怯懦後退則施以重刑。所謂「一信」，就是「行之以信」，即對部隊管理要言必信、行必果。《吳子兵法．應變》篇中說：要用旌旗、號令指揮三軍，有令則行，有禁則止，不服從命令的嚴加誅滅。只有軍紀嚴明，才能使三軍服從權威、士卒聽從命令，這樣一來，作戰沒有什麼強敵，進攻沒有什麼堅陣，

其勢不可阻擋。〈勵士〉篇中還說：嚴厲的刑罰、明確的獎賞，對於治軍固然重要，但並不是十分可靠；關鍵在於激勵部下，形成一種發號施令而人們樂於聽從、興師動衆而人們樂於戰鬥、交兵接刃而人們樂於犧牲的良好局面。要形成這種局面，君主就應當推舉有功的人而盛宴款待他們，對於無功的人，也要激勵他們。常言道「無功不受祿」，而吳起卻主張對於他們不要過分責罰，而要採取激勵措施，這是建立在充分重視人才、相信人才、以人爲本的基礎之上的管理方法，同時也是寬嚴結合、恩威並行的一種具體體現。

《孫臏兵法》認爲，賞與罰是管理的兩手，二者相輔相成，各有各的用處。獎賞，是用來使兵衆喜悅、令士卒忘死的方法；懲罰，是用來整治混亂、使兵衆畏服上級的方法。

《尉繚子兵法》也很注重賞罰兩手的適當運用。〈武議〉篇中說：殺一人而使三軍震動，而使萬人欣喜，這樣的人就要堅決殺掉。他還主張「殺之貴大而賞之貴小」，「能刑上究、賞下流，此將之武也」。這兩句話應當成爲賞罰分明這一管理方法的至理名言，其中包含有賞罰學問的辯證法；更爲難能可貴的是，它表現出一個眞正的管理者的公正、公平：只要是違犯軍法的，所殺之人地位越高、權勢越大（上究），越能起到震懾作用；只要是作戰有功的，所賞之人地位越低、職權越小（下流），越能起到激勵作用。地位那麼高、權勢那麼大的人都被堅決殺掉，還有什麼人不畏刑法呢？地位那麼低、職權那麼小的人都得到你的獎賞，還有誰不努力拚命呢？

《六韜．文韜．賞罰》篇也持同樣的觀點：「凡用賞者貴信，用罰者貴必。賞信罰必，於耳目之所聞見；則所不聞見者，莫不陰化矣。」這裏的「賞信罰必」，就是「有法必依」，嚴格執行獎優懲劣的軍紀軍法，讓部下學有榜樣，知所警戒，即使沒有親見親聞獎懲的情形，也會受到制度的約束而產生潛移默化的影響。同書的〈將威〉篇中說：「殺及當路貴重之臣，是刑上極也；賞及牛豎馬洗廄養之徒，是賞下通也。刑上極，賞下通，是將威之所行也。」這與尉繚子所主張的「刑上究、賞下流」一脈相通。

不僅如此，尉繚子還主張在從嚴治軍中實行「連坐法」。他說：「明制度於前，重威刑於後，刑重則內畏，內畏則外堅矣。」〈伍制令〉一篇中規定：軍中制度，五人為一伍，十人為一什，五十人為一屬，百人為一閭。這四個層次的單位內部人員實行連保連坐。若有違犯禁令者，單位內部要相互揭發，揭發者可以免於處罰；如果知情不報，則整個單位人員都要受到處罰。〈兵教〉篇中還具體規定了十二種管理制度：連刑（即上述「連坐法」）、地禁（劃分禁地、禁道以防外來奸細）、全車（按照編制緊密聯繫）、開塞（劃分地界，各自死守）、分限（明確職守，禁止串連）、號別（前後有序，不得盲目爭先）、五章（行列分明，以免混亂）、全曲（曲折相從，皆有分部）、金鼓（進軍退兵，聽從號令）、陣車（車馬有序，形成陣勢）、死士（衝鋒陷陣的敢死隊）、力卒（一切行動聽指揮的士卒）。他說，這十二種制度如果能管教從嚴，對違犯者嚴懲不怠，那麼即使軍隊弱小也可使之強大，即使君主卑微也可使之

尊貴，即使軍令有誤也可使之振起，即使民衆流散也可使之親附，即使人口衆多也能治理，即使地域廣大也能守衛。

從《六韜．龍韜．王翼》篇中，我們可以了解到古代軍隊管理的編制狀況。姜太公認爲，主帥應有股肱羽翼七十二人，編制如下：腹心一人，謀士五人，天文三人，地利三人，兵法九人，通糧四人，奮威四人，鼓旗三人，股肱四人，通才三人，權士三人，耳目七人，爪牙五人，羽翼四人，游士八人，術士二人，方士二人，法算二人。這些人才配置齊全，各司其職，各有所用。我們若再細心地考察，這十八類七十二人的編制中，隱約可以看出後世軍隊統帥麾下的「參謀部、政治部、後勤部」三套班子的雛形：其中「腹心、謀士、兵法、權士」類似於參謀部，「通才、游士、術士、方士」類似於政治部，「天文、地利、通糧、法算」則類似於後勤部。同書的〈立將〉篇中還強調君主與將帥之間責權分明，一旦君主授權將帥統領三軍，就應具有相應的責任與權利，君主對於軍中之事，不要過分干預，應當用人不疑。姜太公說：「軍中之事，不聞君命，皆由將出。臨敵決戰，無有二心。若此，則無天於上，無地於下，無敵於前，無君於後。」他認爲，只有君主放心地授權予主將，主將能放手地獨立行使治軍權利，才能使「智者爲之謀，勇者爲之鬥，氣厲青雲，疾若馳騖，兵不接刃而敵降服，戰勝於外，功立於內，吏遷士賞，百姓歡悅，將無咎殃。」

《尉繚子兵法．制談》篇中說：軍隊制度必須先定，制度先定則士卒不致紛亂，士卒不亂

則刑律得以明確。兵衆並非樂於赴死而厭惡生存，只因爲號令明確、法制嚴厲，才能使他們拚死向前。對奮勇前進者明確獎賞，對怯懦後退者毅然懲罰，部隊出發就能勝利，作戰就能立功。

我們在推介古代兵家軍事管理方略的同時，還應當看到，在先秦及以後的長期封建社會中，從朝廷、地方到軍隊，畢竟實行的是「人治」而非「法治」。立法與執法之人，若是公正廉明如諸位兵家者，那還可望治理有序；若是遇上「糊塗官」，那就只能「打糊塗百姓」了（愚民政策和「愚兵政策」，驅使將帥、官吏們有意地不讓兵衆「明白」），而這種「糊塗官打糊塗百姓」的現象，在古代大量地存在著。當然，也有「人治」治理得較好的，這些人就成了古代的明君、賢臣、良將。

曹操在軍中施行賞罰，就比較講究策略，特別是獎賞進諫者，秉公無私。他在官渡之戰打敗袁紹之後，準備征伐遼東，將逃亡至遼東的袁紹二子斬草除根。有些將領認爲，部隊長期作戰已很疲憊，再行遠征，孤軍深入，天寒地凍，實爲不利。當時曹操沒有採納這種意見，而是冒險進軍，途中經歷了許多艱難險阻，缺糧斷水，只得殺馬充饑，又與敵軍主力遭遇，損失不少兵馬才得突圍，最終僥倖取勝。班師之日，照例要論功行賞。曹操問道：「北伐之初，有哪些人勸我撤兵來著？」那些勸退的將領嚇得連忙跪下請罪。曹操卻哈哈大笑，將他們一一扶起，說：「諸君不僅無罪，反而有功！」他突破常規，給這些提反對意見又被

實踐證明是正確的進諫者加以重賞。這樣的賞罰管理方法，客觀上承認了自己的錯誤，鼓勵了持不同意見的人，不但不會降低主帥的威信，相反卻樹立了從諫如流的形象，也發揮了部下出謀劃策的積極性，眞可謂一舉兩得。世人卻受「劉漢」正宗思想的影響，認爲曹操這類舉措是「奸雄權術」，卻看不清他恰恰是一位難得的軍事管理專家！

人才的選用

上節我們對曹操的判斷，已經涉及到軍事人才學的範疇。先秦兵家早就在其兵書中論述到將帥的人才素養，以及如何識別、選拔、任用軍事人才。這些寶貴的思想資料，時至今日仍對我們的領導者、管理者具有較高的參考借鑑價值。

《孫子兵法．始計》篇開宗明義就論及將帥人才的五個方面必備素養：「智、信、仁、勇、嚴」。具體說來，就是智謀深廣、賞罰有信、愛護士卒、勇敢果決、法紀嚴明。

《吳子兵法．圖國》篇將軍事人才分爲五種類型，正像孔子「因材施教」那樣，吳起主張「因人用武」，要對具有不同特長的人才「選而別之，愛而貴之」。他說：強國之君，必須了解他的民衆。民衆具有膽量氣力的，聚結爲一支隊伍；樂於進兵作戰、爲君效力、以顯示忠誠

勇敢的，聚結爲一支隊伍；能夠攀越高峰、遠道跋涉、矯捷奔走的，聚結爲一支隊伍；失去了職位而又想重新建功立業的，聚結爲一支隊伍；城池失守，而又想洗雪這種恥辱的，聚結爲一支隊伍。這五類人才，是軍隊裏的精練勇銳之士，如果君主手下有這樣的人才三千名，那麼，從裏向外可以突圍，從外向裏則可以攻陷城池。

在〈論將〉篇中，吳起分述了將帥必備的「五德」，良將必知的「四機」，將帥指揮必具的「三威」。「五德」之一是理，要做到管理衆多人員像管理少數人員一樣，處理繁多事務像處理少量事務一樣，有條有理。二是備，要做到「出門如見敵」，時刻做好戰鬥準備。三是果，面對敵人果敢勇猛，捨生忘死。四是戒，即使打完了勝仗，也像剛剛開戰一樣，保持警戒。五是約，要做到法令簡省而不繁雜。「四機」之一是氣機，三軍之衆，百萬之師，生死存亡都繫於將帥一身，要能掌握鼓足士氣的機巧。二是地機，道路狹窄，山川險要，十人守衛，千人不能通過，重在掌握軍事地理的訣竅。三是事機，善於使用間諜，派出便捷的小分隊，分散敵軍，使對方君臣互相怨恨，上下互相歸罪，以便亂中取勝。四是力機，要把部隊管理得車騎精銳，舟船便利，士卒能征慣戰，戰馬善於馳騁。「三威」，其一是金鼓能使耳威，耳威於聲，所以金鼓不可不清；其二是旌旗能使目威，目威於色，所以旌旗不可不明；其三是禁令與處罰能使心威，心威於刑，所以軍法不可不嚴。

在對本軍將領提出素養標準的同時，吳起還別出心裁地論述了正確估價敵軍將領的素

質，針對不同情況施用不同戰術，以圖打敗他們。他說，大凡作戰要領，必須先行估價敵將而考察他們的才能，因形用權，則可以不戰而勝，不勞而功。敵將愚鈍而輕信他人，可以詐而誘之；敵將貪婪而不計名節，可用錢財賄賂；敵將多變而無謀，可以騷擾而使之困頓；敵將上層富有而驕橫，下層貧困而生怨氣，可以使用離間計；敵將進退多疑，兵衆沒有依靠，可以威脅使之敗走……敵軍將士懈怠，沒有防備，可以偷偷地發動突然襲擊。

《六韜．龍韜．論將》說，將有「五材」、「十過」，這是從正反兩方面而言：「五材」是勇、智、仁、信、忠。勇則不可犯，智則不可亂，仁則愛人，信則不欺，忠則無二心。「十過」也是針對敵將的過失而設法擊敗他們：勇猛而不怕死的，可以激怒他；急躁而一味速戰的，可以久拖不戰；貪婪好利的，可以饋送賄賂；過分仁慈而不忍心的，可以使他疲勞；聰明卻膽小的，可以使他窘迫；輕信他人的，可以誑騙他；過分廉潔而不愛惜人才的，可以侮辱他；巧智而性格緩慢的，可以突然襲擊他；剛愎自用的，可以奉承他而助長其驕氣；懦弱而喜歡信任他人的，可以欺騙他。通觀這「十過」，也可以視爲對本軍將領的一系列警戒，不僅敵將有「十過」而可能遭敗，自己的將領若有「十過」而不知改正，同樣可能被敵人打敗。

明於此，同書的〈文韜．上賢〉篇中，也談到甄別人才的反面標準「六害」與「七賊」，以圖引起警戒，加以避免。「六害」之一是，臣子大興土木，建造宮室台榭，悠遊作樂，就

會傷害君王的德行；之二是，民衆不事農桑，任氣游俠，違犯法禁，不服管教，就會傷害君王的教化；之三是，臣子結黨營私，下阻賢者之路，上障君主之明，就會傷害君王的權利；之四是，士大夫故作清高氣勢，私下結交諸侯，輕視君主，就會傷害君王的威望；之五是，臣子輕視爵位，作賤官員，羞辱替君主排憂解難的人，就會傷害功臣的勞苦；之六是，強行侵犯掠奪，欺侮貧弱的人，就會傷害庶民的產業。「七賊」其一是，沒有智略權謀的人，卻享受重賞尊爵，這種人莽勇輕敵，僥倖在外面逞強，君王切切不可派他當主將；其二是，有名無實，隱善揚惡，巧言令色，君王切記不要與他議事；其三是，故作樸素姿態，穿著破舊衣裳，鼓吹無爲卻求名，鼓吹無欲卻求利，這種虛僞的人，君王切記不要與他相近；其四是，奇裝異服，博聞強識，高談闊論，以爲虛美，窮居靜處，誹謗時俗，這種奸狡之人，君王切記不要寵愛；其五是，讒佞之徒，或冒死之人，貪求官爵俸祿，不謀大事，但圖小利，用空洞的言談游說君主，君王切記不要使用他；其六是，雕蟲小技，嘩衆取寵，傷害農事的人，君王必須禁絕；其七是，假藥偏方，巫婆神漢，左道旁門，用不祥之言蠱惑良民的人，君王必須防止。所以說，民衆若不盡力勞作，不是好民衆；士大夫若不誠實守信，不是好士大夫；臣子若不盡忠勸諫，不是好臣子；官吏若不清廉愛民，不是好官吏；宰相若不富國強兵，調和陰陽，使君主安寧，群臣安定，名實相副，賞罰分明，萬民安樂，也就不是好宰相。相反，如果民衆、士大夫、臣子、官吏、宰相能自下而上地克盡各自的職守，那就是稱

職的，甚至是優秀的，也可以從這五個不同層面去考察人才，發現和選用人才。

《六韜．龍韜．選將》篇還列舉了透過現象看本質、辨別與考察人才的十五種情況，這些人的外貌（表面現象）不與中情（內中實質）相應，君主必須明察：有外表嚴肅而實際不肖者，有外表溫良而實則爲盜者，有外表恭敬而內心傲慢者，有外表廉謹而實無至誠者，有貌似眞情而實質無情者，有貌似忠誠而實際虛僞者，有愛出主意而實不果決者，有看似果敢而實際無能者，有信誓旦旦而不講信用者，有恍恍惚惚反而忠實者，有詭怪激烈而實有功效者，有外表勇猛而實際怯懦者，有看似規規矩矩而反覆無常者，有吵吵嚷嚷反而冷靜誠篤者，有外表醜劣卻無往不勝者……眞像俗話所說的「人上一百，種種色色」、「人不可貌相，海水不可斗量」。一般人認爲低賤的，明智的君主卻可能視爲寶貴，這就需要有識才的慧眼，用才的膽識。怎樣識別和考察人才呢？姜太公認爲有八種徵象可供參考：一是問之以言以觀其辭，二是窮之以辭以觀其變，三是與之間謀以觀其誠，四是明白顯問以觀其德，五是使之以財以觀其廉，六是試之以色以觀其貞，七是告之以難以觀其勇，八是醉之以酒以觀其態。他認爲，從這八個方面進行全面綜合考察，賢與不肖就可辨別得一清二楚了。

《六韜．龍韜．奇兵》篇的末段，從反面說明將帥人才素養的重要性：將不仁則三軍不親（相反，將仁則三軍親，下同——引者注），將不勇則三軍不銳，將不智則三軍大疑，將不明則三軍大傾，將不精微則三軍失其機，將不常戒則三軍失其備，將不強力則三軍失其職。如此看來，仁、勇、智、明、精微、常戒、強力，應該是將帥必備的素質。君主也就可以從這些方面去考察、衡量與識別、選拔他的將帥。

同書的〈犬韜．練士〉篇中又列舉了將帥之下（主要是士卒）十一種軍隊人才的不同特長與名號，他們分別是：勇氣十足、敢死樂傷的「冒刃之士」，銳不可擋、強暴有力的「陷陣之士」，身材魁梧、操劍格鬥的「勇銳之士」，掃除障礙、奪敵旗鼓的「勇力之士」，善於登高行遠、長途跋涉的「冠兵之士」，棄暗投明、再圖建功的「死鬥之士」，主將已死、欲為報仇的「敢死之士」，入贅低門、企圖掩跡揚名的「勵鈍之士」，貧窮憤怒、欲快其心的「必死之士」，免罪之人、欲逃其恥的「幸用之士」，多才多藝、能擔重任的「待命之士」。

關於古代人才學的名篇，人們記憶最深的可能還是唐代文學家韓愈的《馬說》，最著名的一句話就是「世有伯樂，而後有千里馬。千里馬常有，而伯樂不常有。」大凡古代明智的君主、將帥，往往樂於當相馬的伯樂。兵家們也強調，人才存在於朝野上下、行伍之中，甚至尋常巷陌、百姓人家，關鍵就在善於發現，善於識別，「知人善任，無往不勝」。《六韜》論述的舉賢之道是：將相分職，而各以官名舉人（按照職位的需要舉薦適合的人才），按名督實，選才考能，使人才與職位之間實當其名，名當其實，這樣才算是掌握了舉薦賢才的規律。

《尉繚子兵法》認為，將帥與士卒之間要有明確的分工，將帥要抓大事，定決策，「主旗

鼓」，也就是當好指揮官。他說：「臨難決疑，揮兵指刃，此將事也；一劍之任，非將事也。」基於此，他進一步提出了身爲將帥的嚴格要求：上不受制於天，下不受制於地，中不受制於人——將帥具有這樣大的權利，就要胸懷寬廣，不能輕易被人激怒；就要清正廉潔，不能收受錢財賄賂。如果內心狂躁，兩眼如盲，雙耳似聾，以這樣「三悖」的低能素質卻想統率別人，那只能是難上加難！他要求將帥做到「三忘」：「受命之日忘其家，張軍宿野（部署軍隊在野外宿營）忘其親，援枹而鼓（操起槌子擊鼓進兵）忘其身。」這「三忘」之說，一直被後世將帥引爲座右銘。

漢代開國皇帝劉邦，原是一個被人看不起眼的地方小吏，但他在長期的戰爭生涯中造就成爲善於識才用才的曠世之才。他自己曾作過一番評價說：若論運籌帷幄、出謀劃策，他不如張良；若論管理軍隊、保障後勤，他不如蕭何；若論行軍布陣、指揮作戰，他不如韓信。然而這三位政治、經濟、軍事人才，都能爲他所用，關鍵在於他知人善任，發揮手下人才的特長，調動他們的積極性。而他的對手項羽，本身武藝之高強，不知要勝過他多少倍，可是項羽得到一個范增這樣的全才，卻因多疑而不能放手任用。所以，他能夠得天下，而項羽最後只能失天下。

如果我們把劉邦的這些說法與先秦兵家的人才分工學說互相參照，就能看出古代君臣、將相、士卒等不同層次的人才，要有不同的考察、選用標準。

因爲我國古代是一種宗法制的「人治」社會，領導者考察、識別、選拔與任用人才，絕大多數是採取「伯樂相馬」式的個案方式，「千個師傅千個法」，各人有各人的識才、選才、用才標準。先秦兵家所列舉的這些標準與方法，也不一定「放之四海而皆準」。我們只能採取「鑑古知今、古爲今用」的方法，吸取其中的精華，揚棄其中的糟粕，讓古人留下的人才學說在邁入二十一世紀的今天爲我所用。

兵家的文采

古人談到語言藝術時，曾有一句警語：「言而無文，行之不遠。」意思是講，語言如果沒有文采，就不能流傳久遠。我們說，孫子與孔子、老子各以五千文字影響中華文明五千年，他們的著作之所以能夠流播如此久遠，除了精闢而豐富的思想內涵之外，行文的風采應是各有千秋的。《論語》及《老子》，大體上屬於「語錄體」，是其學子對兩位先師的語言記載，精煉、深刻是它們的文采特色；而《孫子兵法》則是邏輯嚴密、自成體系的個人專著，它又是一部專論帶兵打仗的「武經」。照常理說，文學性本不屬於它的刻意追求，然而，讀者在閱讀這部邏輯性很強的兵書時，卻能於不經意之中感受到它那斐然的文采。因此，孫武不

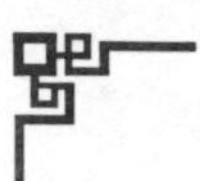

僅是一位卓越的軍事家，同時也堪稱傑出的哲學家（這一點，已在《哲理的思辨》一節中談及）和文學家。以孫武爲代表的先秦兵家，其行文莫不如此。讓我們從文學鑑賞與文章寫作學說的視角，再對先秦兵書瀏覽一番，作一次愜意的文學漫遊吧！

引起我發出以上議論的，首先是由於《孫子兵法》的行文氣勢。你看〈虛實〉篇中的一段：

「出其所不趨，趨其所不意。行千里而不勞者，行於無人之地也；攻而必勝者，攻其所不守也；守而必固者，守其所不攻也。故善攻者，敵不知其所守；善守者，敵不知其所攻。微乎微乎，至於無形！神乎神乎，至於無聲！故能爲敵之司命。」

首先，該段文字運用了「排比」的修辭手法，它把敵我之間攻與守的辯證關係闡述得十分透闢。

其次，相鄰的每兩句之內，又使用了「對偶」修辭手法，也就是俗語所說的「對對子」。你看，「出其所不趨，趨其所不意」是「順對」，又稱「流水對」。「攻而必勝者，攻其所不守也；守而必固者，守其所不攻也」，則是「反對」，詞義相反的「攻」與「守」這對矛盾，不僅在整個句子中「針鋒相對」，而且在前後兩個分句內部也是「針尖對麥芒」。

第三，它還運用了「層遞」的修辭手法，從第一組對偶句到最後一組，從內容上看，形成了一種遞進式的排比，一層比一層更爲深入，更爲精采，造成了一氣呵成的語言氣勢。我們只要心臨其境地仔細加以品味，從頭到尾一路讀來，就能感受到這種動人心魄的行文氣勢。

第四，也是最精妙的，作爲軍事政論文章的兵法專著，作者在層層深入地剖析闡發之後，說到妙處，竟然也喜形於色地、得意洋洋地大發「抒情」式的感歎：微妙啊，微妙！微妙到看不出任何的形跡；神奇啊，神奇！神奇到聽不見絲毫的聲音（注意，這兩句同時又是「對偶」，是對偶式的抒情，抒情式的對偶）。行文至此，我也情不自禁地揣摩，兩千多年前的那位偉大軍事家，傑出思想家、文學家，放眼疆場，情繫蒼生，思接千載，心遊萬仞，聚精會神，著書立說，在一大排竹簡面前，寫呀寫，寫到得意處，止不住手之舞之，足之蹈之，爲自己能把敵我雙方的攻守關係闡述得如此精妙而喜不自勝！不寫下這麼兩句抒情感歎的話，就不足以表達他此時此刻的心境！於是，就在這充滿了武勇豪氣的兵書裏寫下了激情迸發的文學語句。

第五，也是本段文字「最後的輝煌」，孫武子來了一個「煉句」式的收煞，總括前文：「故能爲敵之司命」——我能夠成爲敵人命運的主宰！不難想見，作者寫到這裏，當時的心境是何等瀟灑，何等豪邁，何等自信！任你敵人兵精糧足，千軍萬馬，氣勢洶洶，不可一世；我只需這一部兵書，就能要了你的小命！

類似的行文氣勢與修辭手法絕妙運用，在《孫子兵法．用間》篇中還有一段：「故三軍

之事，莫親於間，賞莫厚於間。非聖智不能用間，非仁義不能使間，非微妙不能得間之實。微哉微哉，無所不用間也！」

這裏，除前段已有的「對偶」、「排比」、「抒情」等修辭手法再一次自如運用之外，作者還用「莫……於……」（意思是「沒有什麼比……更……」）、「非……不能……」、「無……不……」等關聯詞，組成一個個「否定之否定」的絕對肯定句式，把使用間諜的奧妙推向了極致，難怪孫武子又一次情不自禁地高聲感歎：「微妙啊，微妙！」

我們再看《六韜．武韜．發啓》中的三段話：

其一，「全勝不鬥，大兵無創，與鬼神通。微哉，微哉！與人同病相救，同情相成，同惡相助，同好相趨。」

其二，「道在不可見，事在不可聞，勝在不可知。微哉，微哉！鷙鳥將擊，卑飛斂翼；猛獸將搏，彌耳俯伏；聖人將動，必有愚色。」

對偶、排比、抒情的運用，與前面所引孫武的話，有著異曲同工之妙；第二段的末尾三個短句所組成的對仗式排比，同時還運用了十分鮮明生動的「比喻」手法，形象化地表達出以退為進、蓄力而發、潛伏突擊的微妙之處，使人看到了活生生一幅箭在弦上、一觸即發的搏擊圖。

其三，姜太公先用「層遞」的修辭手法，論述了「人、家、國、天下」的社會構成「大

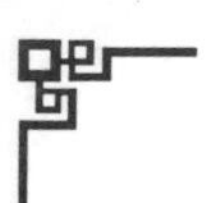

紀」；論述了「陳政教、順民俗、化曲爲直、各樂其所」的施政方略「大定」；緊隨其後，便發出一番感歎——

「嗚呼！聖人務靜之，賢人務正之；愚人不能正，故與人爭。上勞則刑繁，刑繁則民憂，民憂則流亡。上下不安其生，累世不休，命曰『大失』。

天下之人如流水，障之則止，啓之則行，靜之則清。嗚呼，神哉！聖人見其所始，則知其所終。」

這段話的大意是說，在社會綱紀、施政方略既定的基礎之上，就要保持安定。而某些不安定份子（愚人）卻要挑起紛爭，這就會引起君主濫用刑律，攪得天下不安（大失）。爲了避免這種不必要的損失，聖賢就得以卓識遠見（見始知終）來促使上下保持安定（靜、正）。在這裏，作者同樣綜合運用了「對偶」、「排比」、「層遞」、「抒情」等系列修辭手法。是否也受《孫子兵法》的影響（姜太公生活年代比孫武要早，但有學者認爲《六韜》並非姜氏生前所著，而是後人引其言而補述成書），於行文得意處情不自禁地大發感歎呢？

讓我們再讀讀先秦兵家第二號「種子選手」吳起的一小段妙文吧——

「齊性剛，其陣重而不堅；秦性強，散而自鬥；楚性弱，整而不久；燕性慤（誠篤之意），守而不走；三晉（指將原晉國一分爲三的韓、趙、魏）性和，治而不用。」

其中運用了排比修辭手法自不待言，更深一層的妙處在於，吳起成功地從地域文化民俗

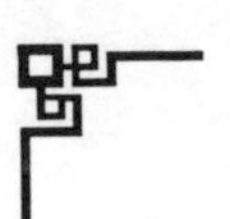

的視角，洞察與分析七國人群的性格特點，並分別尋找出他們的弱勢，以便有針對性地予以攻擊。這就使得本段文字充滿了文化韻味，可以視爲較早的地域文化學說的應用範本。

即使是運用邏輯思維論述軍事現象中的相反相成規律，先秦兵書也具有很強的「可讀性」，而無枯燥晦澀之感。我們來看《孫臏兵法》的〈積疏〉（密集與稀疏）篇——

積勝疏，盈勝虛，徑（小路、捷徑）勝行（大道），疾勝徐，衆勝寡，佚（逸）勝勞。

積故積之，疏故疏之；盈故盈之，虛故虛之；徑故徑之，行故行之；疾故疾之，徐故徐之；衆故衆之，寡故寡之；佚故佚之，勞故勞之。

積疏相爲變，盈虛相爲變，徑行相爲變，疾徐相爲變，衆寡相爲變，佚勞相爲變。

毋以積當積，毋以疏當疏；毋以盈當盈，毋以虛當虛；毋以徑當徑，毋以行當行；毋以疾當疾，毋以徐當徐；毋以衆當衆，毋以寡當寡；毋以佚當佚，毋以勞當勞。

積疏相當，盈虛相當，徑行相當，疾徐相當，衆寡相當，佚勞相當。

敵積故可疏，盈故可虛，徑故可行，疾故可徐，衆故可寡，佚故可勞。」

除了欣賞其中爲加強行文氣勢而使用的「對偶、排比、反覆、層遞」系列修辭手法之外；我們不妨用邏輯分析的方法，將文中的每一組內兩個反義詞分別用X、Y來代替，那麼這六個層次的句型模式就依次是：1.X勝Y；2.X故X之，Y故Y之；3.XY相爲變；4.毋以X當X，毋以Y當Y；5.XY相當；6.X故可Y。

X與Y是兩種客觀存在的現象，它們之間既對立又統一，在一定的條件下，可以互相向各自的對立面轉化。舉例說：（兵員或武器）密集勝過稀疏（X勝Y）；但是密集就是密集，稀疏就是稀疏，它們原來是各自獨立存在的客觀現象（X故X之，Y故Y之）；然而在條件具備時（比如我方對敵方發起猛攻，衝散其密集的兵員或武器），它們又可以互相向各自的反面轉化，密集可以變爲稀疏，稀疏可以變爲密集（XY相爲變）；經過這種變化之後，密集已不是原來的密集，稀疏也不是原來的稀疏（毋以X當X，毋以Y當Y）；因爲原來的密集已變爲稀疏，原來的稀疏已變爲密集，二者由對立變爲統一體（XY相當）；所以，敵方原來勝過我方的（兵員或武器）密集優勢，就變成了稀疏的劣勢（X故可Y），我方原來負於敵方的稀疏劣勢，也變成了密集的優勢（不妨補一句：Y亦可X）。

整篇論述層次分明，邏輯嚴密，充滿了樸素辯證法。由此可見，先秦兵家作爲軍事理論家，行文著述時不僅擅長邏輯思維，也很善於形象思維，他們把二者巧妙地結合在一塊，運用自如，左右逢源，如庖丁解牛，遊刃有餘，得心應手，的確堪稱文采風流，流播後世，世代不衰！

至於其他文學修辭手法，在先秦兵書中更是俯拾皆是，僅以《孫子兵法》爲例：

比喻：「故善出奇者，無窮如天地，不竭如江河。」「故善戰人之勢，如轉圓石於千仞之山者，勢也。」（見於〈兵勢〉）

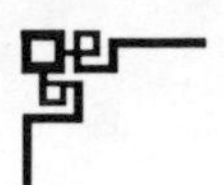

誇張兼對偶：「善守者，藏於九地之下；善攻者，動於九天之上。」（見於〈軍形〉）

頂針：「地生度，度生量，量生數，數生稱，稱生勝。」（出處同上）

層遞（遞減）兼排比：「全國爲上，破國次之；全軍爲上，破軍次之；全旅爲上，破旅次之；全卒爲上，破卒次之；全伍爲上，破伍次之。」（見於〈謀攻〉）

設問兼排比：「主孰有道？將孰有能？天地孰得？法令孰行？兵衆孰強？士卒孰練？賞罰孰明？」（見於〈始計〉）

反問：「而況遠者數十里，近者數里乎？」「以吾度之，越人之兵雖多，亦奚益於勝敗哉？」（見於〈虛實〉）

引用兼對偶：「《軍政》曰：『言不相聞，故爲金鼓；視不相見，故爲旌旗。』」（見於〈軍爭〉）

更爲難能可貴的是，因爲兵家行文的思想內容與藝術形式得以完美結合，構成一些言簡意賅、精采生動的練語短句，如：出其不意，攻其無備；知己知彼，百戰不殆；終而復始，死而復生；以迂爲直，以患爲利；避其銳氣，擊其惰歸；以少勝多，以弱勝強；焚舟破釜，置之死地而後生；不戰而勝，立於不敗之地；以逸待勞；避實擊虛；深溝高壘；窮寇勿迫；料敵制勝等等。這些練語短句琅琅上口，牢牢入心，演化成爲千錘百鍊的成語，極大地豐富了中華民族的語言寶庫。

◎後記

利用休假，我寫完這本小書的最後一節，感歎了一番「武經」的「文釆」，其實，我這個準「文人」並沒有拿過眞「武器」。讀者要問了：一個沒當過兵的人，跟我們侃侃而談「兵家」、「兵書」，豈不有點兒滑稽？我也想請問一句：諸葛亮拿過武器嗎？當然，這位老人家指揮過千軍萬馬，經歷過南征北戰。然而，正如兵家所言，「全勝不鬥，大兵無創」，諸葛亮之成爲大軍事家，不是憑他武藝高強，百步穿楊，或者指鼻子不打眼睛什麼的，而是熟讀兵書，用諸實踐，得心應手。孔明先生在初出茅盧之時，沒有使過刀槍劍戟。有道是秀才不出門，能知天下事；運籌帷幄之中，決勝千里之外。何況這本小書的「紙上談兵」，目的並不全在於討論怎樣帶兵打仗（當然也不排除這項重要因素），它是對我國古代、尤重於先秦時期的兵家智謀的現代解讀，是對優秀傳統文化的弘揚與普及。

基於此，我在去年冬季的寒夜裏一字一句地研讀先秦兵書，又在今年盛夏的酷熱中，坐在「火爐城市」武漢的一間沒有空調且蟲鼠橫行的「過渡房」裏，在我特爲寫作此書而購置的電腦面前，一筆一劃「捉蟲」式地敲敲打打，力圖寫成一本有用又好讀的書。但由於本人

學識不逮，閱歷也不夠（沒有帶兵打仗，也不能不說是一種遺憾），只能盡心而已，恐怕其結果仍是力不從心。敬請各位專家學者、各位尊敬的讀者教正。

謀略學實際上是一種方法論，它可以使我們變得比以前更聰明一些。它是開啓智慧寶庫之門的鑰匙，這鑰匙用得好，可以是萬能的。兵家智謀除了直接對從事政治、軍事、商貿工作的後人有所啓迪外，又何嘗不能舉一反三地成爲所有人們的人生謀略呢？我們把工作中的一項項事務，生活裏的一件件事物，學習時的一道道難題，交際中的一個個人物，都可以看成是「假想敵」，是需要我們認眞面對、克「敵」制勝的攻防對象（請不要擔心「把朋友當敵人」這樣的指責，這只是一種比方，一種假設）。這樣一來，幾乎所有的兵家謀略都可以化爲具有參考借鑑價值的人生智慧。何況人生本來就是一場戰爭，每個人的人生目標，高到建功立業、名垂青史，低到衣食飽暖、明哲保身，都要面臨千百萬次的挑戰，都有戰略戰術可資運用。至於兵書中的哲學、政治經濟學、管理學、人才學，更可以直接地化爲人生學問。從這個意義上說，當兵的和不當兵的都愛讀兵書，當官的和不當官的都可以看一看這本研究兵書的小書。開卷有益，眞是至理名言。且不說「書中自有黃金屋、顏如玉、千鍾粟」，至少書中會有知識庫吧！這本小書，也可以看作是研讀兵書的心得，我把它寫出來，只是先讀一步的人對後讀者的一程書山之路的嚮導而已。

本書寫作過程中，得到武漢測繪科技大學出版社的指導，得到華中師範大學中文系阮忠

先生和海軍政治學院文化教研室章潤清先生（他們分別是我的大學、中學同學）的幫助，也得到湖北省文聯（我現在的工作單位）領導和同事的支援，還有我的妻子、女兒的理解（她們「承包」了許許多多家務活兒）。在這裏，我誠心誠意三鞠躬，一併向他們致以謝忱！至於本人怎樣在衆多的先秦典籍中尋覓梳理，擬出寫作提綱，在這套叢書的編輯與作者聯席會議上被當作「樣本」；怎樣閱讀數百萬字的參考資料；怎樣寫寫改改、改改寫寫……這些都是「文章千古事，甘苦寸心知」，未足爲外人道也。

近年來出現的「文化熱」，把兵家、兵書炒得相當「紅火」，書市上有不少注釋、解說、研究兵家、兵書的作品，這就給本書的寫作增添了一定難度。我在研讀兵書原著的基礎上，認眞參閱了研究兵書的書。毫不隱瞞地說，我也從這些書中受到許多啓發，最有體會的一點就是，怎樣避免與它們雷同，怎樣另闢蹊徑地形成本書不同於他書的全新體例與寫作方式。至於其中有些戰例，也會從這類書籍中化用適合於我的資料。在這裏，我也要誠心誠意地向這些書籍的編者與作者三鞠躬，深表感激！

黃金輝

於東湖之濱「鬥蟲廬」

兵家智謀

中國智謀叢書 3

作　　者／黃金輝
出 版 者／千聿企業社出版部
地　　址／嘉義市自由路 328 號
電　　話／(05)2335081
傳　　真／(05)2311002
郵撥帳號／31460656
戶　　名／千聿企業社
印　　刷／鼎易印刷事業股份有限公司
I S B N ／957-30294-3-X
初版一刷／2001 年 9 月
定　　價／300 元

總 經 銷／揚智文化事業股份有限公司
地　　址／台北市新生南路三段 88 號 5 樓之 6
電　　話／(02)2366-0309　2366-0313
傳　　真／(02)2366-0310

國家圖書館出版品預行編目資料

兵家智謀／黃金輝著. -- 初版. -- 嘉義市：
千聿企業, 2001[民 90]
面；　公分. --（中國智謀叢書；3）

ISBN　957-30294-3-X（精裝）

1.兵法－中國　2. 謀略學－通俗作品

592.09　　　　90012664